Werkstoff-Fragen des heutigen Dampfkesselbaues

Von

Max Ulrich

Leiter der Abteilung für Maschinenbau
einschließlich Metallographie an der Materialprüfungsanstalt
an der Technischen Hochschule
Stuttgart

Mit 163 Abbildungen im Text

Springer-Verlag Berlin Heidelberg GmbH
1930

ISBN 978-3-662-22769-5   ISBN 978-3-662-24702-0 (eBook)
DOI 10.1007/978-3-662-24702-0

Vorwort.

Die Zahl der heute zur Verfügung stehenden Werkstoffe und die
Verschiedenheit der auf die Eigenschaften derselben Einfluß nehmenden
Umstände sowie die Mannigfaltigkeit der Werkstoff-Prüfungsverfahren
hat die Kenntnis über das Wesen der Werkstoffe und über die Verfahren
zur Feststellung dieses Wesens zu einem Sonderfachgebiet entwickelt.
Im Kessel- und Apparatebau werden die Werkstoffe bei hohen Wärmegraden beansprucht, außerdem treten noch chemische, unter Umständen
auch elektrolytische und hydrolytische Vorgänge hinzu; ferner sind
mit den im Kessel- und Apparatebau gebräuchlichen Herstellungsverfahren Einflüsse verbunden, welche sich in Gefügeveränderungen
und dadurch im Verhalten der Konstruktionsteile äußern. Zur Be-
wältigung der vorkommenden Betriebstemperaturen muß vielfach
bereits zu legierten Werkstoffen gegriffen werden. Hierbei ist im Auge
zu behalten, daß die Auswahl solcher Werkstoffe nicht allein auf Grund
ihrer Festigkeitseigenschaften, Verzunderungsbeständigkeit usw. er-
folgen kann; ausschlaggebend ist vielmehr, daß der Preis sich in einem
im in- und ausländischen Wettbewerb tragbaren Rahmen hält. Werkstoffe, bei welchen außergewöhnliche Eigenschaften durch Verwendung
von teuren Legierungsbestandteilen in größerer Menge erkauft werden,
können für den Dampfkesselbau vorläufig nicht in Frage kommen.

Aber auch im chemischen Apparatebau, wobei die Anforderungen
hinsichtlich hoher Temperaturen und chemischer Wirkungen zum Teil
noch viel weitergehend sind, wird die Verwendung von weniger edlen
und daher billigeren Werkstoffen vorgezogen. Die Möglichkeit hierfür
wird durch eine von den Gepflogenheiten des allgemeinen Maschinenbaus
abweichende Einstellung bezüglich der Lebensdauer der Konstruktionsteile herbeigeführt. Während im allgemeinen Maschinenbau in der
Regel davon ausgegangen wird, daß ein Konstruktionsteil eine sich auf
Jahrzehnte erstreckende Lebensdauer besitzen und während derselben
keine Beeinträchtigung seiner Widerstandsfähigkeit erfahren soll, wird
im chemischen Apparatebau — nebenbei bemerkt beispielsweise auch
im Luftfahrwesen — vielfach im voraus auf eine zeitlich begrenzte
Haltbarkeit abgestellt. Es gibt Fälle, bei welchen sich der Konstrukteur und der Betriebsingenieur bewußt sind, daß mit der Inbetriebnahme eine Zerstorung der Werkstoffe einsetzt. Wesentlich ist dabei
dann, daß die Fortpflanzungsgeschwindigkeit der Zerstörung des

Werkstoffes sich in solchen Grenzen hält, daß der kurzfristige Ersatz solcher Konstruktionsteile aus unedleren Werkstoffen wirtschaftlicher wird als die Verwendung von edleren Bestandteilen.

Die im Vorstehenden gestreiften Umstände sowie der Gedankenaustausch mit Vertretern der Werkstofferzeuger, der Kesselhersteller, der Kesselbesitzer und der Überwachungsvereine gaben die Anregung zu der vorliegenden Zusammenfassung, der wichtigsten, das Wesen der Werkstoffe des Dampfkesselbaues betreffenden Fragen.

Von diesen steht z. Zt. die das Wesen der Werkstoffe bei höheren Wärmegraden betreffende Frage im Vordergrund des Interesses. Wertvolle, aufklärende Forschungsarbeit ist hierüber bereits geleistet. Weiterarbeit auf dem bisher beschriebenen Wege, insbesondere aber auch eine solche auf neuen Wegen, welche den tatsächlichen Betriebsverhältnissen anzugleichen sind, wird praktisch verwertbare Erfolge zeitigen.

Da der größte Teil der in Betrieb befindlichen Kessel Nietverbindungen aufweist und den genieteten Kesseln seitens der Hersteller wegen des Auslandwettbewerbes immer noch große Bedeutung beigemessen wird, waren die Betrachtungen auch auf die sogenannte Laugenbrüchigkeit auszudehnen. Ferner waren die Zusammenhänge zwischen den Werkstoffeigenschaften, den Betriebsbeanspruchungen und der Lebensdauer genieteter Dampfkessel zu verfolgen, das sind mit anderen Worten die Zusammenhänge zwischen der Werkstoffanstrengung und der Werkstoffermüdung (Lastwechselzahl). Mangels der geldlichen Möglichkeiten, diese Zusammenhänge unmittelbar unter Verhältnissen, welche den praktischen tunlichst nahekommen, im Wege des Versuchs zu erforschen — was natürlich am zweckmäßigsten wäre —, habe ich versucht, grundlegende Anhaltspunkte dadurch zu gewinnen, daß Betriebserfahrungen statistisch ausgewertet und mit Versuchsbeobachtungen an Probestäben verbunden wurden.

In Amerika, wo die vorhandenen Mittel beneidenswerte Versuchsmöglichkeiten bieten, sind für die Erforschungen der oben erwähnten Zusammenhänge zwischen Anstrengungs- und Ermüdungs- bzw. Lastwechselzahlen inzwischen von H. F. Moore Ermüdungsversuche mit ganzen Kesseltrommeln begonnen worden. Über die Ergebnisse der ersten dieser Versuche ist in der Zeitschrift „The Iron Age" vom September 1929, Seite 607ff. berichtet worden. Hiernach gelangten bisher 7 Trommeln zur Prüfung.

Über die Beschaffenheit der Trommeln, ferner über ihre Abmessungen sowie über die Eigenschaften des verwendeten Werkstoffes gibt die auf den S. VI/VII folgende Zusammenstellung Auskunft. Die ersten beiden Trommeln der Zusammenstellung waren mit gewölbten Böden ausgestattet; die übrigen Trommeln waren an den Stirnseiten mit ebenen Platten abgeschlossen.

In den Spalten 6 und 7 ist der höchstzulässige Betriebsdruck nach Maßgabe des A. S. M. E. (American Society of Mechanical Engineers) Boiler Construction Code bzw. nach Maßgabe der deutschen Werkstoff- und Bauvorschriften eingetragen. Spalte 8 gibt die Schwingungsgrenzen des Prüfdruckes an. Spalte 9 enthält die den Grenzen des Prüfdruckes entsprechende Zugbeanspruchung. Bei den genieteten Trommeln sind 2 Werte angegeben, von welchen der höhere die Spannung in der Nietnaht und der niedrigere die Spannung im vollen Blech darstellt. Das Verhalten der Trommeln ist durch die Angaben in den Spalten 12 und 13 gekennzeichnet. Hiernach beträgt die größte Zahl der ausgeführten Belastungswechsel etwas über 1 Million. Die Zahl der Schwingungen bis zum Eintritt eines Risses schwanken zwischen 5530 und 561984.

Dem bei der genieteten Manganstahltrommel bei 130225 Belastungswechseln eingetretenen Riß in der Mannlochkrempe des Kesselbodens gingen Undichtheiten in den Laschen- und Bodennietverbindungen voraus, und zwar begannen diese unter 3000 bzw. 4000 bzw. 7100 Wechseln. Bei 45000 zeigten sich Undichtheiten an beiden Bodennietnähten.

Nach Verschweißen des Risses in der Mannlochkrempe wurde der Versuch fortgesetzt. Bei weiteren 143 Lastwechseln entstand ein langer Riß in der Bodenkrempe.

Bei der genieteten Trommel mit 51 mm Wandstärke zeigten sich nach 25000 bzw. 32000 bzw. 431000 bzw. 629000 Lastwechseln Undichtheiten in den Laschen- und Bodennietnähten.

Bei den geschweißten Trommeln ist besonders bemerkenswert, daß die Risse vorwiegend an den Bohrungen für die Manometeranschlüsse aufgetreten sind.

Die Ergebnisse der amerikanischen Ermüdungsversuche mit ganzen Kesseltrommeln bestätigen hiernach die schon im Juli 1929 veröffentlichte und in Abschnitt VIII dieses Buches wiedergegebene Auffassung, wonach die Rißbildung in Dampfkesseln in erster Linie auf die herrschenden Werkstoffanstrengungen zurückzuführen ist.

Die vorstehend erwähnten amerikanischen Versuche geben zu folgenden allgemeinen Betrachtungen über das Versuchswesen Anlaß. Bach hat immer wieder darauf hingewiesen, daß von Versuchen nur dann ein für die Praxis brauchbares Ergebnis zu erwarten ist, wenn dieselben weitestgehend nach Maßgabe der in Wirklichkeit herrschenden Verhältnisse durchgeführt werden. Dieser Hinweis ist als Fundamentalsatz des Versuchswesens anzusehen. Ein weiteres unumgängliches Erfordernis ist ferner bei der raschen Entwicklung der Technik, daß die Forschungsinstitute in engster Fühlung mit der ausführenden Technik bleiben, einerseits um mit der Entwicklungsgeschwindigkeit derselben Schritt zu halten, andererseits um deren Bedürfnisse kennenzulernen.

Zusammenstellung der Ergebnisse der amerikanischen

Art der Trommel	Innen-durch-messer	Wand-stärke	Längs-nähte	Berechnungs-festigkeit gemäß den deutschen Werkstoff- und Bau-vorschriften	Höchstzulässiger Be-triebsdruck nach	
					A.S.M.E. Boiler Code	den deut-schen Werk-stoff- und Bauvor-schriften
	mm	mm		kg/mm²	atü	atü
1	2	3	4	5	6	7
Manganstahl-trommel genietet	905	25,4	2	75	59	72,0
Genietete Trommel, her-gestellt nach A.S.M.E. Boiler Code	1067	50,8	2	36	59	67,4
Elektrisch geschweißter Mantel A (ungeschützte Elektrode)	1067	50,8	1	36	73,5	79
Elektrisch geschweißter Mantel B (geschützte Elektrode)	1067	50,8	1	36	73,5	79
Elektrisch geschweißter Mantel C (geschützte Elektrode)	1067	50,8	1	36	73,5	79
Elektrisch geschweißter Mantel D (geschützte Elektrode)	1067	50,8	1	36	73,5	79
Nahtlos geschmiedeter Mantel	1067	47,6	0	41	73,5	90,0

Ermüdungsversuche mit ganzen Kesseltrommeln.

Grenzen des Prüfdruckes	Grenzen der Zugbeanspruchung in den Nietnähten	Überschreitung des zulässigen Betriebsdrucks		Anzahl der Belastungswechsel während des Versuchs	Verhalten der Trommeln
		gemäß Spalte 6 und 8	gemäß Spalte 7 und 8		
atü	kg/mm²	%	%		
8	9	10	11	12	13
0 ÷ 88,5	0 ÷ 22,1 0 ÷ 15,7	50	23,0	130 225	Riß in der Mannlochkrempe des Kesselbodens
0 ÷ 88,5	0 ÷ 11,6 0 ÷ 9,3	50	31,3	1 013 840	Trommel blieb unversehrt
0 ÷ 110	0 ÷ 11,6	50	39,1	5 530	Schweißnaht in der Mitte der Trommellänge aufgerissen
0 ÷ 110	0 ÷ 11,6	50	39,1	417 381	An der ½ zölligen Bohrung für das Manometer ein Riß. Schweißnaht nicht gerissen
0 ÷ 110	0 ÷ 11,6	50	39,1	561 984	An der ½ zölligen Bohrung für das Manometer ein Riß. Schweißnaht nicht gerissen
0 ÷ 110	0 ÷ 11,6	50	39,1	435 883	An der ½ zölligen Bohrung für das Manometer ein Riß. Schweißnaht nicht gerissen
0 ÷ 110	0 ÷ 12,6	50	22,2	446 950	An der ½ zölligen Bohrung für das Manometer ein Riß

Die mit dieser Wechselbeziehung verknüpften gegenseitigen Anregungen gewährleisten allein einen fortschrittlichen Erfolg der Arbeit. Für die deutschen Verhältnisse tritt in Anbetracht der beschränkten Geldmittel noch hinzu, daß sich die wissenschaftlichen Forschungen, vornehmlich auf die Erlangung von Ergebnissen in einer Form einstellen müssen, welche ein unmittelbares Ummünzen zwecks wirtschaftlicher Ausnützung ermöglicht. Die derzeitige Lage erheischt dringend, daß sich das technische Versuchswesen nicht in klösterlicher Einsamkeit abschließt, sondern auf den Pulsschlag der Praxis hört. Bei dem schweren Existenzkampf der deutschen Wirtschaft wird die Leistung in erster Linie als technisch wissenschaftlich zu werten sein, welche eine unmittelbare Förderung der ausführenden Technik in sich schließt.

Im Hinblick auf meine mannigfaltige Tätigkeit auf dem Gebiete des Abnahmewesens wird vielleicht der eine oder andere Leser einen hierauf bezüglichen Abschnitt vermissen. Von der Aufnahme eines solchen mußte aber Abstand genommen werden, da Angaben über das Verhalten der bisher üblichen Werkstoffe — Kohlenstoffstahl Sorte I und Sorte II — bei den Abnahmeversuchen geringeres Interesse besitzen dürften. Eine Bekanntgabe der Ergebnisse mit Trommeln, Rohren, Kammern und sonstigen Kesselteilen aus unlegiertem Stahl der Sorten III und IV sowie aus legiertem Stahl und höherer Warmfestigkeit erscheinen verfrüht, da sich die Einführung dieser Werkstoffe noch im Fluß befindet; die bisher vorliegenden Abnahmeerfahrungen besitzen noch nicht den Umfang, welcher als Grundlage für eine allgemeine Beurteilung ausreichend wäre. Immerhin kann aber auf Grund der bisher gemachten Erfahrungen gesagt werden, daß es den Werken gelungen ist, Leistungen zu vollbringen, welche die Erwartungen übertroffen haben.

Stuttgart, im Januar 1930.

M. Ulrich.

Inhaltsverzeichnis.

Abkürzungsverzeichnis.

A. d. M. = Annales des Mines, Paris.

Allg. Verb. d. Deutsch. Dampfk.-Überw.-Ver. = Allgemeiner Verband der deutschen Dampfkessel-Überwachungsvereine.

Am. Soc. f. Test. Mat. = American Society for Testing Materials.

Arch. Eisenhüttenw. = Archiv für das Eisenhüttenwesen.

Arch. f. Wärmewirtsch. u. Dampfk.-Wesen = Archiv für Wärmewirtschaft und Dampfkesselwesen.

A. S. M. E. = American Society of Mechanical Engineers.

Comm. prés. d. l. congrès intern. d. méth. d'essai d. mat. d. constr., Paris = Communications présentées devant le congrès international des méthodes d'essai des matériaux de construction, Paris.

Dingler = Dinglers polytechnisches Journal.

Eng. = Engineering, London.

Handb. d. Materialienkunde = Handbuch der Materialienkunde für den Maschinenbau von A. Martens.

J. of the Franklin Inst. = The Journal of the Franklin Institute devoted to Science and the Mechanic Arts, Philadelphia.

J. Iron Steel Inst. = The Journal of the Iron and Steel Institute Iron Age = The Iron Age.

Krupp M. = Kruppsche Monatshefte.

Mitt. d. VGB = Mitteilungen der Vereinigung der Großkesselbesitzer, Berlin.

Mitt. Eisenforsch. = Mitteilungen aus dem Kaiser-Wilhelm Institut für Eisenforschung, Düsseldorf.

Mitt. Forsch.-Arb. = Mitteilungen über Forschungsarbeiten auf dem Gebiete des Ingenieurwesens, Berlin.

Mitt. K. Techn. Vers. Anst. z. Berlin = Mitteilungen aus den Kgl. Technischen Versuchsanstalten zu Berlin.

Mitt. Materialpr. Amt = Mitteilungen aus dem Materialprüfungsamt Berlin-Dahlem.

Mitt. Mech.-Techn. Labor. K. T. H. München = Mitteilungen aus dem mechanisch-technischen Laboratorium der K. Technischen Hochschule in München.

Prot. d. Int. Verb. d. Dampfk.-Überw.-Ver. = Protokoll des Internationalen Verbandes der Dampfkessel-Überwachungsvereine.

Report of the British Ass. = Report of the British Association for the Advancement of Science, London.

Stahleisen = Stahl und Eisen.

Trans. of Am. Soc. f. St. Treating = Transactions of American Society for Steel Treating, Cleveland, Ohio.

Univ. of Ill. Bull. = University of Illinois Bulletin.
V. D. I. Nachr. = VDI-Nachrichten.
Verhandl. d. B. z. Beförd. d. Gewerbfl. = Verhandlungen des Vereines zur Beförderung des Gewerbefleißes.
Veröffentl. d. Zentralverb. d. Preuß. Dampfk.-Überw.-Ver. = Veröffentlichungen des Zentralverbandes der Preußischen Dampfkessel-Überwachungsvereine.
Wiss. Veröff. a. d. Siemens. Konz. = Wissenschaftliche Veröffentlichungen aus dem Siemens-Konzern.
Z. Bauw. = Zeitschrift für das Bauwesen, Berlin.
Z. d. Bayer. Rev. Ver. = Zeitschrift des Bayerischen Revisions-Vereins.
Z. V. d. I. = Zeitschrift des Vereines deutscher Ingenieure.

I. Einleitung.

Der Druck von Dampferzeugern, welcher noch vor wenigen Jahren in der Regel 15 bis 20 atü betrug, ist in neuerer Zeit auf bis 225 atü gesteigert worden. Bei diesen Hochdruckanlagen sind zwei Arten zu unterscheiden:

1. Dampferzeuger bis 125 atü, welche in ähnlicher Weise wie die bisherigen Anlagen mit Kesseltrommeln ausgerüstet sind;

2. Dampferzeuger bis 225 atü, welche keine Trommeln besitzen und nur aus Rohren bestehen.

In der folgenden Zusammenstellung sind die im Betrieb oder im Bau befindlichen Hochdruckanlagen nach einer vom Verfasser ergänzten Sammlung von G. A. Orrok[1], Chikago, aufgeführt.

Angaben über im Betrieb oder gegenwärtig im Bau befindliche Hochdruckanlagen.

| Anlage | Ort | Bauart | Kessel | | | Feuerung |
			Hersteller	Druck at	Heizfläche m^2	
Grube Ilse	Deutschland	Längs-, später Quertrommel	Borsig	34	400	Braunkohle
Klingenberg	Deutschland	Stirling Quertrommel	Borsig B. & W.	36	1600	Staub
Charlottenburg	Deutschland	Quertrommel	Borsig B. & W.	36	700	Stoker
Aarau	Schweiz	Quertrommel	B. B.	36	350	Stoker
S.S. King-George V	Schottland	Yarrow	Yarrow	40	320	Hand
Columbia	Cincinnati	Quertrommel	B. & W.	43,5	1400	Staub
Columbia	Cincinnati	Quertrommel Zwischenüberhitzung	B. & W.	43,5	560	Staub
Crawford	Chikago	Quertrommel	B. & W.	43,5	1550	Stoker
Crawford	Chikago	Quertrommel mit Zwischen-Überhitzung	B. & W.	43,5	560	Stoker
Philo	Philo, Ohio	Quertrommel ohne Zwischenüberhitzung	B. & W.	43,5	1310	Stoker

---

[1] Power 1928, S. 339.

Fortsetzung der Tabelle von Seite 1.

| Anlage | Ort | Bauart | Kessel | | | Feue-rung |
			Her-steller	Druck at	Heiz-fläche m²	
Philo	Philo, Ohio	Quertrommel mit Zwischen-überhitzung	B. & W.	43,5	470	Stoker
Twin Branch	South Bend, Ind.	Quertrommel ohne Zwischen-überhitzung	B. & W.	43,5	1310	Stoker
Twin Branch	South Bend, Ind.	Quertrommel mit Zwischen-überhitzung	B. & W.	43,5	470	Stoker
Stanton	Pittston, Pa.	Quertrommel	B. & W.	46,5	1670	Stoker
Stanton	Pittston, Pa.	Quertrommel Zwischen-überhitzung	B. & W.	46,5	555	Stoker
State Line	Hammond, Ind.	—	B. & W.	43,5	—	Staub
Waukegan	Waukegan III	—	B. & W.	43,5	—	—
Issi-Sur Moulineaux	Frankreich	Stirling	Cie de Fives	43,5	1800	Staub
Ludwigshafen	Deutschland	—	Hanomag	43,5	—	—
Merseburg	Deutschland	—	B. & W. Rota	45	1000	Roh-braun-kohle
Amsterdam	Holland	—	Clayton	44,5	1330	Staub
C. H. A. D. E.	Buenos Aires	Quertrommel	B. & W.	46,5	1430	Staub
C. H. A. D. E.	Buenos Aires	Quertrommel Zwischen-überhitzung	B. & W.	46,5	445	Staub
Berlin, Brauerei	Deutschland	Schmidt	Borsig	40	—	—
Langerbrugge	Belgien	Obertrommel Marinetyp	B. & W.	54	445	Stoker
Goeteborg	Schweden	Rotierende Rohre	Atmos	57,5	14	Stoker
Solvay	Syrakuse	Steam generator	C. E.	59	630	Staub
Tegel	Deutschland	Schmidt	Borsig	60	300	Stoker
Valley Road	Bradford, Eng.	Quertrommel Marinetyp	B. & W.	60	—	Stoker
Hannover	Deutschland	Längstrommel	Schmidt	60	—	Staub
Wernigerode	Deutschland	S. H. G.	Schmidt	60	130	Hand

Fortsetzung der Tabelle von Seite 2.

| Anlage | Ort | Bauart | Kessel | | | Feuerung |
			Hersteller	Druck at	Heizfläche m²	
Wernigerode	Deutschland	Längstrommel	Schmidt	60	72	Hand
Aussig, Chem. Fabrik	Tschechoslowakei	—	B. & W.	70	—	—
Egyptain Salt and Soda	Ägypten	—	B. & W.	78	—	—
Ludwigshafen	Deutschland	—	Hartmann	78	—	—
Manning Maxwell & Moore	Bridgepoort, Conn.	Quertrommel	B. & W.	85	—	Stoker
Mason Fibre Co.	Laurel Miss	Quertrommel	B. & W.	85	370	—
Lakeside	Milwaukee	Stirling Zwischenüberhitzung	B. & W.	90	2640	Staub
Edgar	Boston	Quertrommel Zwischenüberhitzung	B. & W.	85 98	1460 1400	Stoker
North East	Kansas City	Ladd	C. E.	98	1570	Staub
Mannheim	Deutschland	Stirling	—	98	—	—
Bitterfeld	Deutschland	Schmidt	—	100	—	—
Winterthur	Schweiz	Garbe	Sulzer	100	46	Staub
Stockholm	Schweden	Rotierende Rohre	Atmos	105	—	Stoker
Witkowitz	Tschechoslowakei	Loeffler	Loeffler	105	—	Öl
Grube Ilse	Deutschland	Borsig	Borsig	120	500	—
Floridsdorf	Österreich	Loeffler	Loeffler	125	—	Staub
English Electric Co.	Rugby	Benson	Benson	225	—	Öl
Siemensstadt	Deutschland	Benson	Benson	225	220	Öl
Siemensstadt	Deutschland	Benson	Benson	225	370	Staub
Bitterfeld	Deutschland	Benson	S. S. W.	225	—	Rohbraunkohle

In dieser Zusammenstellung fällt auf, daß in England und in Frankreich bezüglich der Hochdruckkessel noch Zurückhaltung geübt wird. Gemäß Mitteilungen, welche der Verfasser in allerletzter Zeit erhielt, beträgt, von Versuchskesseln abgesehen, der höchste Betriebsdruck daselbst 45 atü.

Gemäß amerikanischen Mitteilungen, welche von der Vereinigung der Großkesselbesitzer in einer Veröffentlichung[1] vom November 1929 über „Der Fortschritt des Hochdruckdampfes in Amerika" bearbeitet wurden, betragen in amerikanischen öffentlichen Elektrizitätswerken mit Hochdruckanlagen

die Dampfdrücke

in 25 Anlagen = 61% von 28 bis 32 atü
„ 8 „ = 20% „ 40 „ 45 „
„ 1 Anlage = 2% „ 56 atü
„ 7 Anlagen = 17% „ 84 bis 98 atü,

die Dampftemperaturen

in 13 Anlagen = 32% von 370 bis 375° C am Überhitzer
„ 15 „ = 37% „ 385° C „ „
„ 9 „ = 22% „ 390 bis 398° C „ „
„ 4 „ = 9% „ 385 „ 390° C an der Turbine.

In Industriewerken in U.S.A. und Kanada finden sich u. a.

2 Anlagen mit 126 atü,
1 Anlage „ 105 „
1 „ „ 98 „ Dampftemperatur 385° C
1 „ „ 87,5 „ „ 425° C
1 „ „ 84 „

Die Entwicklung vom Dampferzeuger mit dem Betriebsdruck von 15 bis 20 atü bis zum Hochdruckkessel hat während des Krieges eingesetzt. Die Bedürfnisse des letzteren zwangen unter Hintansetzung der Kostenfrage zu einer Steigerung der Anforderungen auf allen Gebieten. Die hiermit verbundene Beschleunigung der technischen Entwicklung wirkte sich im Dampfkesselbetrieb in einer Steigerung der Dampfdrücke aus, welche zunächst nur wenige Atmosphären betrug. Doch diese heute gering erscheinende Drucksteigerung hatte zur Folge, daß plötzlich Kesselschäden in katastrophalem Umfang auftraten. Die hierdurch in eine außerordentlich kritische Lage versetzten und begreiflicherweise aufs höchste beunruhigten Kesselbesitzer vereinigten sich und riefen alle am Kesselbau mittelbar und unmittelbar Beteiligten — Werkstoffhersteller, Kesselhersteller, Betriebsfachleute, Kesselüberwachungsvereine und Vertreter der Wissenschaft — zu gemeinsamer Arbeit auf zwecks Bekämpfung der aufgetretenen Kesselschädenepidemie durch Klarstellung der Ursachen. Weiterhin war die Entwicklung zu höheren Drücken aus wirtschaftlichen Gründen zwingend. Diese Entwicklung, welche bei den aufgetretenen Schäden unsinnig und tollkühn erscheinen konnte, sicherzustellen, war ein weiterer Hauptzweck der Vereinigung der Kesselbesitzer. Hierbei fanden manche wissenschaftliche Erkenntnisse, welche bis dahin ohne praktische Auswirkung

---

[1] Mitt. d. VGB., H. 24.

das Schrifttum zierten, längst verdientes Interesse[1]. Neue Forschungsarbeiten mußten aufgenommen werden.

Die vorgefallenen Kesselschäden brachten daher nicht etwa die eingesetzte Entwicklung zu höheren Dampfdrücken zum Stocken. Im Gegenteil, von den Kreisen der Kesselbesitzer ging die Forderung nach einer Steigerung der Dampfdrücke auf bis 34 atü aus. Der Schritt auf 34 atü erschien unter den damaligen Verhältnissen als ein ganz gewaltiger und gewagter. Die Schwierigkeiten wurden noch vermehrt durch den Umstand, daß zur Lösung dieser Aufgabe nicht alle in Deutschland in Betracht kommenden Kräfte herangezogen werden konnten, weil ein Teil derselben durch die Rheinland- und insbesondere durch die Ruhrbesetzung lahmgelegt war.

Die Erwartungen, welche um diese Zeit an die für eine praktische Verwendung in Frage kommenden Dampferzeuger mit höheren Drücken geknüpft wurden, fanden einen zusammenfassenden Niederschlag in der Hochdrucktagung in Berlin im Jahre 1924[2]. Noch lagen damals keine Erfahrungen mit den 34-atü-Kesseln vor, und bereits wurde von 100 atü und höheren Betriebsdrücken für praktische Betriebe gesprochen. Die damals manche phantastisch anmutenden Gedanken fanden, wie die obige Zusammenstellung zeigt, eine rasche Verwirklichung.

Bei der Entwicklung der Dampferzeuger haben die Erkenntnisse über die Werkstoffeigenschaften einen wesentlichen Einfluß auf die Konstruktion ausgeübt. Die Ausführung von Versuchen zur Ermittlung der Festigkeitseigenschaften der Kesselbaustoffe ist bereits in dem über 100 Jahre zurückliegenden Schrifttum aus den Anfängen des Kesselbaues erwähnt. Sehr bald fand auch der Umstand Beachtung, daß die Festigkeitseigenschaften bei den im Kesselbetrieb herrschenden Temperaturen andere sind als im kalten Zustand. In den letzten Jahr-

---

[1] Als Beispiel für die Zeitspanne, welche gelegentlich von der wissenschaftlichen Erkenntnis bis zur praktischen Anwendung verging, darf z. B. an die Kesselböden erinnert werden; auf die Gefährlichkeit des bis vor kurzem üblichen geringen Krempenhalbmessers der Böden ist schon vor Jahrzehnten von Bach nachdrücklich hingewiesen worden.

Als weiteres Beispiel für die weitsichtige Erfassung der Bedeutung, welche die Klarstellung des Wesens der einzelnen Elemente der Dampfanlagen besitzt, sei die Arbeit von Bantlin erwähnt. Bantlin hat bereits in den Jahren 1909—1910 die Formänderungs- und Beanspruchungsverhältnisse von federnden Ausgleichsrohren erforscht und hierzu Versuche an solchen gemacht, deren Abmessungen den praktischen Ausführungen entsprachen. Die zu dem erwähnten Zeitpunkt mehr wissenschaftliche Frage dieser Dampfleitungselemente wandelte sich durch die Steigerung der Dampfdrücke und Temperaturen heute in eine solche von derartiger Wichtigkeit, daß sie bei der diesjährigen Jahresversammlung des Vereines der amerikanischen Maschineningenieure (A. S. M. E.) eine erhebliche Rolle spielen wird. Hierbei wird auf die Bantlinschen Arbeiten als die ersten dieser Art zurückgegriffen werden.

[2] Z. V. d. I. 1924, S. 109. — V. D. I. Nachr. 1924, Nr. 4 u. 5.

zehnten wurden wichtige Aufschlüsse über Veränderungen erlangt, welche die Eigenschaften der Werkstoffe durch die Verarbeitung im warmen und im kalten Zustand und durch die Einflüsse des Betriebes erfahren können. Es zeigte sich, daß die herkömmlichen Konstruktionen bei der großenteils auf handwerksmäßigen Gepflogenheiten beruhenden Herstellung unter höheren Drücken keine ausreichende Widerstandsfähigkeit gewährleisten. Die Nutzanwendung der aus wissenschaftlichen Versuchen und aus praktischen Erfahrungen gewonnenen Erkenntnisse gaben Anregungen für die Werkstoffhersteller, für die Kesselkonstrukteure, für die Kesselwerkstätten und für den Betrieb. Auf Grund dieser Anregungen sind höherwertige Werkstoffe und neuartige Kesselelemente erzeugt worden. Die ersteren weisen u. a. geringere Empfindlichkeit gegenüber den Einflüssen der Verarbeitung und des Betriebes sowie höhere Widerstandsfähigkeit auf; bei den letzteren scheiden mehr oder weniger die bisher für die Herstellung und den Zusammenbau notwendig gewesenen Verfahren aus, welche die Eigenschaften des Werkstoffes verringerten (Kaltverformung beim Rollen der Bleche und Anbiegen ihrer Enden, Nieten usw.). Bei der Konstruktion wurde auf möglichst einfache und klare Beanspruchungsverhältnisse und möglichste Fernhaltung ungünstiger thermischer Einflüsse geachtet, die Herstellungsverfahren und die Betriebsführung wurden den erlangten Erkenntnissen angepaßt.

Zur Vermeidung von Mißverständnissen sei in bezug auf das über Werkstoffe Bemerkte darauf hingewiesen, daß die Werkstofferzeuger schon länger eine ganze Anzahl von Werkstoffen auf den Markt gebracht haben mit Eigenschaften, welche noch weitergehende Anforderungen erfüllen als diejenigen, welche für Hochdruckkessel gestellt werden müssen. Die Verwendung dieser Werkstoffe scheitert jedoch vorläufig an den Kosten. Ob und inwieweit bis zum Vorliegen höherwertiger billigerer Werkstoffe solche teuere Werkstoffe herangezogen werden, ist eine Frage wirtschaftlicher Erwägung, wobei nicht allein der Anschaffungspreis unter Berücksichtigung von Gewichtsersparnis in Betracht zu ziehen ist, sondern insbesondere auch der mögliche Fortfall von Betriebsstörungen und deren Begleiterscheinungen.

Durch die aufgeführten Maßnahmen entstanden Dampferzeuger, von welchen gesagt werden kann, daß die Steigerung des Dampfdruckes nicht etwa neue Gefahrenquellen in sich schließt, sondern daß die nach den neuen Gesichtspunkten gebauten und betriebenen Dampferzeuger mit hohen Dampfdrücken eine noch weitergehende Sicherheit erwarten lassen als Kessel der früheren Ausführung für niedere Betriebsdrücke.

Im Zusammenhang mit der im vorstehenden hervorgehobenen Förderung der Sicherheit der Dampferzeuger durch die Forschungsergebnisse soll aber andererseits nicht unerwähnt bleiben, daß die rasche Entwicklung der Bedürfnisse der Industrie der wissenschaftlichen Klarstellung des Wesens der Werkstoffe vorausgeeilt ist. Das Verhalten der Werkstoffe bei den heute in Betracht kommenden Wärmegraden ist noch nicht in dem Maße erforscht, daß dem Konstrukteur Zahlen an die Hand gegeben werden können, welche einerseits ausreichende Sicherheit der Konstruktionsteile gewährleisten, andererseits eine wirtschaftliche Bemessung derselben in sich schließen. Der gewissenhafte Konstrukteur ist vorläufig noch darauf angewiesen, die wirtschaftliche Bemessung der Sicherheit unterzuordnen. Auch andere Fragen harren noch der Klarstellung, wie z. B. die Spannungen am Rande von Bohrungen und Ausschnitten von Kesseltrommeln[1].

Von den vorstehend kurz angedeuteten, mit der Entwicklung der Dampferzeuger zusammenhängenden Werkstoffragen sind in den folgenden Abschnitten einige der wichtigsten unter Beschränkung auf unlegierten und legierten Flußstahl erörtert. Dabei findet auch die Frage der Rißbildung, mit andern Worten, die Frage der Lebensdauer der Kessel, eingehende Behandlung; entsprechend dem Aufsehen, welches die von Amerika ausgegangene Erklärung der Rißbildung durch Einflüsse der im Kesselwasser vorhandenen Lauge — „caustic embrittlement" — erregte, ist dieser Frage ein besonderer Abschnitt gewidmet, wobei das Maß ihrer Bedeutung eine Festlegung erfährt.

In das Schlußwort sind Erörterungen über das Wesen und die Bauart von Hochdruckanlagen bis 224 atü aufgenommen.

Von einer Ausdehnung der Betrachtungen auf weitere Werkstoffe, wie Stahlguß, hochwertiges Gußeisen sowie auf Vorwärmer- und Überhitzerteile, ferner auf Feuerungsteile, Dampfleitungen usw., mußte hier abgesehen werden. Auch würde es zu weit geführt haben, auf Feuerschweißung, Gas- und elektrische Schmelzschweißungen einzugehen, welche sich bei sachgemäßer Ausführung an geeigneten Stellen zu wertvollen Hilfsmitteln des Kesselbaus entwickelt haben.

---

[1] Die Ursache dieser Forschungslücken dürfte zum Teil in dem Mangel an Mitteln zu suchen sein, unter welchen die wissenschaftlichen Institute schon vor dem Kriege gelitten haben und welche sich später zu einer Notlage entwickelten, so daß sie gezwungen waren, allein zur Befriedigung ihrer sachlichen Bedürfnisse an sich zweckdienliche geschäftsmäßige Untersuchungen in einem solchen Umfang auszuführen, welcher die rein wissenschaftliche Tätigkeit zurückdrängte. Dabei ist im Auge zu behalten, daß es zur ersprießlichen Forschungstätigkeit nicht hinreicht, die Mittel für die Versuche selbst zu besitzen, sondern auch dafür, daß es möglich ist, für das Versuchswesen geeignete Persönlichkeiten in solcher Zahl heranzuziehen und an das Versuchswesen zu fesseln, daß für die Durchführung der Arbeiten ausreichend erfahrene Fachleute zur Verfügung stehen. Wenn nicht die Erfahrung und Übung eine so große Rolle spielen würden, wäre der Wettstreit Deutschlands mit andern Ländern, deren wissenschaftliche Institute zum Teil über reiche Geldmittel verfügen, aussichtslos.

II. Verhalten von gewöhnlichen unlegierten Kesselbaustählen bei Zugversuchen im kalten und im erwärmten Zustand. Einfluß der Belastungsdauer.

Die Kenntnis der Festigkeitseigenschaften der Werkstoffe bei den Temperaturen, welchen die Konstruktionsteile im Betriebe unterworfen sind, ist für die wirtschaftliche Bemessung derselben von grundlegender Bedeutung. Von wissenschaftlicher Seite wurde immer wieder betont, daß für die Beurteilung der Widerstandsfähigkeit von Konstruktionsteilen, welche im Betriebe höhere Temperaturen annehmen, die Festigkeitseigenschaften der Werkstoffe bei diesen höheren Temperaturen zu beachten sind. Bei den heute in Betracht kommenden Betriebstemperaturen und den gesteigerten Beanspruchungen der Konstruktionsteile hat diese Forderung eine noch weit größere Bedeutung erlangt, oder vielmehr sie ist zu einer unumgänglichen Notwendigkeit geworden.

Das Wesentlichste der bis jetzt insbesondere auf dem Gebiet der Kesselwerkstoffe vorliegenden Erkenntnisse ist im folgenden zusammengestellt und hernach besprochen.

Bei der Durchsicht des verfügbaren Schrifttums ergab sich, daß bereits vor 100 Jahren durch Tremery und Poirier Saint-Brice Versuche bei höherer Temperatur angestellt wurden[1]. Diese Versuche sind in einem Abschnitt über die Berechnungsweise der Wandstärke von eisernen Dampfkesseln für Dampfmaschinen erwähnt. Der Text, welcher die Versuchsergebnisse enthält, lautet:

On admet, assez généralement, que la ténacité de la tôle est, par centimètre carré, de 3000 kilogrammes; c'est-à-dire égale, à-peu-près, à celle du fer de médiocre qualité.

Voici les résultats de quelques expériences qui viennent d'être, répétées, avec tous les soins possibles, sur la ténacité du fer, de la tôle, et aussi sur celle du cuivre. Les ténacités de ces métaux sont rapportées à une même surface, celle d'un centimètre carré, et exprimées en kilogrammes et parties décimales du kilogramme.

1°. *Fer.* On a trouvé que la ténacité du très-bon fer forgé est égale à   4345,273

Pour du fer de la même qualité, mais chauffé jusqu'au rouge sombre, la ténacité n'est plus que.   780,363

Ainsi, la ténacité de ce dernier est seulement un peu plus que $^1/_6$ de celle du fer à froid[2].

2°. *Tôle.* Deux expériences ont été faites sur des tôles reconnues pour être de la meilleure qualité.

La première a donné, pour la ténacité de la tôle   4015,4
La seconde.   3856,0
———————
7871,4
Moyenne   3935,7

---

[1] A. d. M., deuxième série. Paris 1828, S. 513f.
[2] Ces expériences ont été faites par MM. Tremery et Poirier Saint-Brice.

Diese Bemerkungen stehen im Zusammenhang mit einer Verordnung des Königs von Frankreich vom 7. Mai 1828, betreffend Bestimmungen über Dampfmaschinen mit hohem Druck, welche lautet:

Ordonnance du Roi portant réglement sur les machines à vapeur à haute pression.

CHARLES, etc., etc., etc.

Sur le rapport de notre Ministre Secrétaire d'État au département de l'intérieur;

Vu l'ordonnance du 29 octobre 1823, relative aux machines à vapeur à haute pression;

Notre Conseil d'État en ndu;

Nous avons ordonné et ordonnons ce qui suit:

ART. Ier. La pression d'épreuve qui a été prescrite par l'ordonnance du 29 octobre 1823 est réduite, pour les chaudières en cuivre ou en fer battu, au triple de la pression qui doit faire agir habituellement les machines auxquelles elles sont destinées. Toutefois les fabricans donneront aux dites chaudières des épaisseurs suffisantes, pour qu'elles puissent toujours subir la pression d'épreuve, sans que la force de résistance du métal en soit altérée.

II. Les tubes bouilleurs qui doivent être adaptés aux chaudières des machines à haute pression sont assujettis au même régime d'épreuve et de surveillance que les chaudières.

Lorsque ces tubes seront de nature à être soumis à une pression d'épreuve différente de celle qui est exigée pour la chaudière à laquelle ils doivent être adaptés, ils seront éprouvés séparément.

Dans le cas contraire, ils seront éprouvés faisant corps avec la chaudière ou séparément, au choix du fabricant ou du propriétaire de la machine.

De quelque manière que l'épreuve ait été faite, chaque tube bouilleur sera marqué d'un timbre indiquant le degré de pression qui doit faire agir habituellement la machine à laquelle il est destiné.

III. Les cylindres en fonte des machines à vapeur à haute pression et les enveloppes en fonte de ces cylindres seront éprouvés à l'aide d'une pression quintuple de celle que la vapeur doit avoir dans l'exercice habituel de la machine. Après l'épreuve, les cylindres et les enveloppes seront marqués d'un timbre indiquant le degré de pression habituel de la vapeur.

IV. La force de pression à prendre, comme terme de départ, pour les épreuves doit être égale à celle qui, dans l'exercice habituel de la machine, tend à faire rompre les parois des chaudières, tube bouilleurs, cylindres et enveloppes, c'est-à-dire à la force de tension que la vapeur doit avoir habituellement, diminuée de la pression extérieure de l'atmosphère.

V. Notre Ministre Secrétaire d'état au département de l'intérieure est chargé de l'exécution de la présente ordonnance, qui sera insérée au Bulletin des lois.

Donnée en notre château des Tuileries, le 7 mai de l'an de grâce 1828, et de notre règne le quatrième.

Signé CHARLES.

Par le Roi: *Le Ministre Secrétaire d'état au département de l'intérieur,*

Signé DE MARTIGNAC.

In einem Bericht der von dem Franklin Institut in Philadelphia[1] eingesetzten Kommission zur Prüfung der Explosion der

---

[1] Dingler 1839, S. 265 f., 273.

Dampfkessel aus dem Jahre 1837 finden sich folgende Bemerkungen:

„An einem gut gebauten Dampfkessel ist kein Teil des Metalls der direkten Einwirkung des Feuers ausgesetzt, ohne zugleich auch unmittelbar mit Wasser in Berührung zu stehen. Das Metall kann daher keine höhere Temperatur annehmen als das Wasser, und diese ist durch das auf dem Sicherheitsventil lastende Gewicht bedingt. Befindet sich das Metall nicht unter derlei Umständen, so wird es sich übermäßig erhitzen, woraus auf dreierlei Weise Gefahr entstehen kann;

1. wird das Metall hierdurch schwächer, d. h. weniger widerstandsfähig, und mithin weniger fähig, selbst einem gewöhnlichen Druck zu widerstehen, und

2. wird es zu einem Wärmebehälter, welcher jederzeit, sooft das Wasser Zutritt zu ihm erhält, stark gespannten Dampf zu erzeugen vermag.

Der erste dieser Punkte beruht auf direkten Versuchen und ist auch allgemein zugestanden. Die von der Kommission in betreff der Stärke der Materialien angestellten Versuche führten jedoch in Hinsicht auf die Stärke (gemeint ist Widerstandsfähigkeit) des Schmiedeeisens zu einer sonderbaren Beobachtung. Die Stärke desselben steigert sich nämlich anfänglich beim Steigen der Temperatur und erreicht ihr Maximum bei einer Temperatur, die über jener steht, bei welcher irgendeine der gewöhnlichen Dampfmaschinen betrieben wird. Ist dieses Maximum aber einmal erreicht, so nimmt die Stärke äußerst rasch ab, so zwar, daß sie bei der Rotglühhitze nur mehr beifällig den sechsten Teil der bei den gewöhnlichen Temperaturen bestehenden Stärke beträgt. Kupfer hingegen wird bei jeder Temperatur, die über der niedrigsten, bei welcher Versuche vorgenommen worden sind, nämlich über 32^0 F steht, schwächer. Diese Tatsache ist in ihrer Anwendung auf die Probe der Kessel mittels der hydraulischen Presse von Wichtigkeit; auch zeigt sie große und rasch zunehmende Gefahr, die dann eintritt, wenn das Metall einmal über das Maximum seiner Stärke erhitzt worden ist.

Es ergibt sich demnach, daß sowohl durch Unfall als auch bei dem gewöhnlichen Spiele der Dampfmaschine Mangel an Wasser im Kessel und mithin Überhitzung des Metalles entstehen kann. Zahlreiche beobachtete Fälle liefern den wirklichen Beweis dafür.

Das durch die Hitze geschwächte Metall kann jenem Druck, unter dem der Kessel gewöhnlich arbeitet, nachgeben. In welchem Maße dies geschieht, hängt von dem Grade des Druckes und von der Hitze, welche das Metall erreichte, ab. Das häufige Bersten der Kessel in der Nähe der gewöhnlichen Wasserlinie und in einer horizontalen, sehr verschiedene Metalldicken umfassenden Fläche führt zu der Vermutung, daß dies mit der Überhitzung des Metalls, welche, wenn an den Teilen des Kessels durchaus gleiche Umstände obwalten, gleichmäßig und in gleichen Entfernungen von der Wasserlinie eintreten muß, in Zusammenhang steht."

Auch bezüglich der Verwendung von Gußeisen bei den Dampfkesseln wurde damals bereits Stellung genommen, indem die Kommission darauf hinwies[1], daß John Steel vor der Kommission des englischen Parlaments angegeben habe, daß Gußeisen bei einer Temperatur von 300^0 F am stärksten sei, ferner daß das englische Parlament schon im Jahre 1818, gestützt auf die Ansicht von Praktikern und Technikern, riet, die Benutzung von Gußeisen an den Dampfkesseln zu vermeiden.

---

[1] Dingler 1839, S. 266, Fußbem.

Im Jahre 1856 wurden von **Fairbairn**[1] Versuche durchgeführt, und zwar mit Längs- und Querstäben aus Kesselblechen mit Schweißeisen sowie mit Nieteisen. Sie erstreckten sich auf 220° C. Die Ergebnisse ließen jedoch eine Gesetzmäßigkeit nicht erkennen, vermutlich infolge Ungleichmäßigkeit des Materials.

Der Direktor des Technologischen Institutes zu Stockholm, **Knut Styffe**[2], bemühte sich bereits im Jahre 1863 nicht nur die Zugfestigkeit bei verschiedenen Temperaturen von − 40 bis +215° C zu ermitteln, sondern auch Dehnungsmessungen zwecks Bestimmung des Elastizitätsmoduls auszuführen.

Ende der 60er Jahre wurden von **James Howard** im Arsenal in **Watterton**[3] Warmversuche ausgeführt, bei welchen ebenfalls dem Einfluß der Versuchsdauer, jedoch nur in verhältnismäßig geringen Zeitgrenzen, Beachtung geschenkt wurde. Ferner wurde versucht, den Dehnungskoeffizienten und die Elastizitätsgrenze zu ermitteln.

Kollmann[4] führte in den Jahren 1877 und 1878 auf den Werken der Gute Hoffnungshütte in Oberhausen Versuche aus, welche sich auf Schmiedeeisen, Feinkorneisen und Bessemerstahl erstreckten. Es wurde dabei ebenfalls versucht, die Elastizitätsgrenze — gemeint ist Streck-

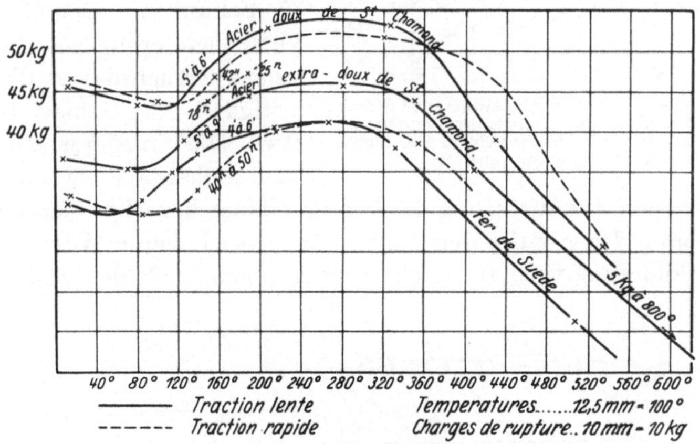

Abb. 1. **Einfluß der Temperatur und der Belastungsdauer auf die Festigkeitseigenschaften nach Le Chatelier.**

grenze — festzustellen, wobei ein als Multiplikator bezeichnetes Zeigerinstrument Verwendung fand, bei welchem man mittels einer Hebelübersetzung $^{1}/_{20}$ mm ablesen konnte. Leider scheint das für die Tem-

---

[1] Report of the British Ass. 1856, S. 405.

[2] Die Festigkeitseigenschaften von Eisen und Stahl. Deutsch von C. M. von Weber. 1870.

[3] Iron Age 1890, S. 585.

[4] Über die Festigkeit des erhitzten Eisens. Verhandl. d. V. z. Beförd. d. Gewerbefl. 1880, S. 92.

peraturmessung angegebene Verfahren nicht einwandfrei gewesen zu sein, da die Prüfungstemperaturen für das Schweißeisen steigend von 100 zu 100° bis auf die unmögliche Temperatur von 2250° C lauten.

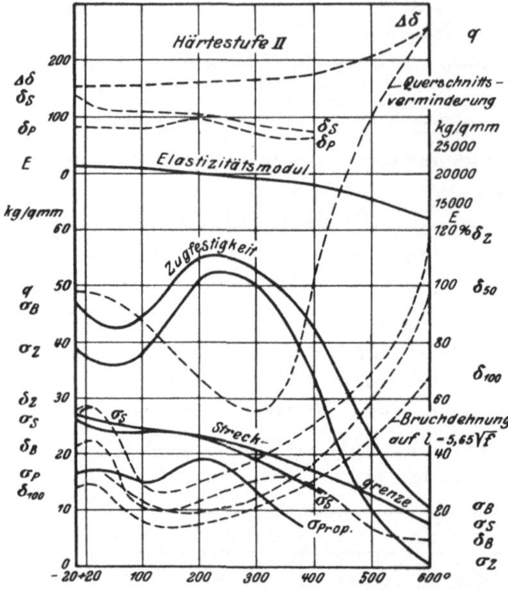

Abb. 2. Dehnungszahl, Proportionalitäts- und Streckgrenze, Zugfestigkeit und Querschnitsverminderung von Flußstahl, Härte II, bei verschiedenen Temperaturen nach Martens.

Bei eingehenden Versuchen, welche Le Chatelier [1] durchführte, wurde auch der Einfluß der Belastungsdauer festgestellt, jedoch nur für verhältnismäßig hohe Belastungsgeschwindigkeiten. Es betrug bei einer Versuchsreihe die Versuchsdauer 4 bis 9 Minuten, bei der anderen Versuchsreihe 40 bis 50 Sekunden. Die Ergebnisse sind in Abb. 1 zeichnerisch dargestellt.

Bei einigen Versuchen war die Versuchsdauer, wie in Abb. 1 angegeben, nur 18 bis 25 Sekunden. Gemäß diesen Versuchen ergibt sich bei rascher Versuchsdauer die Zugfestigkeit im Gebiet 100 bis etwa 300° niederer und hernach höher als bei langsamer Versuchsdauer. Die Änderung der Versuchsdauer bewirkte hiernach eine Verschiebung des Abfalls der Zugfestigkeit bei höheren Wärmegraden. Diese Veränderung wird auf Reckungswirkungen im Gebiet bis 300° C zu-

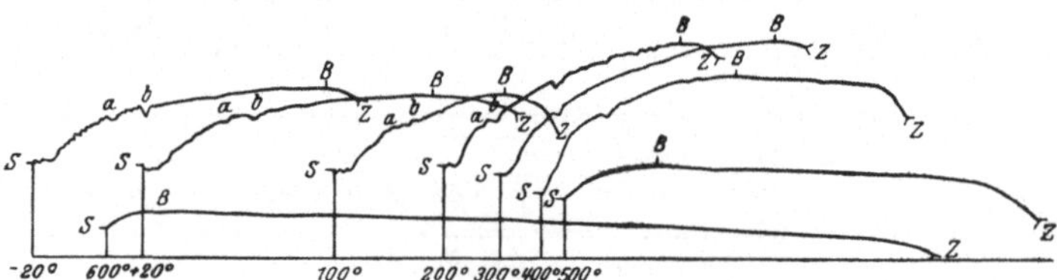

Abb. 3. Spannungs-Dehnungslinien von Flußstahl Härte II bei verschiedenen Temperaturen nach Martens.

rückgeführt, welche sich bei rascher Versuchsdauer nicht in dem Maße auswirken können wie bei langsamer Versuchsdauer. In dem Gebiet über 300° C findet eine Art Ausglühwirkung statt, welche bei kürzerer Versuchsdauer weniger zur Geltung kommt als bei längerer Versuchsdauer.

---

[1] Comm. prés. d. 1. Congrès intern. d. méth. d'essai d. mat. d. constr., Paris 1901, S. 21.

Etwa zu gleicher Zeit sind von Martens[1] im Auftrag des „Vereins zur Beförderung des Gewerbefleißes" und des „Vereins deutscher Eisenhüttenleute" umfangreiche Versuche über den Einfluß der Wärme auf Flußeisen von verschiedenen Härtegraden ausgeführt worden, bei welchen möglichst umfassende Feststellungen angestrebt wurden. Für die Verfolgung der Formänderungen während des Versuchs zwecks Ermittlung der Dehnungszahl bei höheren Wärmegraden sind hierfür neuartige Einrichtungen geschaffen worden. Diese mit Spiegelapparaten ausgerüsteten Vorrichtungen verblieben bis zum Eintritt des Fließens an den Stäben, so daß aus den Beobachtungen auch die Streckgrenze entnommen werden konnte. Die Durchführung der Versuche erfolgte mit großer Umsicht und Sorgfalt.

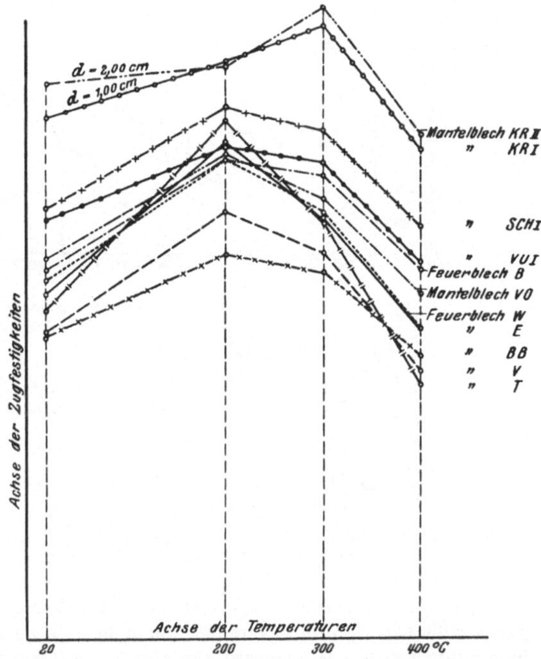

Abb. 4. Zugfestigkeit von noch nicht im Betrieb gewesenen Kesselblechen bei verschiedenen Temperaturen nach Bach.

Von den Ergebnissen sind die hauptsächlichsten für das Material „Härtestufe II" in Abb. 2 dargestellt.

Ferner sind in Abb. 3 die bei verschiedenen Temperaturen erlangten Schaulinien wiedergegeben.

In bezug auf das Ergebnis bemerkt Martens u. a.:

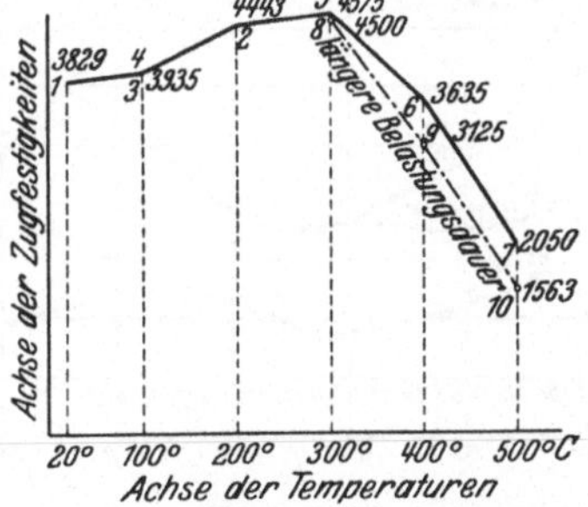

Abb. 5. Zugfestigkeitswerte eines im Betrieb gewesenen Mantelbleches nach Bach. Einfluß längerer Belastungsdauer bei höherer Temperatur.

„Die Linienzüge für die Spannung an der Streckgrenze zeigen für alle drei Materialien ziemlich gleichen Charakter. Sie fallen fast proportional dem Grade der Erhitzung, und das Material mit im kalten Zustande höherer Streckgrenze bleibt auch im erhitzten Zustande dasjenige mit höherer Streckgrenze."

---

[1] Mitt. K. Techn. Vers. Anst. z. Berlin 1890, S. 159f.

„An der Streckgrenze (durch S bezeichnet) wird die Strecke, auf welcher die Linie mit einigen Zacken parallel zur Grundlinie läuft, mit wachsender Wärme kürzer; von 400⁰ an verschwindet sie. Von hier ab findet ein allmählicher Übergang zum Fließen statt, so daß die Streckgrenze aus der Schaulinie nicht genau erkannt werden kann.“

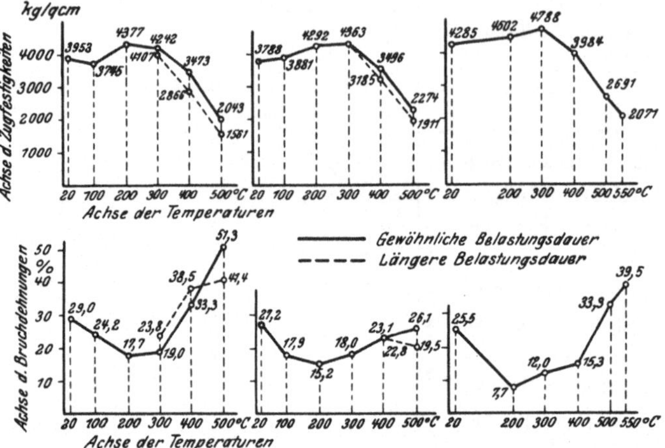

Abb. 6. Festigkeitseigenschaften von Stahlguß bei gewöhnlicher und höherer Temperatur nach Bach. Einfluß längerer Belastungsdauer.

„Der Konstrukteur wird also bei Einführung der für den kalten Zustand gebräuchlichen Spannungsgrenzen auch bei bis zu 200⁰ erhitztem Eisen der hier geprüften Art immer noch auf Dehnungen, welche den Belastungen proportional sind, und auf Sicherheit rechnen können. Allerdings wird man nicht ohne Vorsicht aus den hier mitgeteilten Ergebnissen Schlüsse auf die zulässige Beanspruchung für Konstruktionen ziehen dürfen, welche einer Erwärmung auf mehr als 200⁰ oder gar häufigem Wärmewechsel zwischen 150 und 350⁰ dauernd ausgesetzt sind.“

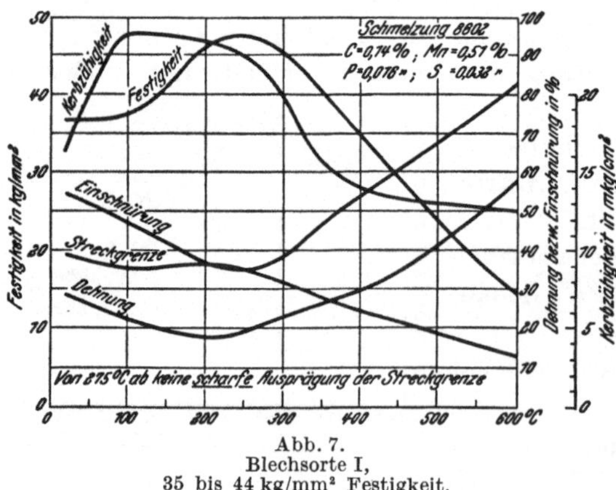

Abb. 7.
Blechsorte I,
35 bis 44 kg/mm² Festigkeit.

„Die Frage der Sicherheit von Eisenkonstruktionen wird aber, wie mir scheint, auch noch durch das eigentümliche Wesen beherrscht, welches bei etwa 300⁰ sich bemerkbar macht und doch vielleicht recht beachtenswert sein möchte. Bei 300⁰ befinden sich alle drei untersuchten Eisenarten in einem merkwürdigen Zustande, welcher dem oft behandelten „blauwarmen Zustande“ entsprechen dürfte. Das Eisen zeigt neben größerer Festigkeit eine wesentlich geringere Querschnittsverminderung und geringere Dehnbarkeit als im kalten Zustande. Es verträgt weniger Formänderung, die Brüche treten plötzlich ohne vorheriges Einschnüren ein; das Material zeigt eine gewisse Sprödigkeit, die auch durch die abweichenden Erscheinungen in der Bruchfläche zum Ausdruck kommt. Daher ist die Frage wohl berechtigt, in welchem Maße etwa das Eisen bei 300⁰ Stoßwirkungen, namentlich oft wiederholten, zu widerstehen vermöge."

Aus dem Jahr 1893 liegt eine weitere Arbeit von Rudeloff[1] vor, bei welcher die Versuchseinrichtungen Verbesserungen erfuhren.

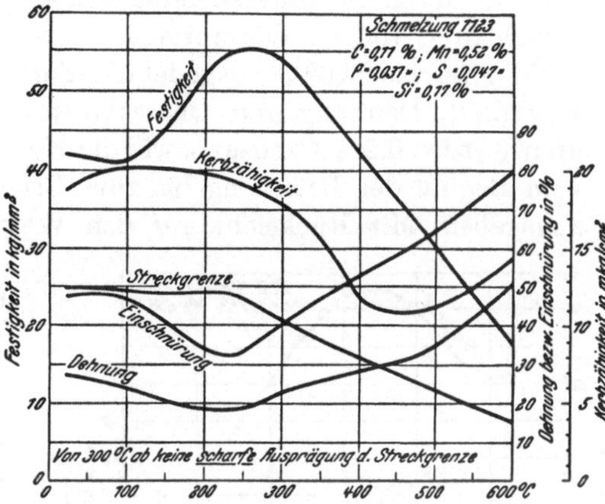

Den Bedürfnissen des Dampfkesselbaus hat sich Bach[2] in seinen zahlreichen in den 80er Jahren des vorigen Jahrhunderts beginnenden Arbeiten gewidmet. Er hat alle für die damalige Zeit in Betracht kommenden Dampfkesselwerkstoffe (Flußeisen,

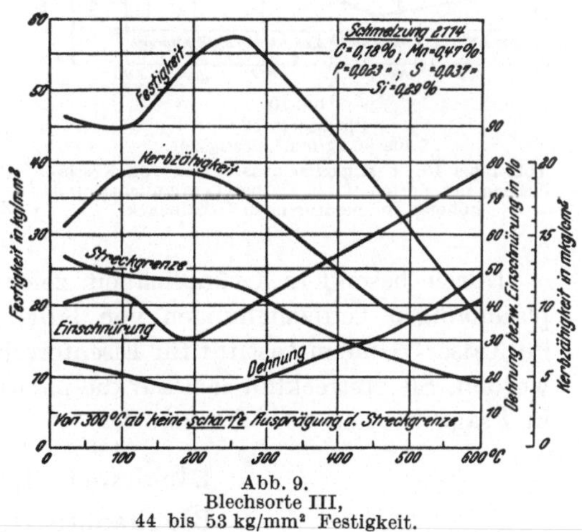

Abb. 8.
Blechsorte II,
41 bis 50 kg/mm² Festigkeit.

Abb. 9.
Blechsorte III,
44 bis 53 kg/mm² Festigkeit.

Stahlguß, Gußeisen, Bronze) hinsichtlich ihres Verhaltens bei höheren Temperaturen untersucht. Beim Flußeisen schenkte er dem Verhalten weicher und harter Bleche sowie dem Vergleich neuer und im Betrieb gewesener Bleche besondere Aufmerksamkeit.

Von den Bachschen Versuchen sind in Abb. 4 die Zugfestigkeiten neuer Bleche und in Abb. 5 die Zugfestigkeiten eines alten im Betrieb gewesenen Mantelbleches wiedergegeben. Die letztere Darstellung enthält auch die Ergebnisse für längere Belastungsdauer.

Abb. 6 veranschaulicht die Ergebnisse von Stahlguß und zeigt wiederum den Einfluß längerer Belastungsdauer.

---

[1] Mitt. K. Techn. Vers. Anst. z. Berlin 1893, S. 292f.

[2] Flußeisen: Z. V. d. I. 1904, S. 1300f.; Mitt. Forsch.-Arb., H. 28. Stahlguß: Z. V. d. I. 1904, S. 385f.; Mitt. Forsch.-Arb., H. 24. Gußeisen: Mitt. Forsch.-Arb., H. 1. Bronze: Mitt. Forsch.-Arb., H. 4.

Einen wertvollen Beitrag für die Beurteilung der Eigenschaften der Kesselbleche üblicher Zusammensetzung hat ferner Urbainczyk[1] geliefert durch die Untersuchung von 4 den neuen Werkstoff- und Bauvorschriften für Landdampfkessel entsprechenden Blechen. Die Versuche sind bis 600° C ausgedehnt. Zur Bestimmung gelangten neben Festigkeit, Dehnung und Querschnittsverminderung auch die Streckgrenze (bzw. 0,2% Grenze) sowie die Kerbzähigkeit. Die Versuchsdauer vom Beginn der Belastung bis zum Bruch ist mit rd. 3 bis 5 Minuten angegeben. Mit Rücksicht auf den Wert der Ergebnisse sind die in der Veröffentlichung enthaltenen Schaulinien in den Abb. 7 bis 10 wiedergegeben.

Eine verdienstvolle Zusammenstellung der bei der Firma Fried. Krupp A.-G., Essen, mit Kesselwerkstoffen — Flußstahl I bis III — bei verschiedenen Temperaturen erlangten Zugversuchswerte lieferte Fischer[2], um dem Konstrukteur einen Anhaltspunkt bei der Berechnung von Kesselteilen zu bieten, vgl. Seite 17. Die Werte sollen gemäß einer persönlichen Mitteilung einer etwa zweistündigen Versuchsdauer entsprechen.

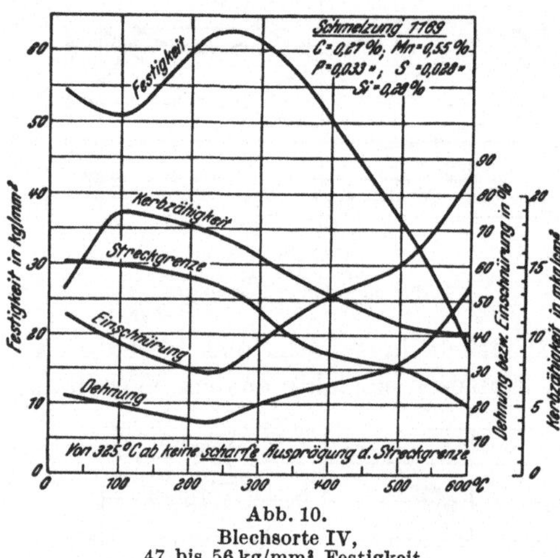

Abb. 10.
Blechsorte IV,
47 bis 56 kg/mm² Festigkeit.
Abb. 7 bis 10. Festigkeitseigenschaften von Kesselblechen der Sorten I bis IV bei gewöhnlicher und höherer Temperatur nach Urbainczyk.

Durch besondere Gründlichkeit zeichnen sich die umfangreichen planmäßigen Untersuchungen von Körber und Pomp[3] aus, welche im Kaiser-Wilhelm-Institut für Eisenforschung in Düsseldorf ausgeführt wurden. Sie erstreckten sich auf die nachstehenden, für den Kesselbau in Frage kommenden Werkstoffe.

Blechsorte I,

Blechsorte II,

Blechsorte III,

ferner auf die in Abschnitt IV behandelten 3- und 5%igen Nickelstahlbleche.

---

[1] Stahleisen 1927, S. 1128 f.   [2] Krupp M. 1925, S. 191.
[3] Mitt. Eisenforsch. Bd. 9, Liefg. 22, Abhdlg. 95.

Festigkeitseigenschaften von Blechen bei höheren Temperaturen.

Tempe-ratur ⁰ C	S.-M.-Flußeisen I		S.-M.-Flußeisen II		S.-M.-Flußeisen III	
	Str.	Fest.	Str.	Fest.	Str.	Fest.
	kg/mm²		kg/mm²		kg/mm²	
20	18	34—41	20	40—47	22	44—51
100	17,5	34	19,5	40	21	44,5
120	17	35	19	41,5	20,5	46
140	16,5	36,5	18,5	43	20,5	47,5
150	16	37	18,5	43,5	20,5	48
160	16	37,5	18	44	20	49
180	15,5	38,5	18	45,5	20	50,5
200	15	40	18	47	20	52
210	14,5	40,5	17	47,5	19,5	52
220	14	40,5	16,5	47,5	19	52,5
230	13,5	41	16	48	18,5	52,5
240	13	41,5	15,5	48	18	52,5
250	12,5	42	15	48,5	17,5	53
260	12	41	14,5	47,5	17	52
270	11,5	40	14	46,5	16,5	51
280	11	39	13,5	45,5	16	50
290	10,5	38	13	44,5	15,5	49
300	10	37	12,5	43,5	15	48
310	10	36	12,5	42	14,5	46,5
320	9,5	35	12	41	14	45
330	9	34	12	39,5	14	43,5
340	9	33	11,5	38,5	13,5	42
350	8,5	32	11,5	37,5	13,5	41
360	8	31	11	36	13	39,5
370	7,5	30	10,5	34,5	13	38
380	7	29	10,5	33,5	12,5	37
390	6,5	27,5	10	32	12	35,5
400	6,5	26,5	9,5	31	12	34,5
420	6,5	24	9	28,5	11,5	32
440	6	21,5	8,5	26	10,5	29,5
450	6	20,5	8,5	25	10,5	28
460	5,5	19,5	8	24	10	27
480	5	17	7	21,5	9	24,5
500	5	15	6,5	19	8,5	22

Über Schmelzung und Zusammensetzung finden sich folgende Angaben.

Blech-sorte	Be-zeich-nung	Erschmolzen im	Ofen-zustellung	C %	Mn %	Si %	P %	S %	Cu %
I	A 1	S.-M.-Ofen	basisch	0,06	0,43	Spuren	0,016	0,029	0,17
	B 1	,,	,,	0,06	0,46	,,	0,031	0,040	0,21
	C 1	,,	,,	0,07	0,42	,,	0,021	0,046	0,14
	E b	,,	,,	0,07	0,42	,,	0,025	0,039	0,18
	E s	,,	sauer	0,11	0,48	0,12	0,037	0,043	0,17
II	A 2	,,	basisch	0,11	0,64	0,18	0,037	0,032	0,16
	D 2	,,	,,	0,14	0,57	Spuren	0,030	0,024	0,12
III	B 3	,,	,,	0,25	0,47	,,	0,033	0,030	0,17
	C 3	,,	,,	0,29	0,60	,,	0,026	0,036	0,14
	D 3	,,	,,	0,25	0,55	,,	0,033	0,032	0,11
3% Ni	F 3		,,	0,12	0,62	0,19	0,018	0,017	0,05
	G 3		,,	0,09	0,56	0,21	0,022	0,016	0,12
5% Ni	F 5		,,	0,11	0,61	0,16	0,013	0,018	0,05
	G 5		,,	0,09	0,62	0,10	0,028	0,015	0,11

Zur Feststellung gelangten die Spannungen, bei welchen die bleibenden Verlängerungen betrugen

0,01 % (Elastizitätsgrenze),
0,03 %   „
0,2 % (Streckgrenze).

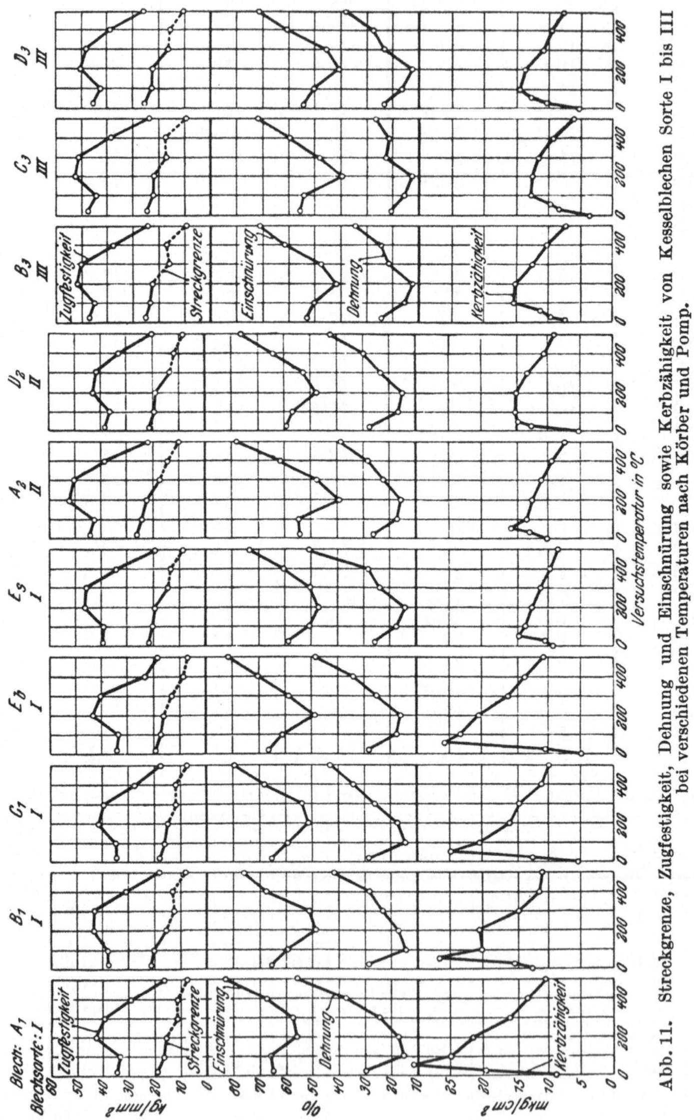

Abb. 11. Streckgrenze, Zugfestigkeit, Dehnung und Einschnürung sowie Kerbzähigkeit von Kesselblechen Sorte I bis III bei verschiedenen Temperaturen nach Körber und Pomp.

Die Belastungsgeschwindigkeit bis zur Erreichung der Streckgrenze betrug etwa 2 kg/mm²/sek.

Bei 300° C und darüber prägte sich die Streckgrenze nicht in natürlicher Weise durch Halten oder Sinken der Kraftanzeige der Prüfungsmaschine aus; sie wurde an Hand von Dehnungsmessungen mit derjenigen Belastung eingesetzt, bei welcher die bleibende Verlängerung 0,2% betrug.

Die beim üblichen Zerreißversuch mit der oben angegebenen Be-

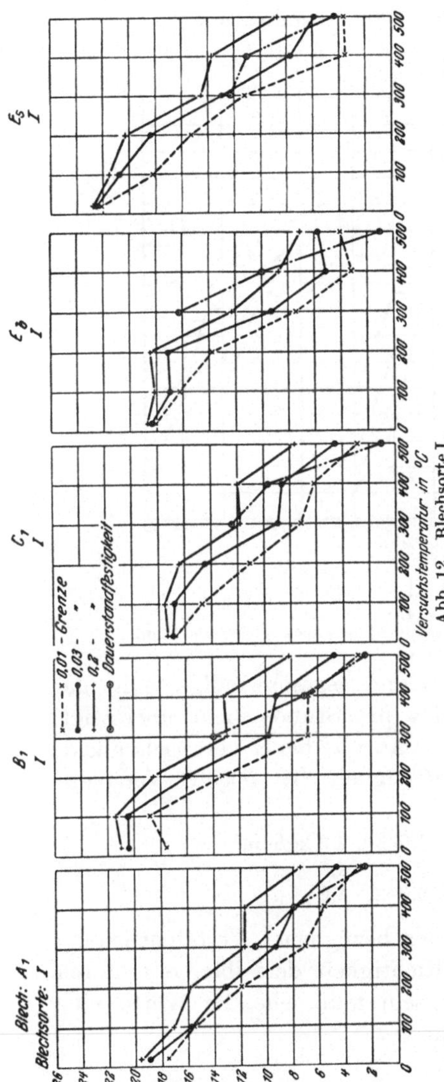

Abb. 12. Blechsorte I.

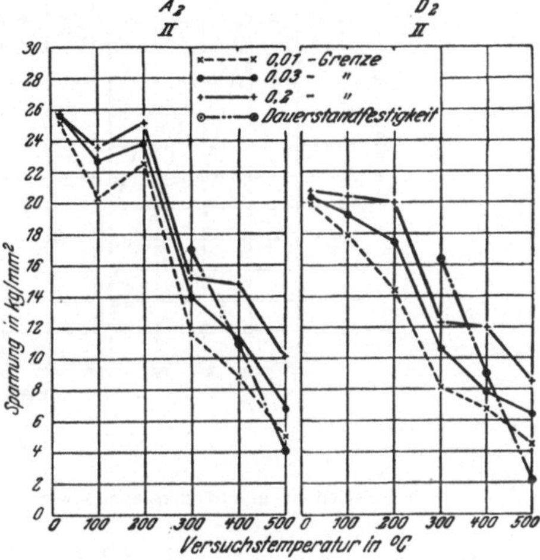

Abb. 13.
Blechsorte II.

lastungsgeschwindigkeit (bis zur Streckgrenze 2 kg/mm²/sek) erlangten Ergebnisse sind in Abb. 11 veranschaulicht. In dieselbe sind auch die Ergebnisse von Kerbschlagversuchen eingetragen, auf welche an anderer Stelle eingegangen wird.

Die Lage der Streckgrenze sank gemäß Abb. 11 bei 500° C gegenüber rd. 20° C Versuchstemperatur

bei Blechsorte I   von 18,0 bis 21,5 auf 7,1 bis   8,7 kg/mm²,
„   „   II „   21,7 „ 26,2 „ 8,5 „ 10,1   „
„   „   III „ 24,5 „ 25,0 „ 9,5 „ 10,6   „

Einen großen Umfang nehmen die Versuche von Körber und

2*

Pomp[1] ein, welche zur Ermittlung der Eigenschaften bei langer Versuchsdauer dienen sollen. Hierbei wurde die Dauerstandzugfestigkeit nach dem von Pomp und Dahmen[2] entwickelten abgekürzten Prüfverfahren bestimmt, welches als Dauerstandfestigkeit diejenige

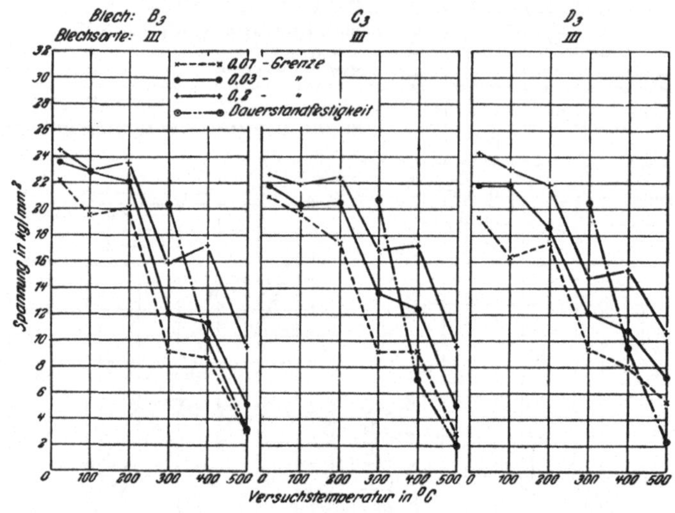

Abb. 14.
Blechsorte III.
Abb. 12 bis 14.
Elastizitäts- und Streckgrenze sowie Dauerstandfestigkeit nach Körber und Pomp.

Spannung ansieht, bei welcher die Dehnungsgeschwindigkeit in der 3. bis 6. Stunde den Betrag von 0,001% pro Stunde nicht übersteigt.

Die wichtigsten Ergebnisse sind in den Abb. 12 bis 14 veranschaulicht.

Hiernach beträgt die Dauerstandfestigkeit bei 500° C Versuchstemperatur

bei Blechsorte I   1,0 bis 4,3 kg/mm²
„   „   II   2,2 „   4,0   „
„   „   III 2,0 „   3,2   „

In bezug auf diese Werte wird in der bezüglichen Veröffentlichung betont darauf hingewiesen, daß die Richtigkeit derselben erst durch ausgedehnte Dauerversuche bestätigt sein muß, ehe die Werte eine praktische Verwendung finden können.

Besprechung der vorstehend aufgeführten Arbeiten.

Neben der sachlichen Bedeutung, welche den vor 100 Jahren von Tremery und Poirier-Saint-Brice ausgeführten Zugversuchen mit

---

[1] Mitt. Eisenforsch. Bd. 9, Liefg. 22, Abhdlg. 95.
[2] Mitt. Eisenforsch. Bd. 9, Liefg. 3, Abhdlg. 74.

kaltem sowie erhitztem Schmiedeeisen innewohnt, besitzt die im Zusammenhang damit stehende Verordnung des Königs von Frankreich aus dem Jahre 1828 über „Dampfmaschinen mit hohem Druck“ historisches Interesse.

Besonders bemerkenswert ist aber, daß bereits im Jahre 1837 eine von dem Franklin-Institut in Philadelphia eingesetzte Kommission zur Prüfung der Explosion der Dampfkessel über Ergebnisse von Versuchen bei höherer Temperatur berichten konnte, welche schon damals so genau und eingehend durchgeführt wurden, daß sie das Wachsen der Zugfestigkeit bis auf etwa 200° C und das darauffolgende Abfallen derselben bis auf etwa $^1/_6$ bei Rotglut erkennen ließen.

Gleiche Beachtung verdient die weitere Bemerkung des Berichtes, daß Gußeisen bei 300° F (150° C) die größte Zugfestigkeit besitze und daß das englische Parlament bereits im Jahre 1818 von der Verwendung von Gußeisen in Dampfkesseln abgeraten hat.

Bei den weiteren bis gegen die achtziger Jahre des vorigen Jahrhunderts ausgeführten Versuchen wurden weitergehende Aufschlüsse — über Dehnungen, Elastizitätsmodul, Streckgrenze usw. — angestrebt, doch war der Wert der Ergebnisse zum Teil durch Mängel der Einrichtungen erheblich beeinträchtigt.

Weitergehende Klarheit schufen erst die Versuche von Martens, Rudeloff, Le Chatelier und Bach, insbesondere durch die Sorgfalt und Zuverlässigkeit ihrer Durchführung.

Diese Arbeiten geben wertvolle Anhaltspunkte für die Beurteilung der Widerstandsfähigkeit der Dampfkessel bei den Drücken und Temperaturen, welche zur Zeit der Durchführung der Versuche in Betracht kamen. Großenteils enthalten die Versuchsergebnisse auch Angaben über die Streckgrenze bei diesen und zum Teil auch bei noch höheren Temperaturen.

Bei den Bachschen Versuchen wurde überdies eine wichtige Erscheinung verfolgt, nämlich der Einfluß längerer Belastungsdauer auf die Zugfestigkeit. Hierzu wurde Bach durch die Versuche von Stribeck angeregt, auf welche im späteren noch eingegangen wird. Die Belastungsdauer betrug bis zu rd. 13 Stunden. Es ergab sich sowohl bei Flußeisen als auch bei Stahlguß, daß bei Ausdehnung der Belastungszeit auf viele Stunden die Zugfestigkeit in ganz erheblichem Maße sinkt. Bei 500° C ergab sich für Kesselbleche bei 10 bis 13 Stunden Versuchsdauer eine um rd. 25% geringere Zugfestigkeit als bei rd. 30 Minuten Versuchsdauer. Dabei ist zu beachten, daß eine Versuchsdauer von 30 Minuten in der Regel nur in wissenschaftlichen Instituten gewählt wird; in den Prüfräumen der Industrie pflegen die Stäbe wesentlich rascher zerrissen zu werden, vgl. z. B. die oben erwähnten Versuche von Urbainczyk.

Aus den Bachschen Feststellungen ging hervor, daß die Berechnung der Widerstandsfähigkeit von höherer Temperatur ausgesetzten Konstruktionsteilen zu Täuschungen führt, wenn die Werte zugrunde gelegt werden, welche bei üblichem Zerreißversuch von kurzer Dauer erlangt werden. Die tatsächliche Widerstandsfähigkeit ist bei den in der Regel langen Belastungszeiträumen hiernach wesentlich geringer.

Diese verringerte Widerstandsfähigkeit prägt sich naturgemäß auch in der Streckrgenze aus. Beispielsweise führte Verfasser vor längerer Zeit Versuche mit einem Stahl bei kurzer und langer Versuchsdauer bei 450⁰ C aus.

Die Streckgrenze lag

$$\text{bei} \approx 30 \text{ Minuten Versuchsdauer bei } 32 \text{ kg/mm}^2$$
$$\text{,,} \approx 100 \text{ stündiger} \qquad \text{,,} \qquad \text{,, } 20 \quad \text{,,}$$

Bei diesen Versuchen ging Verfasser in ähnlicher Weise vor wie Stribeck im Jahre 1900[1] bei seinen Warmversuchen mit langer Dauer mit Kupfer und Bronze, welche, wie oben erwähnt, Bach veranlaßt haben, der langen Versuchsdauer auch bei Kesselwerkstoffen Beachtung zu schenken.

Bei dem Versuch, welcher die vorstehend aufgeführten Ergebnisse lieferte, wurde der Probestab stufenweise belastet. Auf jeder Belastungsstufe wurde die Verlängerung des Stabes viertelstündlich festgestellt und so lange verharrt, bis sich während 1 Stunde bei dem angewandten Meßverfahren keine nennenswerten Verlängerungen mehr zeigten[2]. Als Streckgrenze wurde die Belastung angesehen, bei welcher sich eine bleibende Verlängerung von 0,2% ein-

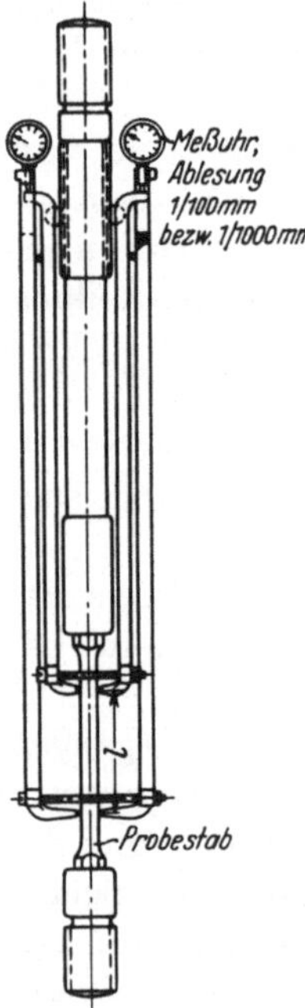

Abb. 15. Meßvorrichtung für Änderungen der Meßlänge l bei Zugversuchen.

---

[1] Mitt. Forsch.-Arb., H. 13.

[2] Dieses in der Materialprüfungsanstalt Stuttgart im Anschluß an die Stribecksche Veröffentlichung eingeführte Vorgehen ist vom Verfasser schon vor einigen Jahren auch bei der Prüfung von hochwertigen Sonderstählen bei Temperaturen bis 800⁰ angewandt worden und ist für weitere Versuche mit solchen Stählen bei 1000⁰ C in Aussicht genommen nach Fertigstellung der vom Verfasser entworfenen Versuchseinrichtung. Bei der letzteren findet die Verfolgung der Formänderungen auf optischem Wege statt, während für weniger hohe Temperaturen die in Abb. 15 dargestellte Meßvorrichtung dient. Wie ersichtlich, wird hierbei die Änderung der Meßlänge auf beiden Seiten des Probestabes an Meßuhren abgelesen, deren Ablesegenauigkeit vorläufig $^1/_{100}$ mm beträgt, welche der Verfasser durch eine geeignete Änderung auf $^1/_{1000}$ mm bringen will. In der Regel dürfte die Ablesegenauigkeit $^1/_{100}$ mm ausreichen.

stellte. Die beim stufenweisen Belasten eintretende Verformung hatte eine Verfestigung des Materials zur Folge, wodurch je nach der Anzahl der Vorstufen vor Erreichung der Streckgrenze eine Hebung der letzteren stattfindet. Zur möglichst genauen Ermittlung der Streckgrenze sind daher mehrere Versuche erforderlich, um diejenige Belastung einzugabeln, bei welcher ohne Vorstufen die Streckgrenze zu erwarten steht. Dabei sei bereits hier darauf hingewiesen, daß das Maß der Härtung des Werkstoffs von dem Wesen des letzteren abhängt und daß unter Umständen die Verformung auch keine Härtung zur Folge hat.

Die festgestellte Erscheinung der Verringerung der Widerstandsfähigkeit der untersuchten Kesselwerkstoffe bei langer Versuchsdauer war zunächst von nicht so großer Bedeutung, da dieser Einfluß, wie aus Abb. 5 und 6 hervorgeht, sich erst bei Temperaturen über 300° C bemerkbar machte, also in einem Temperaturgebiet lag, für das bei den Dampfdrücken bis 25 atü noch kein besonderes Interesse vorhanden war.

Diese Verhältnisse erfuhren eine durchgreifende Änderung bei der sprunghaften Steigerung der Dampfdrücke und Dampftemperaturen. Die eingehende Kenntnis des Wesens der Kesselwerkstoffe bei den nunmehr bis 475° C reichenden Temperaturen wurde zum dringenden Bedürfnis sowohl hinsichtlich der Sicherheit der Kessel als auch hinsichtlich der wirtschaftlichen Bemessung derselben. Das durch die rasche Entwicklung der Bedürfnisse der Industrie eingetretene Nacheilen der wissenschaftlichen Erkenntnisse kommt auch in den neuen Werkstoff- und Bauvorschriften für Landdampfkessel, Ausgabe Januar 1928, zum Ausdruck. Bei den in denselben für die Berechnung der Abmessungen von Kesselteilen angegebenen Beziehungen sind in der Regel die Werte der Zugfestigkeit eingeführt, welche der betreffende Werkstoff im kalten Zustand von rd. 20° C besitzt. Der Umstand, daß die Werkstoffeigenschaften bei den in Hochdruckanlagen herrschenden Temperaturen wesentlich andere sind als bei rd. 20° C, konnte lediglich eine Berücksichtigung finden in dem Satz:

„Steht zu erwarten, daß die Temperatur der Wandungen, abgesehen von Wasser-, Heiz- und Überhitzerrohren, wesentlich höher ausfällt als 300° C, so ist auf die Veränderung der Festigkeitseigenschaften in dieser Wärme Rücksicht zu nehmen. Im allgemeinen wird es sich empfehlen, durch geeignete Einrichtungen solche hohe Wandungstemperaturen fernzuhalten."

Bezüglich der Wasser-, Heiz- und Überhitzerrohre ist zu bemerken, daß bei den heute nicht seltenen Dampftemperaturen von bis 450° C und mehr den genannten Teilen besondere Beachtung zu schenken ist, wobei nicht allein der Widerstandsfähigkeit gegenüber der herrschenden Temperatur und den Einflüssen der Heizgase durch Abzunderung usw. Rechnung zu tragen ist, sondern auch an elektrolytische und hydrolytische Zersetzungen zu denken ist.

Zur Ausfüllung der gekennzeichneten Lücke in den wissenschaftlichen Erkenntnissen wurden im In- und Ausland Arbeiten zwecks Klarstellung des Wesens der Werkstoffe in den höheren Temperaturgebieten ausgeführt.

Von den deutschen Arbeiten sind sowohl in Anbetracht ihres Umfangs als auch ihrer Gründlichkeit und zuverlässigen Sorgfalt der Durchführung, insbesondere aber auch wegen der auf den Kesselbau abgestellten Planmäßigkeit diejenigen von Körber, Pomp und Dahmen besonders wertvoll. Dieselben befassen sich neben der Feststellung der bisher üblichen Eigenschaften in eingehender Weise auch mit dem Einfluß langer Versuchsdauer auf die Widerstandsfähigkeit, vgl. Abb. 12 bis 14. Es wird dabei ein abgekürztes Verfahren vorgeschlagen zur Feststellung derjenigen Zahl, welche die Widerstandsfähigkeit des Werkstoffes bei dauernder Beanspruchung kennzeichnet, genannt „Dauerstandzugfestigkeit“.

Im Zusammenhang mit den Versuchen von Körber, Pomp und Dahmen ist noch zu bemerken, daß sich im Ausland insbesondere Lea [1] mit der Erforschung des Verhaltens der Stähle bei höherer Temperatur und langer Versuchsdauer befaßte. Er ging bei seinen Versuchen in gleicher Weise vor wie Stribeck bereits im Jahre 1900 mit dem Unterschied, daß letzterer mit geringerer Feinheit der Messungen arbeitete. Stribeck hat bereits damals festgestellt, daß bei stufenweiser langdauernder Belastung eines Probestabes bezüglich der Formänderungen sich folgende Erscheinungen zeigen: Bis zu einer bestimmten Belastung nehmen auf jeder Stufe die auftretenden Formänderungen in der Zeiteinheit ab; nach Überschreiten dieser Belastung nehmen die Formänderungen in der Zeiteinheit zu.

Lea bezeichnet diese Formänderungen mit „creep“ (kriechen) und spricht demgemäß von creep limit (Kriechgrenze), womit der Begriff „Dauerstandfestigkeit“ in Übereinstimmung steht.

Auf Grund des heutigen Standes der Erkenntnisse über das Wesen der Kesselbaustoffe bei den Betriebstemperaturen ergibt sich das folgende Bild von der zweckmäßigen und wirtschaftlichen Möglichkeit der Bemessung von Kesselteilen.

Den Betrachtungen seien die Temperaturen 300⁰ und 500⁰ C zugrunde gelegt, welche die bei etwa 100 at herrschende Sattdampftemperatur und die bei der üblichen Überhitzung herrschenden Temperaturen umschließen.

Die für diese Temperaturen für die Blechsorten I bis III von Urbainczyk, Fischer und Körber-Pomp angegebenen Zugversuchswerte sind nachstehend zusammengestellt.

---

[1] Eng. 1924, S. 816f.

Versuche von	Zug-festigkeit bei rd. 20° C $K_{z\,20}$ kg/mm²	Streckgrenze bei üblicher Versuchsdauer			Dauer-standfestigkeit	
		bei 20° $\sigma_{s\,20}$ kg/mm²	bei 300° $\sigma_{s\,300}$ kg/mm²	bei 500° $\sigma_{s\,500}$ kg/mm²	bei 300° $K_{D\,300}$ kg/mm²	bei 500° $K_{D\,500}$ kg/mm²
Blechsorte I						
Urbainczyk .	35	18	14,5	8,0	—	—
Fischer . . .	34—41	20—23	12	6	—	—
Körber-Pomp (A 1) . . .	34,5	19,6	11,7	7,4	10,9—16,3	1,0—4,3
Blechsorte II						
Urbainczyk .	41,0	21,0	17,0	9,0	—	—
Fischer . . .	40—47	21—24	13,5	7	—	—
Körber-Pomp (A 2) . . .	44,0	25,7	15,2	10,1	17,0	2,2—4,0
Blechsorte III						
Urbainczyk .	44,0	24,0	18,0	9,5	—	—
Fischer . . .	44—51	22—25	15	8,5	—	—
Körber-Pomp (B 3) . . .	47,0	24,5	15,9	9,5	20,3	2,0—3,2

Die niedersten der erlangten Dauerstandfestigkeitswerte gehen herunter bis auf 1,0 kg/mm² bei Blechsorte I (Blech E b).

Hiernach schwanken die Werte, welche für die Berechnung von Konstruktionsteilen zur Verfügung stehen, bei Blechsorte I

für die Temperatur 300° C zwischen 10,9 und 16,3,
„ „ „ 500° C „ 1,0 „ 8,0.

Dabei sind folgende Umstände im Auge zu behalten.

In bezug auf die Dauerstandfestigkeit ist zu beachten, daß dieselbe nicht etwa als zulässige Anstrengung anzusehen ist, weil die dabei mögliche Formänderung das für Konstruktionsteile zulässige Maß noch überschreiten kann, wie nachstehende Betrachtung zeigt. Die im verkürzten Verfahren ermittelte Dauerstandfestigkeit stellt diejenige Spannung dar, welche in dem Zeitraum von 3stündiger bis zu 6stündiger Belastungsdauer noch eine Zunahme der Verlängerung um 0,001%/st herbeiführt. Wenn keine Verzögerung der Formänderung eintritt, so würde also in 200 Stunden durch die der Dauerstandfestigkeit entsprechende Belastung eine Verlängerung von 0,2% herbeigeführt, welche beim gewöhnlichen Zugversuch als Streckgrenze angesprochen wird. In 1000 Stunden würde die Verlängerung der Meßlänge von 100 mm schon 1 mm betragen, also bedeutend mehr, als bei Konstruktionsteilen zugelassen werden kann.

Ein sehr anschauliches Beispiel für die möglichen Verhältnisse bilden die Ergebnisse von „Creep tests", welche der Chef-Ingenieur Duff der Standard Oil Development Co. durchführte. Diese bisher nicht veröffentlichten Dauerstandversuche erstrecken sich zum Teil auf bis über 7000 Stunden. Die Versuchsergebnisse von zwei Versuchsreihen sind in

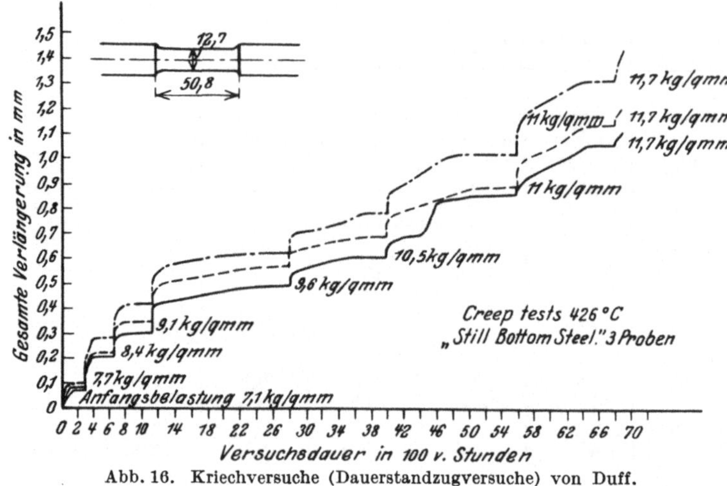

Abb. 16. Kriechversuche (Dauerstandzugversuche) von Duff.

den Abb. 16 und 17 wiedergegeben. Die Gestalt und die Abmessungen der Probestäbe sind oben links eingezeichnet. Aus den Darstellungen geht hervor, daß die creep limit = Kriechgrenze bzw. Dauerstandfestig-

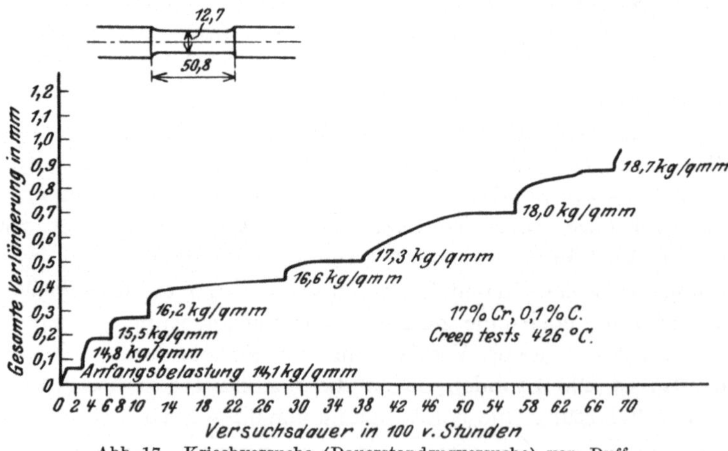

Abb. 17. Kriechversuche (Dauerstandzugversuche) von Duff.

keit sich einstellte, nachdem die Formänderung bereits 1,3 mm bzw. 0,9 mm, d. s. rd. 2,6% bzw. 1,8%, betrug, also einen Betrag ausmachte, der weit über dem liegt, was als zulässige bleibende Formänderung bei Konstruktionsteilen in Frage kommen kann.

Hiernach bringen weder die Werte der creep limit, der Kriechgrenze, oder diejenigen der Dauerstandfestigkeit, noch die bei üblicher Versuchsdauer erlangten Streckgrenzenwerte diejenige Widerstandsfähigkeit des Werkstoffes bei höheren Temperaturen zum Ausdruck, welche der Konstrukteur kennen muß.

Für den letzteren sind Zahlen erforderlich, welche Aufschluß geben

a) über die Belastung, welche der Werkstoff beliebig lange Zeit aushält, ohne dabei unzulässig große Formänderungen zu zeigen;

b) über die Widerstandsfähigkeit gegenüber wechselnder Belastung.

Die in obiger Zusammenstellung angegebenen Streckgrenzenwerte haben nur für die Versuchsverhältnisse Gültigkeit. Das würde im Hinblick auf die nach Angabe angewandte Versuchsdauer von 3 bis 5 Minuten (Urbainczyk), bzw. 2 Stunden (Fischer) bedeuten, daß das Auftreten von Spannungen in Höhe der Streckgrenze beim Überschreiten der Dauer 3 bis 5 Minuten, bzw. 2 Stunden bei 500° C zu zerstörenden Formänderungen führt. Ein Beispiel für die Abnahme der Widerstandsfähigkeit mit wachsender Zeit gibt der oben erwähnte Versuch des Verfassers. Bei demselben liegt die Spannung, welche bei langer Versuchsdauer Formänderungen von 0,2 % erzeugt um 40 % tiefer als bei kurzer Dauer.

Als weiteres Beispiel aus Versuchen des Verfassers sei das Folgende mitgeteilt, welches sich auf ein gewöhnliches unlegiertes Kesselblech bezieht.

<pre>
Zugfestigkeit bei rd. 20° C . . . . 39 kg/mm²
Streckgrenze   ,,   ,,   20° C 24   ,,
               ,,   ,,   500° C:
Belastungsdauer   1 Stunde 12,6   ,,
      ,,   4 Stunden . . . 9,3   ,,
      ,,   32   ,,   . . . 7,0   ,,
      ,,   1160   ,,   . . < 6,0   ,,
</pre>

Die Streckgrenze ist hiernach bei langer Versuchsdauer auf weniger als ½ des bei gewöhnlicher Versuchsdauer erlangten Betrages gesunken und auf weniger als ¼ des Betrages für gewöhnliche Temperatur von rd. 20° C.

Aber auch die Dauerstandfestigkeitszahlen besitzen, so wertvoll die ihnen innewohnenden Aufschlüsse an sich sind, den bereits berührten Mangel, daß sie nur die Belastung angeben, bei deren Überschreitung langdauernde Belastung zum Bruch führt, nicht aber die Belastung, welche den Konstrukteur in erster Linie interessiert, nämlich die Belastung, welche beliebig lange wirken kann, ohne daß unzulässige bleibende Formänderungen entstehen; analog dem Begriff „Dauerstandfestigkeit" wäre diese Beanspruchung mit „Dauerstandstreckgrenze“[1] zu bezeichnen. Ob als zulässige Verlängerung 0,1 oder 0,2 oder bis 0,5% der Meßlänge zugrunde zu legen ist, wäre auf Grund von Erfahrungen zu vereinbaren. Durch den Begriff Dauer-

---

[1] Aber auch diese Zahl wird vermutlich den Konstrukteur noch nicht befriedigen können, da sie ebenfalls nur ein Verhalten bei ganz bestimmten Bedingungen kennzeichnet, nicht aber das Wesen des Werkstoffs bei höherer Temperatur unter den im Betrieb auftretenden Bedingungen erschöpft. Es wäre insbesondere zu erfassen, welchen Einfluß die Reckung im kalten und im warmen Zustand sowie Belastungswechsel auf die Lage der Dauerstandstreckgrenze besitzen. Dabei sei folgendes erwähnt. Zur Beurteilung des Verhaltens der Werkstoffe bei wechselnder Belastung wurden bereits in den 70er Jahren des vorigen Jahrhunderts die klassischen Versuche von Wöhler* ausgeführt. Heute werden solche Versuche u. a. auf sogenannten Dauerbiegemaschinen vorgenommen. Der Probestab wird hierbei gemäß Abb. 108, Abschnitt V, eingespannt und gemäß den hierzu gemachten Bemerkungen auf Biegung beansprucht, wobei Zug und Druck in den Umfangsfasern regelmäßig wechseln.

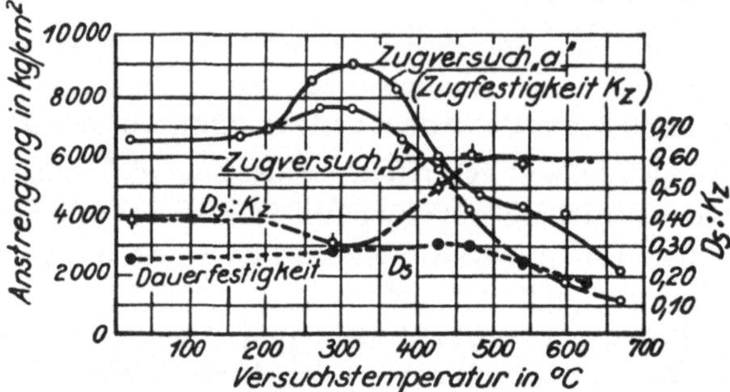

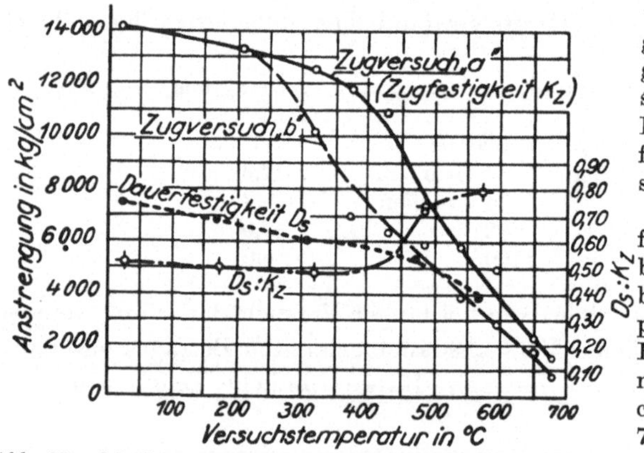

Abb. 18. Schwingungsfestigkeit D_s (Dauerbiegefestigkeit) bei verschiedenen Temperaturen von Stahl mit 0,49% C (bei 927° geglüht und an der Luft erkaltet) nach Moore und Jasper. Umdrehungszahl 1500 i. d. Min.

Die Schwingungsfestigkeit D_s pflegt sich bei solchen Versuchen bei gewöhnlicher Temperatur in der Regel bei Flußeisen bei einer Spannung einzustellen, welche ungefähr 35 bis 70% der beim Zugversuch erlangten Streckgrenze beträgt. Solche Dauerbiegeversuche sind auch bei höheren Wärmegraden ausgeführt worden. Es lieferten beispielsweise die amerikanischen Versuche von Moore und Jasper** die in den Abb. 18 und 19 dargestellten Werte, bezeichnet D_s.

Abb. 19. Schwingungsfestigkeit D_s (Dauerbiegefestigkeit) bei verschiedenen Temperaturen von Stahl mit 1,02% C nach Moore und Jasper. Umdrehungszahl 1500 i. d. Min. Stahlbehandlung vor dem Versuch: Erwärmung auf 788° — Abkühlung im Ofen — Erwärmung auf 788° — Abkühlung in Öl.

---

* Z. Bauw. 1870.

** Aus Graf: Die Dauerfestigkeit der Werkstoffe. Berlin 1929.

standstreckgrenze wäre demnach die Spannung gekennzeichnet, welche
unter dauernder Einwirkung eine bleibende Verlängerung von 0,1 bzw.
0,2 bzw. 0,5% erzeugt, also nicht mehr und nicht weniger.

Die Dauerstandstreckgrenze (0,2%) wird naturgemäß in der Regel
unterhalb der Dauerstandfestigkeit liegen. Gemäß den in den Abb. 16
und 17 wiedergegebenen Duffschen Versuchsergebnissen würde für den
betreffenden Werkstoff bei 426° C betragen

die Dauerstandstreckgrenze   etwa 8   bzw. 15   kg/mm²
„ Dauerstandfestigkeit   11   „   18   „

Nach Maßgabe der Körber-Pompschen Ergebnisse läge die Dauerstandstreckgrenze für Blechsorte I bei 500° C unterhalb 1,0 bis 2,5 kg/mm²,
also sehr niedrig. Ob die im verkürzten Verfahren ermittelte Dauerstandfestigkeit der tatsächlichen Dauerstandfestigkeit entspricht, werden die
von Körber-Pomp in Aussicht genommenen weiteren Versuche lehren.

Es ist z. B. möglich, daß die Zeitdehnungslinie in diesen Temperaturgebieten anders verläuft, als Pomp und Dahmen bei der Definition
der „praktischen Dauerstandfestigkeit" angenommen haben. Gemäß
dieser Annahme liegt, wie oben erwähnt, die Dauerstandfestigkeit bei
derjenigen Spannung, welche in der 3. bis 6. Belastungsstunde eine
Dehnungsgeschwindigkeit des Stabes von 0,001%/st erzeugt. Die Fließ-
geschwindigkeit kann sich vielleicht je nach Versuchstemperatur und
Werkstoff nach der 6. Stunde rascher verzögern, als die genannten
Forscher unterstellt haben.

Der Wert der von Körber und Pomp durchgeführten Versuche erfährt hierdurch keine Beeinträchtigung, im Gegenteil, die durch die

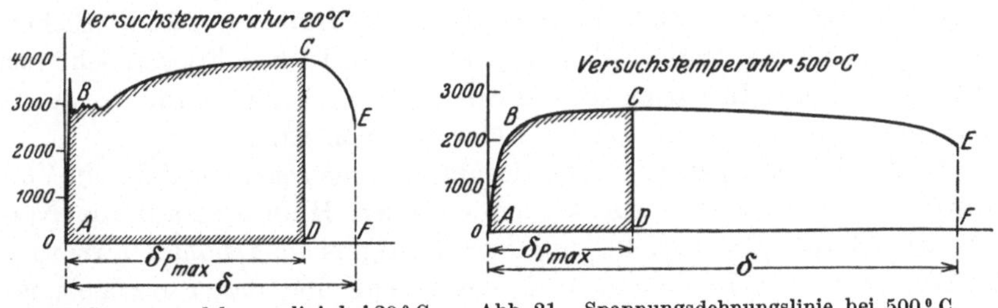

Abb. 20. Spannungsdehnungslinie bei 20° C.   Abb. 21. Spannungsdehnungslinie bei 500° C.

Bekanntgabe der Ergebnisse der Allgemeinheit gelieferten Aufschlüsse
und die dadurch angeregte Weiterforschung sind der Klarstellung dieser
heute außerordentlich wichtigen Fragen nur förderlich.

Diese Umstände zeigen aber andererseits, wie weit wir
noch von der erschöpfenden Klarstellung des Wesens der
Werkstoffe bei höheren Wärmegraden entfernt sind.

Im Zusammenhang mit dem Vorstehenden dürfte folgendem Umstand eine gewisse Bedeutung beizumessen sein. Die Spannungsdehnungs-linien, welche bei rd. 20^0 C und bei rd. 500^0 C beim üblichen Zerreiß-versuch von etwa 15 bis 30 Minuten Dauer erlangt werden, unterscheiden sich, wie die Abb. 20 und 21 erkennen lassen, folgendermaßen.

Die Dehnung δ_{P_max}, nach welcher die Höchstbelastung erreicht wird, ist im Verhältnis zur Bruchdehnung δ bei 20^0 C viel größer als bei 500^0 C, mit andern Worten: Das Arbeitsvermögen des Stabes bis zur Erreichung der Höchstbelastung, dargestellt durch die Flächen-stücke $ABCD$ ist im Verhältnis zu dem Arbeitsvermögen, welches die Flächenstücke $ABEF$ darstellen, bei 500^0 C kleiner als bei 20^0 C. Diese Erscheinung kann auf Härtung oder Verfestigung durch das Recken und auf nachfolgendes Ausglühen, auf Formänderungsträgheit usw. zurückzuführen sein. Es ist auch möglich, daß der Punkt C bei gewissen Werkstoffen unter Dauerbelastung noch näher an den Punkt B heranrückt.

Zur Veranschaulichung der praktischen Bedeutung der zur Zeit noch herrschenden Verhältnisse sei noch auf folgendes hingewiesen.

Die deutschen Bauvorschriften für Landdampfkessel enthalten für die Berechnung der Blechdicken zylindrischer Dampfkesselwandungen mit innerem Überdruck folgende Gleichung

$$s = D\,\frac{p\,x}{200\,K_z} + 1,$$

hierin bedeutet s = Wandstärke in mm; D = innerer Durchmesser des Kesselmantels in mm; p = Betriebsüberdruck in at, K_z = Zugfestigkeit des Mantelbleches; x einen Zahlenwert.

Der Zahlenwert x stellt hiernach das Maß für die sogenannte Sicher-heit gegenüber der Zugfestigkeit K_z dar; er wird bei nahtlosen Schüssen mit 4 eingesetzt. In bezug auf die Streckgrenze bei gewöhnlicher Tem-peratur ergibt sich hieraus eine Sicherheit von rd. 2,2.

Diese Gleichung wird trotz des in den neuesten amtlichen Vor-schriften enthaltenen, oben wiedergegebenen Hinweises auf die Not-wendigkeit der Berücksichtigung der Festigkeit bei höheren Wärme-graden in weiten Fachkreisen als gesetzliche und daher maßgebende angesehen. Zur Beleuchtung der Folgen, welche hieraus entstehen können, diene nachstehendes.

In der Beurteilung der auf die beschriebene Weise durch Dauerbiegeversuche bei höherer Temperatur erlangten Werte ist gemäß den bis jetzt vorliegenden Be-obachtungen verschiedener Versuchsstellen und den Wahrnehmungen, welche der Verfasser machte, Vorsicht geboten. Es scheinen hierbei Verformungs- und Ausglüh-erscheinungen eine besondere Rolle zu spielen, ferner insbesondere die Verformungs-geschwindigkeit und die Art der Lastwechsel sowie die Zusammenhänge zwischen Längs- und Querformänderung.

Das Verhältnis $K_z : x$ mit $x = 4$ bedeutet, daß die zulässige Beanspruchung beträgt

$$\text{bei Kesselteilen aus Blechsorte} \quad \text{I}: \frac{36}{4} = 9 \ \text{kg/mm}^2,$$

$$\text{,, \quad ,, \quad ,, \quad ,,} \quad \text{II}: \frac{40}{4} = 10 \quad \text{,,}$$

$$\text{,, \quad ,, \quad ,, \quad ,,} \quad \text{III}: \frac{44}{4} = 11 \quad \text{,,}$$

Aus diesen zulässigen Werten ergeben sich mit den auf S. 25 für die Temperaturen 300 und 500° C angegebenen Streckgrenzen- und Dauerstandfestigkeitszahlen folgende „Sicherheits"grade.

Betriebstemperatur 300° C.		Betriebstemperatur 500° C.	
Bezugswert kg/mm²	Sicherheitszahl	Bezugswert kg/mm²	Sicherheitszahl
Streckgrenze . . . 14,5	$\frac{14,5}{9} = 1,6$	Streckgrenze 8,0	$\frac{8,0}{9} = 0,9$
,, . . . 12	$\frac{12}{9} = 1,3$	,, ... 6,0	$\frac{6,0}{9} = 0,7$
,, . . . 11,7	$\frac{11,7}{9} = 1,3$	,, ... 7,4	$\frac{7,4}{9} = 0,8$
Dauerstandfestig- keit . . . . . . 16,3 bis 10,9	bis $\frac{16,3}{9} = 1,8$ $\frac{10,9}{9} = 1,2$	Dauerstandfestig- keit . . . . 4,3 bis 1,0	bis $\frac{4,3}{9} = 0,5$ $\frac{1,0}{9} = 0,1$

Anstatt der vermeintlich vorhandenen 4fachen Sicherheit gegenüber der Zugfestigkeit und 2,2fachen Sicherheit gegenüber der Streckgrenze ergaben sich unter Berücksichtigung der kurzzeitigen Warmversuche

bei 300° C Sicherheitszahlen von 1,3 bis 1,6,
,, 500° C ,, ,, 0,7 ,, 0,9.

Die Sicherheit ist demgemäß bereits für 300° C als unzureichend zu bezeichnen; bei 500° C (Überhitzerteile) führt das erwähnte Rechnungsvorgehen zu gefährlichen Unsicherheitsgraden, wenn nicht der in den Vorschriften enthaltene ausdrückliche Hinweis auf das Erfordernis der Zugrundelegung der bei höheren Temperaturen in Betracht kommenden Festigkeitszahlen beachtet wird.

Werden die bei Dauerstandszugversuchen erlangten Werte in Betracht gezogen, so ergeben sich Sicherheitszahlen von 0,5 bis 0,1!

Ein weiteres treffendes Beispiel von den Folgen der beschriebenen Unklarheiten und der Verschiedenheit der Ansichten[1] gibt folgender praktische Fall.

---

[1] Vgl. auch Bähren: Berechnung der Wanddicken von Hochdruckkesseltrommeln. Wärme 1929, S. 594f.

Für die Wandstärken der Trommeln einer 120-atü-Anlage schwankten die von verschiedenen Seiten angegebenen Werte zwischen 85 und 120 mm; Durchmesser 1000 mm.

Die Materialeigenschaften sind

Streckgrenze bei 20^0 C . . . . 36 kg/mm²
Zugfestigkeit bei 20^0 C 55   ,,
Streckgrenze bei der Betriebstemperatur 330^0 C 20   ,,

Das Verhältnis der infolge der Rohrlöcher verringerten Wandstärke zur vollen Wandung beträgt $Z = 0,62$ bzw. $0,68\%$ bei den Trommeln von 85 bzw. 100 mm.

Unter Verwendung der gesetzlichen Gleichung ergeben sich für die Sicherheitszahl x folgende Werte:

Wandstärke	„Sicherheitszahl" x	
	bezügl. der Zugfestigkeit von 55 kg/mm²	bezügl. der Streckgrenze, welche bei kurzer Versuchsdauer bei 330^0 C erlangt wurde
bei $s =\ \ 85$ mm	4,8	1,8
,, $s = 100$,,	6,2	2,3
,, $s = 120$,,	7,5	2,8

Diese Zahlen zeigen anschaulich die Täuschung, welche hervorgerufen wird bei Zugrundelegung der Zugfestigkeit für 20^0 C und Nichtbeachtung der bei der Betriebstemperatur in Betracht kommenden Streckgrenze. Bei Beurteilung der Zahlen ist aber noch den folgenden Gesichtspunkten Rechnung zu tragen.

Der Streckgrenzenwert von 20 kg/mm² rührt von kurzzeitigen Versuchen her. Bei langer Belastungsdauer ist derselbe niedriger zu erwarten.

Ferner ist mit einer Erhöhung der Spannungen an den Lochrändern zu rechnen, welche nach Maßgabe der Versuche von Preuß mit 100% angenommen wird[1]. Hierzu treten noch die Spannungen, welche mit dem Einwalzen der Rohre verbunden sind.

Werden diese spannungssteigernden Momente zusammenfassend mit 150% bewertet, so betragen die Sicherheitszahlen

bei $s =\ \ 85$ mm . . 0,7
,, $s = 100$,, . . 0,9
,, $s = 120$,, . . 1,1

Die Sicherheitszahlen bringen hier z. T. noch eine Unsicherheit zum Ausdruck.

Vergleichende Betrachtungen mit ausgeführten Anlagen ergeben, daß bei einer Anlage für 100 at gemäß Mitteilungen, welche Verfasser Herrn Direktor Dr. Marguerre vom Großkraftwerk Mannheim A.-G.

---

[1] Nach neueren Versuchen ist die Erhöhung geringer.

verdankt, ebenfalls mit den Werten und Einflüssen gerechnet wurde, welche vorstehend zu der Zahl $x = 1,1$ führten. In andern Anlagen mit geschmiedeten Trommeln, aber niedrigeren Drücken und demgemäß geringeren Temperaturen wurden die etwas niedereren Zahlen als ausreichend angesehen. Im letzteren Fall darf aber nicht außer acht gelassen werden, daß bei niedrigeren Temperaturen als 330° C der vermindernde Einfluß der Belastungsdauer auf die Streckgrenze geringer wird.

Der Umstand, daß je nach Auffassung bei Teilen von den vorliegenden Ausmaßen die Wahl der Wandstärke Unterschiede bis nahezu 50% ergibt, kennzeichnet sinnfällig die herrschende Unklarheit.

Dieser Umstand gibt aber auch Veranlassung, auf ein Erfordernis hinzuweisen, dessen Nichtbeachtung gemäß den Erfahrungen des Verfassers mit großen Schmiedestücken immer wieder in Erscheinung tritt. Bei hochbeanspruchten Schmiedestücken von großem Gewicht spielen eine ganze Anzahl Einflüsse eine Rolle, an welche bei kleineren Teilen überhaupt nicht zu denken ist, wie z. B. Verhältnis des Gewichtes des gegossenen Stahlblocks zum Gewicht des Schmiedestückes, Maß der Verschmiedungsmöglichkeiten in der Längs- und Querrichtung, Art der Verschmiedung, Lage und Verteilung der Seigergebiete, Abmessungen des rohen Schmiedestückes im Vergleich zu den Fertigmaßen nach der Bearbeitung. Da der Konstrukteur diese Fragen in der Regel nicht alle beherrschen kann, empfiehlt sich in solchen Fällen eine aufschlußgebende Rücksprache mit dem Hersteller derartiger Schmiedestücke.

Bei den hier in Frage stehenden Trommeln wird bei einer solchen Rücksprache der Konstrukteur erfahren, daß es für die Herstellung unwesentlich ist, ob die Trommelwandstärke 85 oder 100 mm beträgt. Der für die Trommel von 85 mm bestimmte geschmiedete Zylinder besaß z. B. eine Wandstärke von 200 mm. Die bei etwas größerem Gewicht der Trommeln erforderliche Verstärkung der Tragkonstruktion ist belanglos; Wärmedurchgangsfragen spielen hier keine Rolle, weil die Trommeln von den Heizgasen nicht mehr berührt werden.

III. Harte und weiche Bleche.

In den allgemeinen polizeilichen Bestimmungen über die Anlegung von Landdampfkesseln vom 17. Dezember 1908 ist für Flußeisen verlangt, daß es keine geringere Zugfestigkeit als 34 kg/mm² und keine höhere Zugfestigkeit als 51 kg/mm² haben darf. Für Schiffsdampfkessel bestand zunächst die gleiche Bestimmung, später wurde für diese die obere Grenze auf 55 kg/mm² erhöht.

In bezug auf die Landdampfkessel bestand aber folgende einschränkende Bemerkung:

„Bleche, die eine höhere Zugfestigkeit als 41 kg/mm² besitzen, dürfen zu Mantelteilen nur verwendet werden, wenn die Verarbeitung kalt oder rotwarm stattfindet. Wenn die Kanten gehobelt, gedreht, gefräst oder — mangels anderer Möglichkeit der Bearbeitung — gemeißelt werden und wenn ihre Verbindung in den Längsnähten durch Doppellaschennietung erfolgt und die Nietung maschinell hergestellt wird.“

Bei den Schiffsdampfkesseln waren diese Forderungen allgemeiner gefaßt.

In dem Umstand, daß für gewisse Kesselteile die Verwendung weicherer Qualitäten empfohlen wurde und daß für Bleche, die eine höhere Zugfestigkeit als 41 kg/mm² besitzen, in den Vorschriften einschränkende Bemerkungen enthalten waren, lag eine ungerechtfertigte Warnung vor der Verwendung harter Bleche. In seinem feinen technischen Gefühl und Weitblick hat Bach in seiner Arbeit „Eine bedenkliche Eigentümlichkeit unserer Material- und Bauvorschriften für Landdampfkessel“[1] im Jahre 1912 auf die Unzweckmäßigkeit dieser Trennung in harte und weiche Bleche hingewiesen. Er hat dabei an Hand einer Statistik aus untersuchten Schadenfällen darauf hingewiesen, daß die Verwendung von weichen Blechen vor Schadenfällen nicht schützt. Bach empfiehlt gleiche Bearbeitungsvorschriften für harte und weiche Bleche und Fallenlassen einer unterschiedlichen Behandlung.

In den neuesten Werkstoff- und Bauvorschriften für Landdampfkessel ist bestimmt: Flußstahl darf keine geringere Zugfestigkeit als 35 kg/mm² und in der Regel keine höhere Zugfestigkeit als 56 kg/mm² haben

Für diejenigen Teile des Kessels, die gebördelt werden oder im ersten Feuerzug liegen (d. s. Stellen, an denen die Heizgastemperatur voraussichtlich über 700° C beträgt, oder die der strahlenden Wärme hocherhitzter Teile des Mauerwerks und der Feuerung ausgesetzt sind), dürfen nur Bleche bis 50 kg/mm² Höchstfestigkeit oder Sonderwerkstoffe von gleicher Zähigkeit verwendet werden. Für gebördelte Bleche, die nicht von den Heizgasen bestrichen werden, können in besonderen Fällen Bleche der Sorte III (44 bis 53 kg/mm²) zugelassen werden.

Aus Konstruktionsrücksichten kann für Mantelbleche, die nicht gebördelt und von den Heizgasen nicht bestrichen werden, auch ein Werkstoff von höherer Festigkeit als für Sorte IV (47 bis 56 kg/mm²) angegeben, zugelassen werden.

---

[1] Z. V. d. I. 1912, S. 360.

Im Zusammenhang mit diesen Vorschriften ist weiterhin von Interesse, daß die jüngste in Frankreich getroffene Regelung folgende Blechsorten vorsieht.

Die Bemessung der Bruchdehnung ist durch die Gütezahl ausgedrückt. Die letztere errechnet sich aus

$$R \text{ (résistance)} + 2\,A$$
(allongement).

Bezeichnung der Blechsorte	Festigkeit kg/mm²	Gütezahl
A 1	36—42	96
A 2	40—47	95
A 3	44—52	94
A 4	48—57	93

Die Hartbiegeprobe (Abschreckbiegeprobe) ist in Frankreich abgeschafft; an ihre Stelle ist die Kaltbiegeprobe getreten (Biegung bis zur flachen Anlage der Stabschenkel, bzw. um einen Dorn von der einfachen, zweifachen, dreifachen Blechdicke). Außerdem wird eine Kerbschlagprobe ausgeführt.

Ferner ist zu bemerken, daß in Schweden beabsichtigt ist, eine Mindestfestigkeit für Kesselbleche von 38 kg/mm² zu verlangen.

Die Frage: weiche oder harte Bleche erlangte in den letzten Jahrzehnten große Bedeutung dadurch, daß die Werkstofforschung neue Aufschlüsse über die Eigenart der üblichen unlegierten Kesselbaustoffe lieferte, welche zugunsten der früher mit einschränkenden Vorsichtsmaßnahmen bedachten harten Bleche ausfielen. Es handelt sich hierbei um die im folgenden näher gekennzeichneten Eigenschaften, welche heute mit Alterung bzw. Kornvergröberung durch Rekristallisation bezeichnet werden.

1. Alterung.

Sehr frühzeitig wurde u. a. von Beardslee[1], von Wöhler[2], von Bauschinger[3] erkannt, daß Kaltverformung — Recken oder Stauchen — eine Erhöhung der Streckgrenze sowie der Zugfestigkeit und eine Verringerung der Bruchdehnung nach sich zieht. Weiterhin zeigten sich sehr bald Anhaltspunkte dafür, daß diese Veränderungen nicht stabiler Natur sind. Die Verfolgung der Veränderungen der Werkstoffeigenschaften durch Recken bzw. Stauchen erfolgte zunächst in der Hauptsache durch Zugversuche. So hat beispielsweise Martens[4] an Werkstoff von rd. 32,7 bis 37,5 kg/mm² Streckgrenze festgestellt, daß Probestäbe, welche in der Zerreißmaschine auf rd. 54,5 bis 54,9 kg/mm² vorgestreckt waren, nach verschieden langem Lagern folgende Veränderungen der Streckgrenze zeigten:

Lagerzeit bei Zimmertemperatur	Neue Streckgrenze kg/mm²
30 Min.	55
7 Tage	56,3
30 „	59,6
244 „	59,7

---

[1] J. Frankl. Inst. 1874, I, S. 150, 302. [2] Z. Bauw. 1863, S. 245f.
[3] Mitt. Mech.-Techn. Labor. K. T. H. München 1885, H. 13.
[4] Martens: Handb. d. Materialienkunde, Bd. 1, S. 214f. 1898.

3*

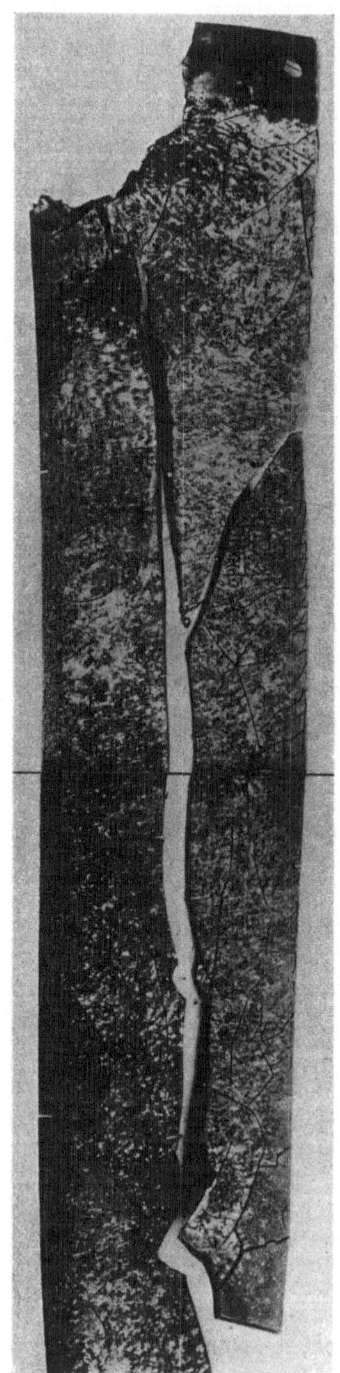

Abb. 22. Kesselblech, welches im Betriebe brach und beim Geraderichten zahlreiche weitere Risse erhielt.

In Iron and Steel Institute vom Jahre 1907 findet sich eine Arbeit von Stromeyer[1], Manchester: „The ageing of mild steel“, nach welcher Stromeyer aus den Ergebnissen von mit Kesselblechen ausgeführten Biegeversuchen den Schluß zog, daß die Eigenschaften der Bleche sich im Laufe der Zeit verschlechtern. Er nannte diese Eigenschaft „The ageing of mild steel“ und schreibt folgendes: „The idea that steel might go through an ageing process was scouted by all to whom I mentioned it, but experiences accumulated which strengthened my belief in this possibility.“

Trotzdem er, wie er schreibt, verlacht wurde, zieht Stromeyer aus seinen Versuchen den Schluß, daß gewisse Stahlarten Alterungserscheinungen besitzen, und zwar teils in verbessernder, teils in verschlechternder Richtung. Er schreibt dann weiter, daß die beste Übereinstimmung mit der praktischen Erfahrung erzeugt wurde durch mit einem Meißel gekerbte Biegeproben, von denen eine Probe gleich und die andere nach einigen Wochen oder nach Kochen gebogen wurde.

Bei den zahlreichen Untersuchungen von schadhaften Kesselblechen, welche der Verfasser noch unter der Vorstandschaft von Herrn Staatsrat v. Bach, Exzellenz an der Materialprüfungsanstalt der Technischen Hochschule Stuttgart durchführte, machte er folgende Beobachtung.

Ein Kesselblech zeigte die aus Abb. 22 hervorgehenden zahlreichen Risse. Bei rd. 44,0 kg/mm² Zugfestigkeit betrug die Bruchdehnung rund

---

[1] J. Iron Steel Inst. 1907, Nr. I, S. 200f.

24%. Die Kerbzähigkeit war sehr gering, rd. 1 mkg/cm². Dieser Umstand konnte aber neben den Ergebnissen der Zugversuche zur Erklärung der außergewöhnlichen Sprödigkeit nicht genügen, weshalb vom Verfasser die folgenden Versuche angestellt wurden in der Vermutung, daß die bei der metallographischen Untersuchung festgestellte weitgehende Verquetschung der Blechinnenseite durch Kesselhammerhiebe die Zähigkeit beeinträchtigt haben konnte. Bei Schlagbiegeversuchen ergab sich,

Abb. 23. Stäbe mit verquetschter Walzhaut bei leichtem Hammerschlag glatt durchgebrochen.

daß die Probestäbe, eingespannt in einen Schraubstock, bei leichtem Hammerschlag gemäß Abb. 23 glatt abgesprungen sind. Wurde die ver-

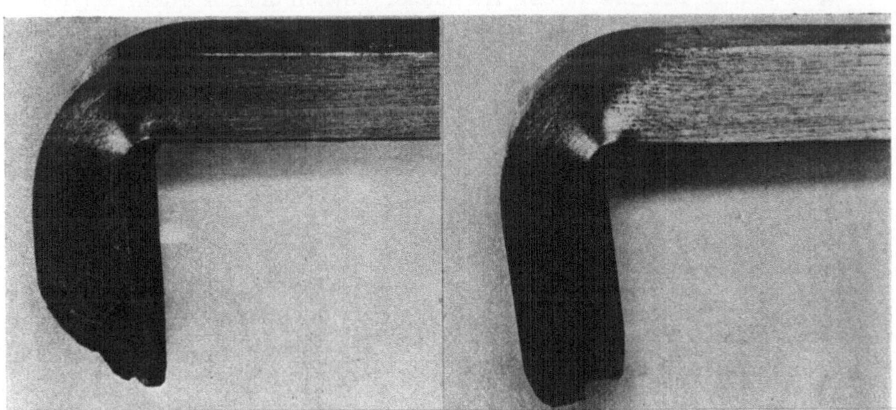

Abb. 24. Stäbe wie Abb. 23, jedoch verquetschte Oberflächenschicht beseitigt. Weitgehende Biegung ohne Bruch.

quetschte Oberflächenschicht beseitigt, dann ließen sich die Probestäbe, wie aus Abb. 24 hervorgeht, um 90° umbiegen, ohne zu brechen. Bei einem Scherversuch zeigten sich gemäß Abb. 25 auf der behämmerten Seite Risse r, r, während nach Abhobeln der Oberflächenschicht das

Beschneiden mit der Schere längs der Kante *k, k* keinerlei Risse hervor-
rief, vgl. Abb. 26. Auch kleine Biegeproben bestätigten die Vermutung,
daß die Sprödigkeit im Zusammenhang steht mit der Verquetschung
der Oberfläche durch die Hammerhiebe. In der bezüglichen Bekanntgabe dieser Beobachtungen[1] weist Bach darauf hin, daß neben der
Quetschung des Ma-
terials die wieder-
holte Erwärmung
und Abkühlung so-
wie die Höhe der
Betriebstemperatur
des Bleches gemäß
stattgehabten Fest-
stellungen Einfluß
nehmen.

Eine ähnliche
Wirkung der Ver-
quetschung hat der
Verfasser bei der

Abb. 25. Risse *rr* in der behämmerten Oberflächenschicht neben
einer Scherenschnittkante.

Untersuchung eines 34 mm dicken Schiffkesselbleches Anfang 1912
festgestellt. Die Lochleibung zeigte gemäß dem metallographischen Be-
fund mehr oder weniger tiefgehende Verquetschung. Kleine Biegestäbe, welche am Rand der Nietlöcher entnommen wurden, zeigten
beim **Prüfen** im Einliefe-
rungszustand, d. h. un-
geglüht, sehr sprödes Verhalten, vgl. Abb. 27. Nach
Ausglühen oder nach Ab-
feilen der verquetschten
Lochwandung ertrugen
die Stäbe, vgl. Abb. 28
und 29, eine weitgehende
Formänderung vor Ein-
tritt des Bruches. Bei
durch diese Beobachtun-
gen veranlaßten Ver-

Abb. 26. Verquetschte Schicht abgehobelt. Keine Risse
neben der Scherenschnittkante *kk*.

suchen hat Baumann[2] festgestellt, daß es Kesselblechmaterial gibt,
das große Sprödigkeit zeigt, wenn es gequetscht wird, daraufhin Erwärmung bis zu gelber Anlauffarbe erfährt und wieder erkaltet ist.
Das bei diesen Versuchen angewandte Verfahren bestand im Quetschen
des Materials mittels gehärteten Stahlzylindern und darauffolgendem
Anlassen und Biegen der Stäbe.

---

[1] Z. V. d. I. 1911, S. 1296.   [2] Z. V. d. I. 1915, S. 628 f.

Zu Abb. 27.

Zu Abb. 28.

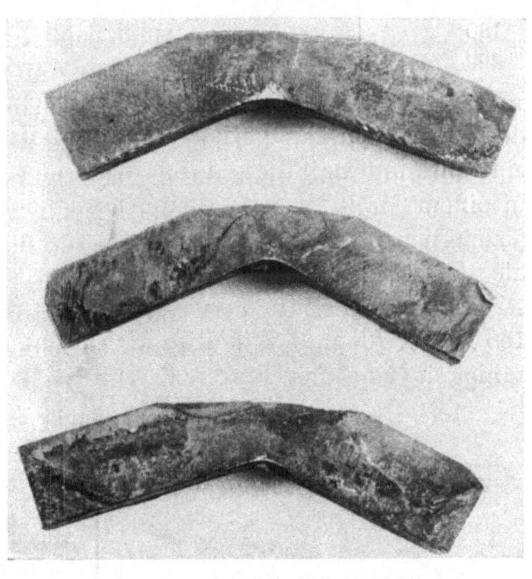

Abb. 27. Biegestäbe am Rande von Nietlöchern entnommen, ohne Wärmebehandlung (ohne Ausglühen).

Abb. 28. Biegestäbe am Rande von Nietlöchern entnommen, ausgeglüht.

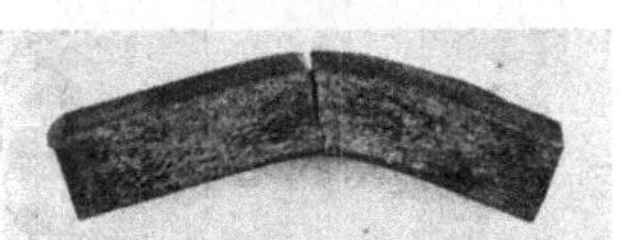

Abb. 29. Biegestab am Rande eines Nietloches entnommen. Von der Nietlochwandung etwa 1 mm abgefeilt.

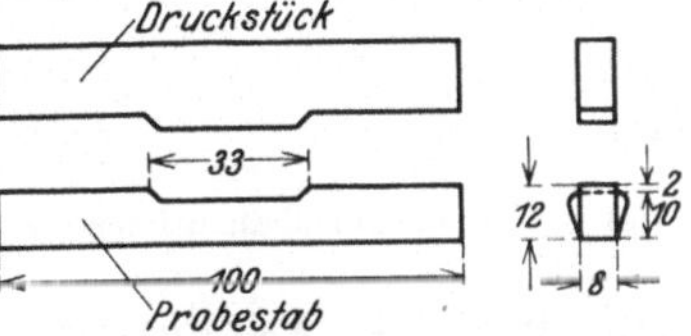

Abb. 30. Quetschung nach Bauer. Druckstück und Probestab.

Die vorstehend beschriebenen Erscheinungen waren im In- und Ausland Gegenstand der weiteren Erforschung; sie wurden, wohl entsprechend dem Beispiel von Stromeyer, mit „Altern" bezeichnet.

Besonders bemerkenswert sind hiervon die Versuche von Bauer aus dem Jahre 1921 sowie diejenigen von Goerens aus dem Jahre 1924, ferner aus neuester Zeit die Versuche von Körber und Pomp.

Bauer[1] quetschte „kleine"[2] Kerbschlagproben mittels eines besonderen Druckstückes und stellte folgenden Zusammenhang zwischen Lagerzeit und Schlagarbeit fest.

Lagerzeit bei Zimmerwärme	Spezifische Schlagarbeit im Mittel
Am Tag der Quetschung	6,3
1 Tag	4,7
7 Tage	4,4
30 „	4,3
90 „	3,5
180 „	3,3
360 „	3,2

Nach 360 tägiger Lagerung bei Zimmerwärme und darauffolgendem Anlassen bei 250° C betrug die Schlagarbeit 2,0 mkg/cm².

Goerens[3] führte in Nachahmung der beim Rollen von Kesseltrommeln auftretenden Beanspruchungen Versuche aus mit Probestäben aus Blechen, welche mit 1 bzw. ½ m Halbmesser gebogen und anschließend daran wieder geradegerichtet worden waren.

Aus den Ergebnissen der Zugversuche geht hervor, daß sich durch das Kaltbiegen eine geringe Erhöhung der Streckgrenze und Festigkeit einstellte und daß diese durch das Lagern gesteigert wurde, jedoch nur in einem Maße, welches keine bezüglich des Zustandes des Materials bedenklichen Schlußfolgerungen veranlassen würde. Anders liegen die Verhältnisse bei den Kerbschlagproben, wie folgende Zusammenstellung zeigt. Zur Verwendung gelangten große Kerbschlagproben 160 × 30 × 20 mm mit 4 mm Durchmesser des Kerbs. Die Kerbzähigkeit vor dem Biegen betrug

längs 14,4 mkg/cm²
quer 10,7   „

Lagerzeit der Proben	Kerbzähigkeit in mkg/cm²			
	Blech *A* gerollt mit 0,5 m Halbmesser		Blech *B* gerollt mit 1 m Halbmesser	
	Längsproben	Querproben	Längsproben	Querproben
1 Tag	17,5	12,8	19,1	13,6
1 Jahr.	13,9	11,3	16,8	12,5
2½ Jahre	3,8 und 12	3,5	15,3	3,3 und 10,5
17½ Monate in einem Dampfkessel .	3,1	2,6	3,1	11,8

---

[1] Mitt. Materialpr.-Amt 1921, S. 251f.
[2] Die Quetschung erfolgte gemäß Abb. 30.   [3] Z. V. d. I. 1924, S. 43.

Die vorstehenden Werte zeigen deutlich die weitgehende Wirkung der Lagerzeit auf die Kerbzähigkeit der Proben, welche aus den kaltverformten gerollten Blechstücken entnommen worden sind. Weiterhin ist zu beachten, daß ohne Wärmeeinflüsse nach einem Jahr eine nennenswerte Veränderung nicht eingetreten ist, daß aber andererseits die gewaltige nach 2½ Jahren festgestellte Veränderung unter dem Einfluß der Kesseltemperatur bereits nach 1¹/₂ Jahren eingetreten ist.

Zwischen dem stärker gebogenen Blech A und dem schwächer beanspruchten Blech B ist ein ausgesprochener Unterschied nicht zu erkennen.

Bei weiteren Versuchen von Goerens[1] sind die Proben künstlich gealtert worden, d. h. sie wurden nach der Kaltverformung, welche in diesem Falle durch Recken über die Streckgrenze hinaus in der Zerreißmaschine stattfand, auf 200⁰ C erwärmt.

Die spezifische Schlagarbeit sank

beim Normalstab 30 × 160 mm, Rundkerb   von 25   mkg auf 3   mkg,
  „   Probestab 15 × 80 „   „   „ 18   „   „ 2,3 „
  „   „   15 × 80 „   Scharfkerb „ 13,4 „   „ 1,9 „

Der Werkstoff besaß eine Zugfestigkeit von 36,2 kg/mm².

Goerens weist in seiner Arbeit darauf hin, daß es von großer Wichtigkeit ist, ein Verfahren ausfindig zu machen, um rasche Auskunft über die Empfindlichkeit des Materials gegen Alterungswirkungen zu erhalten, und teilt damit im Zusammenhang mit, daß die 2½ Jahre lang kalt gelagerten und durch Alterung spröde gewordenen Bleche die Fryschen Kraftwirkungsfiguren zeigten, und zwar unmittelbar nach der Ätzung, ohne daß die Proben vorher erwärmt werden mußten.

Die im vorstehenden gekennzeichnete Erscheinung des Auftretens spröder Eigenschaften bei kaltverformtem und darauf erwärmtem Material war natürlich von großer Bedeutung für den Kesselbau, da mit den herkömmlichen Herstellungsverfahren in weitgehendem Maße Kaltverformung der Kesselbaustoffe verbunden war, und gab Veranlassung zur Feststellung auch des Verhaltens der harten Werkstoffe in dieser Hinsicht.

Die Ergebnisse der zunächst angestellten Untersuchungen ließen schließen, daß die Bleche mit höherer Festigkeit gegenüber stattgehabter Kaltverformung und darauffolgendem Erwärmen auf die in Dampfkesseln herrschenden Temperaturen weniger empfindlich sind als die weichen Bleche.

Zur Nachprüfung der Einflüsse der Kaltverformung und darauffolgender Erwärmung auf die Eigenschaften des harten Materials bot sich dem Verfasser folgende praktische Gelegenheit. Für die Schüsse

---

[1] Z. V. d. I. 1924, S. 44.

einer Kesseltrommel von 1200 mm Durchmesser und 23 mm Wandstärke wurden die Bleche unter Ausführung von Kerbschlagproben im Werk abgenommen. Die Bleche wurden kalt gerollt. Nach 3 Jahren Betriebszeit des Kessels bestand die Möglichkeit, aus dem kalt gerollten, also kalt verformten und dem Einfluß der Kesselbetriebstemperatur unterworfen gewesenen Mantelblechen Probestäbe für Kerbschlagversuche herauszuarbeiten. Die Ergebnisse dieser Versuche sind nachstehend den bei der Abnahme erlangten Werten zum Vergleich gegenübergestellt.

$$\text{Zugfestigkeit} \begin{cases} \text{Kopfende} & 49{,}5 \text{ kg/mm}^2 \\ \text{Fußende} & 46{,}1 \quad \text{,,} \end{cases}$$

Kerbzähigkeit des Mantelbleches in mkg/cm²
bei der Abnahme des geglühten ebenen Bleches im Blechwalzwerk.

Kopfende	Fußende
7,4 (Längsstab)	10,9 (Längsstab)
8,5 (Querstab)	10,7 (Querstab)
(Stabbreite 23 mm)	

nach dem Rollen des Bleches im kalten Zustand und nach dreijährigem Betrieb des Kessels bei 34 atü.
Stäbe aus dem vollen Blech.
Stabbreite 15 mm.
8,7 und 9,9 (Längsstab).
9,6 ,, 10,7 (Querstab).

Stäbe, deren gekerbter Querschnitt an Nietlöchern eines Sattelstückes lag.
Stabbreite 15 mm.

Längsstäbe	Querstäbe	Längsstäbe	Querstäbe
4,7	9,6	11,6	—
10,5	7,5	8,5	—
5,9	8,8	7,7	—
9,9	5,9	9,2	—
13,0	—	1,6	—

Hiernach weisen, abgesehen von wenigen Ausnahmen der an den Nietlöchern entnommenen Stäbe, die Kerbschlagproben befriedigende Werte auf, welche den bei der Abnahme erlangten Werten nicht nachstehen.

Einen umfassenden Einblick in das Verhalten der unlegierten weichen und harten Bleche nach stattgehabter Kaltverformung bieten die Versuche von Körber und Pomp[1]. In Anbetracht des Wertes, welchen die Ergebnisse infolge der Planmäßigkeit dieser Versuche besitzen, sind die bezüglichen zeichnerischen Darstellungen der in Frage stehenden Veröffentlichung in den Abb. 31 bis 33 wiedergegeben.

---

[1] Mitt. Eisenforsch. Bd. 9, Liefg. 22, Abhdlg. 95.

Über die allgemeinen Eigenschaften der untersuchten drei unlegierten Blechsorten ist das Wesentliche oben in Abschnitt II enthalten. Die Kaltverformung wurde durch Recken herbeigeführt mit

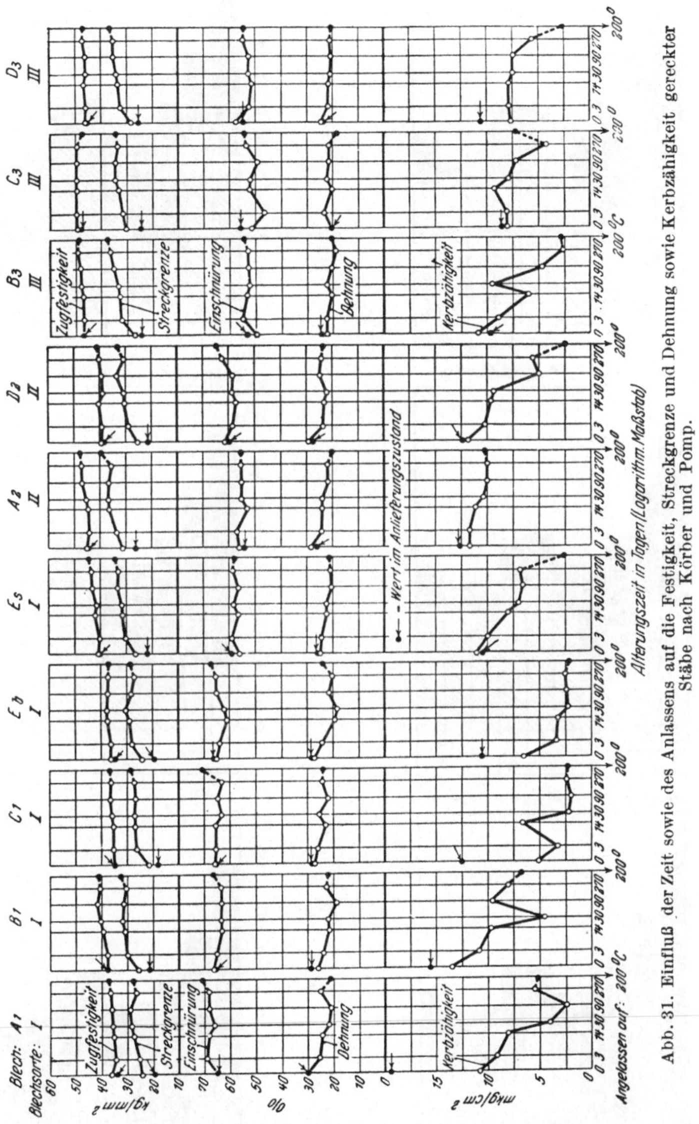

Abb. 31. Einfluß der Zeit sowie des Anlassens auf die Festigkeit, Streckgrenze und Dehnung sowie Kerbzähigkeit gereckter
Stäbe nach Körber und Pomp.

einer Belastung von 4 kg/mm² oberhalb der unteren Streckgrenze bzw.
der 0,2%-Grenze. Die Kerbschlagproben besaßen die übliche Gestalt:
30 mm Höhe, Rundkerb mit 4 mm Bohrung, Breite gleich Blechstärke,
gleich 20 mm.

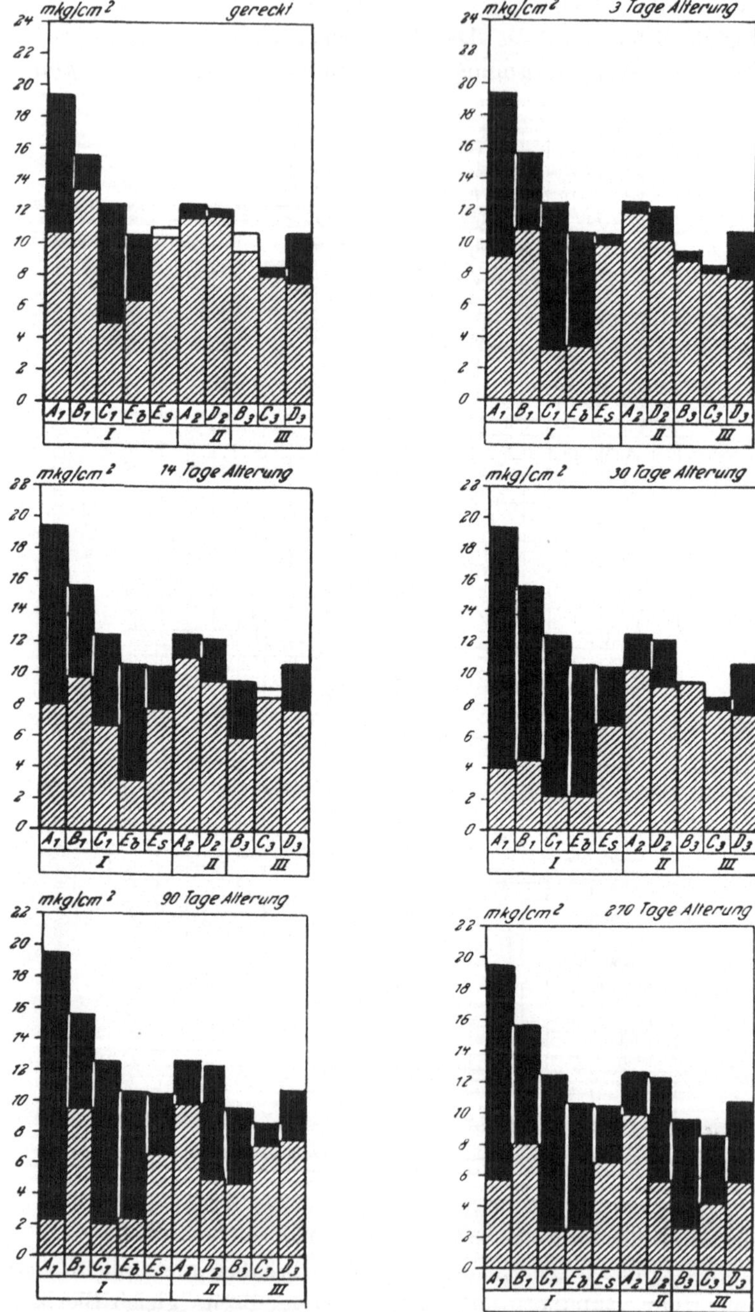

Abb. 32. Einfluß der Zeit auf die Kerbzähigkeit gereckter Proben. Die schwarzen Felder stellen Abnahme, die weißen Felder Zunahme dar.

Die natürliche Alterungszeit, d. h. der Zeitraum zwischen Reckung und Prüfung, betrug ½ Stunde, 3, 14, 30, 90 und 270 Tage. Die Lagerung erfolgte bei 17 bis 22⁰ C.

Die künstliche Alterung erfolgte kurze Zeit nach dem Vorrecken durch 2stündiges Anlassen in einem Ölbad bei 200⁰ C.

Abb. 31 zeigt in Übereinstimmung mit den Versuchen von Martens Zunahme der Streckgrenze mit der Lagerzeit. Durch das Recken und darauffolgendes Anlassen bei 200⁰ C wird die Streckgrenze in noch stärkerem Maße gehoben als durch das 270tägige Lagern ohne Anlassen.

Auf die Zugfestigkeit sind die Lagerzeit und das Anlassen von geringerem Einfluß als auf die Streckgrenze.

Am stärksten prägt sich der Einfluß der Alterung in den Kerbschlagversuchen aus, wie neben Abb. 31 die Abb. 32 und 33 zeigen.

Das Recken allein bewirkte zunächst, abgesehen von den Blechen E_8 und B_3 der Blechsorten I bzw. III, eine bedeutende Verminderung der Kerbzähigkeit der weichen Bleche, Sorte I, und eine größtenteils unbedeutende Änderung derselben bei den harten Blechen, Sorten II und III.

Die Alterung, sei es durch Lagern oder durch Anlassen, hatte, abgesehen von einigen Unregelmäßigkeiten, welche bei verschiedenen Lagerungszeiten auftreten,

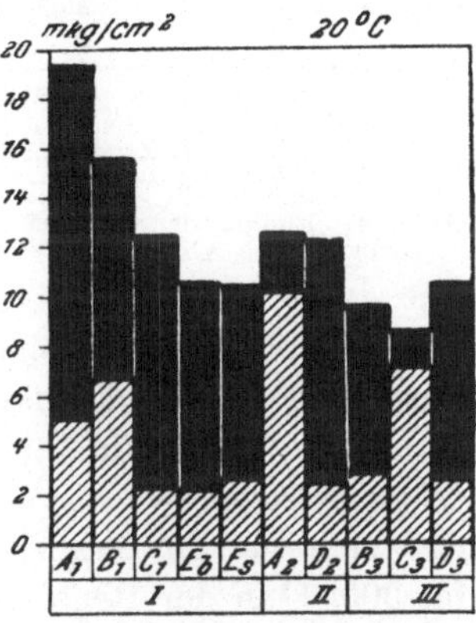

Abb. 33. Einfluß des Anlassens bei 200⁰ C auf die Kerbzähigkeit gereckter Proben.

bei sämtlichen weichen Blechen (Sorte I) ein starkes Sinken der Kerbzähigkeit zur Folge. Bei den harten Blechen (Sorte II und III) zeichnete sich eines (Blech A_2) durch auffallend geringe Verminderung der Schlagarbeit sowohl infolge des Reckens als des Alterns aus.

Über die Eigenschaften von Sondermaterial, welches gegenüber Kaltverformung und darauffolgendem Anwärmen weniger empfindlich ist, ist in dem Abschnitt IV Sonderkesselbaustähle berichtet.

Eine weitere, von der Lagerzeit beeinflußte Veränderung der Werkstoffeigenschaften ist nachstehend erwähnt.

Die vom erfahrenen Praktiker gefühlsmäßig entwickelte Gepflogenheit, die Abschreckbiegeproben unmittelbar nach dem Abschrecken zu biegen, dürfte durch die Versuche von Masing und Koch[1] eine wissenschaftliche Festlegung erfahren haben. Gemäß diesen Versuchen zeigten Proben von 0,044 % C (Probe X), bzw. 0,028 % C (Probe A), bzw. 0,120 % C

---

[1] Wiss. Veröff. a. d. Siemens-Konz. Bd. 6, S. 202f. 1927/28.

(Probe *B*) nach dem Abschrecken von 660⁰ und 700⁰ C die aus Abb. 34 ersichtliche Veränderung der Härte im Laufe der Zeit. Die im Laufe der Zeit eingetretene Härtung kann durch Erwärmen auf 50⁰ C beschleunigt werden.

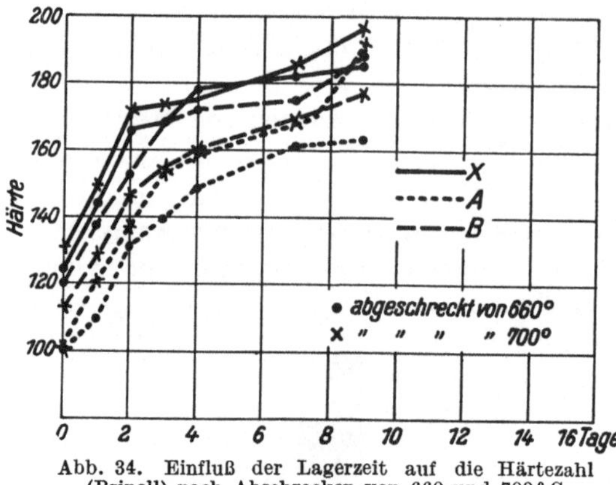

Abb. 34. Einfluß der Lagerzeit auf die Härtezahl (Brinell) nach Abschrecken von 660 und 700⁰ C.

2. Blaubrüchigkeit.

Die im vorstehenden als Altern bezeichnete Erscheinung der im Laufe der Zeit fortschreitenden Verminderung der Zähigkeit kaltverformten Materials wird oft als verwandt angesehen mit den Vorgängen, welche als Blaubrüchigkeit bezeichnet werden.

Das Wesen der Blaubrüchigkeit wird vielfach falsch aufgefaßt durch die Auslegung, daß das Eisen im sogenannten blauwarmen Zustand, d. i. bei der Temperatur, bei welcher es eine blaue Anlauffarbe erhält, spröde sei. Unterstützt wird diese Auslegung durch den Umstand, daß sich bei gewöhnlichem Flußeisen in dem Temperaturgebiet 200 bis 300⁰ C in der Regel eine Erhöhung der Zugfestigkeit und eine Verringerung der Bruchdehnung und Querschnittsverminderung einstellt. Im Widerspruch zu solchen Folgerungen aus den Ergebnissen von Zugversuchen stehen die Ergebnisse von Kerbschlagversuchen, welche in diesem Temperaturgebiet eine verhältnismäßig hohe Zähigkeit zum Ausdruck bringen. In Wirklichkeit ist als Blaubrüchigkeit anzusprechen die Sprödigkeit, welche dadurch entsteht, daß das Eisen bei Blauwärme eine Verformung erfahren hat.

Fettweis[1] kommt auf Grund seiner Betrachtungen zu folgenden Schlüssen:

„Durch Recken in Temperaturen unter 500⁰ wird in Eisen und Stahl eine Umwandlung eingeleitet, die als Altern bezeichnet wird. Das Altern, das die Wirkungen des Reckens noch zu verstärken sucht, erfordert zu seiner vollen Entwicklung bei gewöhnlicher Temperatur Monate und Jahre, bei steigender Temperatur erfolgt es immer schneller, zuletzt in Bruchteilen von Sekunden, und erzeugt hierdurch die Erscheinungen des Blaubruchs. Von ungefähr 100⁰ an erleiden die Folgen des Alterns eine Abschwächung durch die Wirkungen des Anlassens, welche auch um so schneller sich bemerkbar machen, je höher die Temperatur ist.

Auf Grund dieser Theorie lassen sich besonders folgende Erscheinungen erklären:

1. Bei Festigkeitsprüfungen in der Wärme findet man bei mit üblicher Geschwindigkeit ausgeführten Zerreißversuchen einen Mindestwert der Zugfestigkeit

---

[1] Stahleisen 1919. S. 40f.

bei 80° und einen Höchstwert zwischen 200 und 300°. Bei zunehmender Versuchsgeschwindigkeit verschiebt sich die Kurve, welche die Festigkeit als Funktion der
Temperatur darstellt, nach der Seite der höheren Temperaturen. Die Streckgrenze fällt mit steigender Temperatur stetig ab. Die Widerstandsfähigkeit des
Eisens gegen wiederholte Schläge zeigt ebenfalls zwischen 200 und 300° einen
Mindestwert, während das Minimum der durch einen einzigen Schlag bestimmten
Kerbzähigkeit zwischen 400 und 500° liegt.

2. Wird das Eisen in Temperaturen unterhalb 500° gereckt und dann nach
dem Abkühlen auf Zimmertemperatur geprüft, so findet man für alle Festigkeitseigenschaften ein Maximum bzw. Minimum für Recktemperaturen zwischen 200
und 300°. Das Minimum der Zugfestigkeit bei 80° fällt weg.

3. Zu denselben Ergebnissen wie bei 2. kommt man, wenn man das Recken
in der Kälte vornimmt und dann das Eisen nicht zu lange Zeit vorübergehend
auf höhere Temperatur erhitzt.

4. Um die erwähnten, die Blaubrüchigkeit kennzeichnenden Veränderungen
im Eisen hervorzurufen, ist ein Erhitzen desselben nicht nötig, es genügt dazu,
das kaltgereckte Material längere Zeit bei gewöhnlicher Temperatur liegen, also
altern zu lassen.

5. Wird vollständig gealtertes Eisen auf verschiedene Temperaturen angelassen, so ergibt sich bei der nachfolgenden Untersuchung wahrscheinlich für
alle Festigkeitseigenschaften, daß sie mit steigender Anlaßtemperatur stetig abfallen oder ansteigen, ohne einen Höchst- oder Mindestwert zu zeigen."

Die Ergebnisse eingehender Versuche über Blaubrüchigkeit und
Altern des Eisens (1921) fassen Körber und Dreyer[1] folgendermaßen
zusammen:

„Die Ursache der Sprödigkeit blauwarm gereckten Eisens hat man darin zu
suchen, daß das Eisen im Gebiete der Blauwärme eine verminderte Formänderungsfähigkeit zeigt, infolge deren eine bestimmte Reckung eine höhere Spannung erfordert als bei höherer oder tieferer Temperatur. Diese Reckspannung ist bestimmend
für die Materialeigenschaften des gereckten Flußeisens. Dem Höchstwert der
Reckspannung in der Blauwärme entsprechend sind Dehnung und Einschnürung
von Flußeisen nach Reckung in der Blauwärme geringer als nach gleich starker
Reckung bei höherer oder tieferer Temperatur.

1. Es wurden die elastischen Eigenschaften, die Fließgrenze, Festigkeit, Dehnung und Einschnürung von einem sehr reinen weichen Flußeisen und je einem
Flußeisen saurer und basischer Herkunft nach folgenden Behandlungen festgestellt:

a) Nach Recken bei Temperaturen zwischen 20 und 400° um 10%;

b) nach gleichstarkem Recken bei Raumtemperatur mit nachfolgendem Anlassen auf Temperaturen zwischen 100 und 400°;

c) nach gleichstarkem Recken bei Raumtemperatur mit nachfolgendem Altern
infolge verschieden langen Lagerns bei Raumtemperatur.

2. Bei den warmgereckten Proben wurde ein Höchstwert der Elastizitäts-
und Proportionalitätsgrenze, der Fließgrenze und der Festigkeit und ein Mindestwert der Dehnung und Einschnürung bei den in der Blauwärme (200 bis 300°)
gereckten Proben festgestellt.

3. Bei den Anlaßversuchen ist schon nach einstündigem Anlassen auf 100°
der Höchstwert der Anlaßwirkung erreicht.

4. Die Änderung der Materialeigenschaften infolge Kaltreckens mit nachfolgendem Anlassen bleibt erheblich hinter der durch gleichstarkes Recken in
der Blauwärme bedingten zurück.

---

[1] Mitt. Eisenforsch. Bd. 2.

5. Genügend langes Altern kaltgereckten Flußeisens führt zu denselben Werten der Elastizitäts-, Proportionalitäts- und Fließgrenze und der Festigkeit wie Anlassen auf 100^0. Dehnung und Einschnürung nehmen infolge des Alterns weniger stark ab als infolge des Anlassens, was in nicht genügender Lagerdauer seine Erklärung finden kann.

6. Die Kerbschlagprobe zeigt die durch Recken in der Blauwärme bedingte Sprödigkeitssteigerung sehr deutlich. Infolge des Anlassens gleichstark bei Raumtemperatur gereckter Proben auf Blauwärme tritt nur eine erheblich geringere Zähigkeitsabnahme ein.

7. Kerbzähigkeit und Härte kaltgereckter Proben zeigen die stärkste Anlaßwirkung erst bei höherer Temperatur als 100^0. Bei weichem Flußeisen tritt vereinzelt durch Anlassen kaltgereckter Proben auf 100^0 eine sehr starke Sprödigkeit auf.

8. Innerhalb der Fehlergrenzen wurde eine Berechnung der für warmgerecktes Flußeisen gefundenen Werte der Bruchdehnung und Einschnürung aus der wahren Spannung, bis zu der das Material vorgereckt wurde, durchgeführt. Dieser Berechnung lag die Annahme zugrunde, daß eine bei höherer Temperatur bis zu einer bestimmten wahren Spannung gereckte Probe die gleichen Werte der Dehnung und Einschnürung besitzt wie eine Probe, die bei Raumtemperatur bis zu der gleichen wahren Spannung belastet worden wäre.

9. Die gleiche Berechnung wurde mit Hilfe der beobachteten Werte der Fließgrenze der gereckten Proben durchgeführt.

10. Die Blaubrüchigkeit des Eisens ist eine Folge der besonders starken Verminderung der Formänderungsfähigkeit in der Blauwärme, die zur Folge hat, daß zu einer bestimmten Reckung eine höhere wahre Spannung erforderlich ist als bei höherer und tieferer Temperatur."

Eine umfangreiche Arbeit von Pomp[1] über kritische Warmbehandlung nach kritischer Kaltformgebung von kohlenstoffarmem Flußeisen gibt infolge der planmäßigen Ausführung der Versuche wertvolle Aufschlüsse. Unter Kaltverformung ist nicht nur die Formänderung bei Raumtemperatur (rd. 20^0), sondern auch diejenige bei Temperaturen bis unterhalb des A_3-Umwandlungspunktes verstanden. Das Versuchsmaterial bestand aus Stäben von 30×15 mm mit $0,05\%$ Kohlenstoff, welche jeweils in einem Stich um 0,0, bzw. 0,5, bzw. 1,0, bzw. 1,5, bzw. 2,0, bzw. 3,0, bzw. 5,0 mm heruntergewalzt worden waren, und zwar bei 10, bzw. 100, bzw. 200, bzw. 300, bzw. 400, bzw. 500, bzw. 600, bzw. 700, bzw. 800, bzw. 900^0 C.

In Anbetracht der Wichtigkeit, welche die Kenntnis vom Einfluß des Maßes der Kalt- und Warmverarbeitung und vom Einfluß der Verarbeitungstemperatur auf die Werkstoffeigenschaften besitzt, ist der wichtigste Teil der die Versuchsergebnisse darstellenden Schaulinien in den Abb. 35 bis 39 wiedergegeben.

In diesen Abbildungen sind die Festigkeitseigenschaften — Zugfestigkeit, Streckgrenze, Bruchdehnung, Kerbzähigkeit, Härte — jeweils nach zwei Gesichtspunkten dargestellt. Sie bilden die senkrechten Ordinaten

---

[1] Stahleisen 1920, S. 1366f.

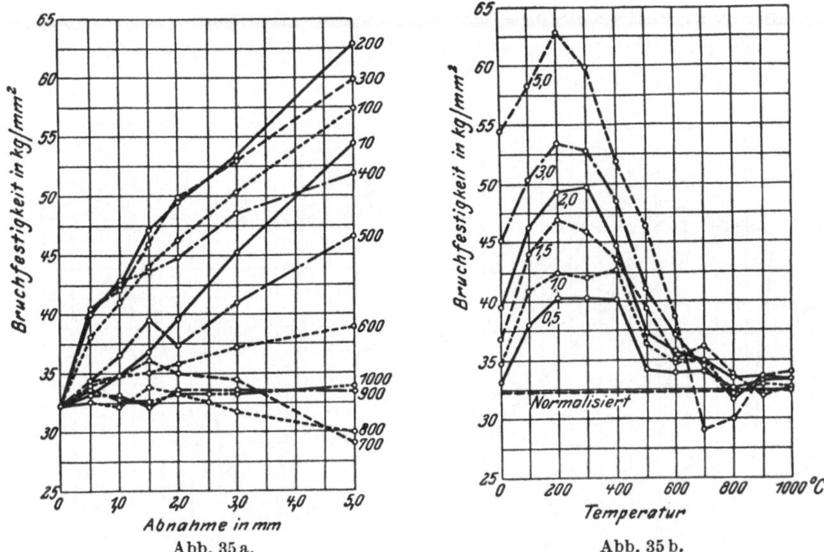

Abb. 35a.

Abb. 35b.

Abb. 35a und 35b. Einfluß der Verformung (Abnahme der Dicke in mm durch Walzen) und der Walztemperatur auf die Zugfestigkeit nach Pomp.

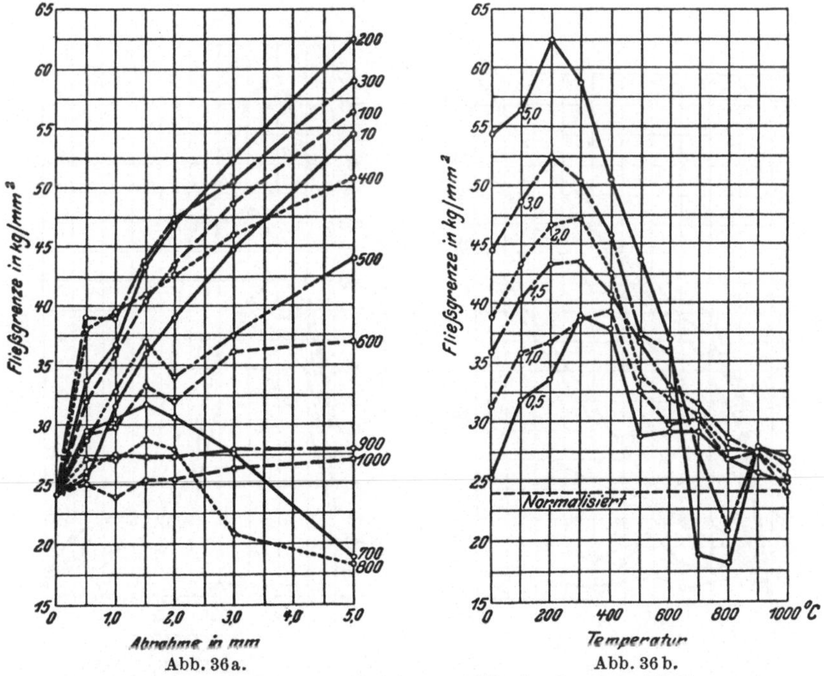

Abb. 36a.

Abb. 36b.

Abb. 36a und 36b. Einfluß der Walzverformung (Abnahme) und der Walztemperatur auf die Streckgrenze.

in einem Fall (Abb. 35a bis 39a) zu der „Abnahme“ in Millimeter, d. h. zu dem Betrag, um welchen die Stärke des Probestreifens beim Walzen vermindert wurde,

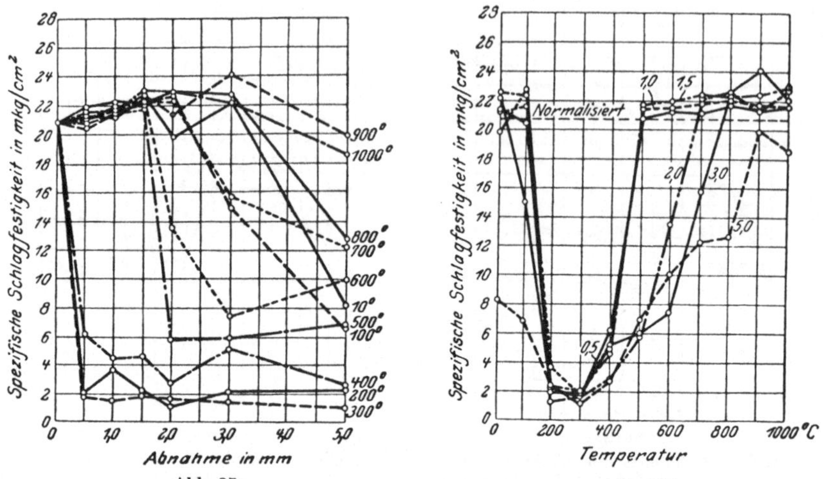

Abb. 37a und 37b. Einfluß der Walzverformung (Abnahme) und der Walztemperatur auf die Schlagfestigkeit (Kerbzähigkeit).

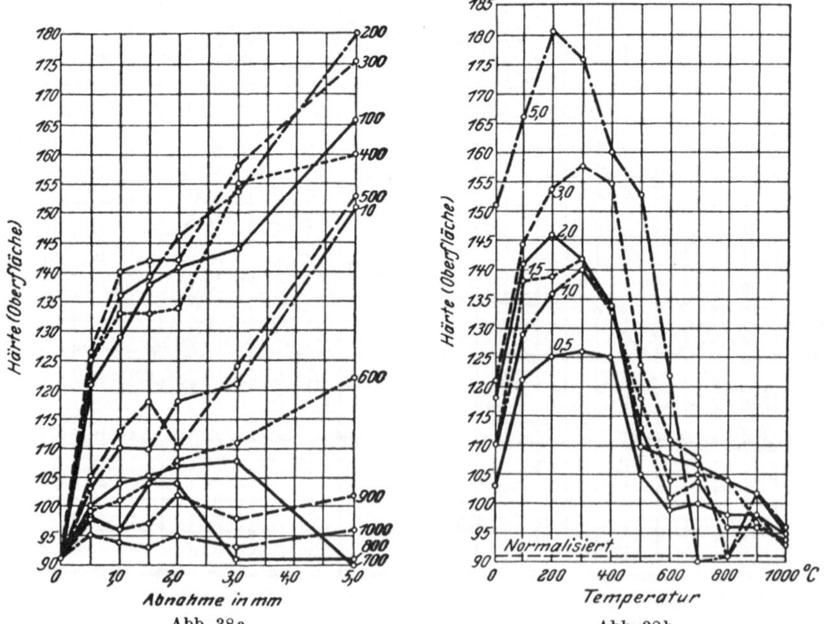

Abb. 38a und 38b. Einfluß der Walzverformung (Abnahme) und der Walztemperatur auf die Härte.

im andern Fall (Abb. 35b bis 39b) zu den Temperaturen, bei welchen das Herunterwalzen stattfand.

In den Abb. 35a bis 39a ist jeweils rechts am Ende der Linienzüge die Walztemperatur (10 bis 1000° C) angegeben, während in den Abb. 35b bis 39b die Größe der Stiche, d. h. der Verminderung der Stabstärke beim Walzen (0 bis 5,0 mm) bei den einzelnen Linienzügen angegeben ist. Die Durchführung der Zug-, Kerbschlag- und Kugeldruckversuche erfolgte bei gewöhnlicher Temperatur.

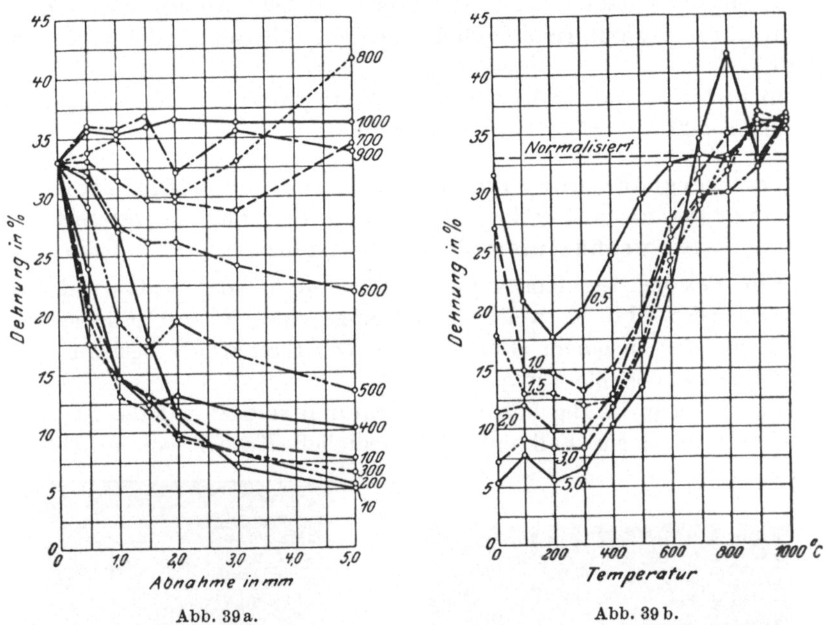

Abb. 39a.   Abb. 39b.

Abb. 39a und 39b. Einfluß der Walzverformung (Abnahme) und der Walztemperatur auf die Dehnung.

Besonders bemerkenswert sind die Linienzüge in Abb. 37a und b. Sie lassen erkennen, daß bei den Walztemperaturen von 200 und 300° C zum Teil noch bei 400° C alle Verformungen bis zu der kleinsten von 0,5 mm eine ausgeprägte Sprödigkeit des Materials herbeigeführt haben, wodurch die Gefährlichkeit der Bearbeitung bei der Blauwärme besonders anschaulich in Erscheinung tritt.

Es wäre von Interesse, durch Versuche nachzuweisen, ob die oben für die Feststellung der Empfindlichkeit des Materials gegenüber Kaltverformung von Goerens empfohlene Frysche Ätzprobe auch hier Anhaltspunkte zu liefern imstande ist, was nicht unwahrscheinlich sein dürfte, da die Blaubrüchigkeit vermutlich im Zusammenhang steht mit Verformungswiderständen, welche mit erheblichen Spannungen ver-

4*

bunden zu sein scheinen. Die Ursache dieser Verformungswiderstände
dürfte in der Beschaffenheit des Materials, u. a. in der Art und im Maß
der Verunreinigungen, zu suchen sein.

3. Korngrößenänderung durch Rekristallisation.

Eine weitere bei der Warmverarbeitung sowie beim Glühen von
kohlenstoffarmem Eisen zu beobachtende Erscheinung ist diejenige der
Entstehung groben Korns. Diese wird ermöglicht

a) entweder dadurch, daß der Werkstoff bei verhältnismäßig hoher
Temperatur verhältnismäßig lange geglüht (überhitzt oder verbrannt)
wird,

b) dadurch, daß kaltverformter Werkstoff auf eine Temperatur
zwischen 500 und 850⁰ C erwärmt wird.

a) Kornvergröberung und Änderung der Kerbzähigkeit durch verhältnismäßig lang andauernde Erwärmung auf verhältnismäßig hohe Temperatur.

Ein Beispiel für Kornvergröberung durch lang andauernde Erhitzung zeigt Abb. 40, welche das Gefüge eines Eisenstabes darstellt,
der lange Zeit in einem Glühofen lag. Die Eisenkörner besitzen einen
Durchmesser von bis 3 mm.

Bei der Einwirkung hoher Temperaturen sind zwei Fälle zu unterscheiden: in einem Fall entstehen lediglich Körner von erheblicher

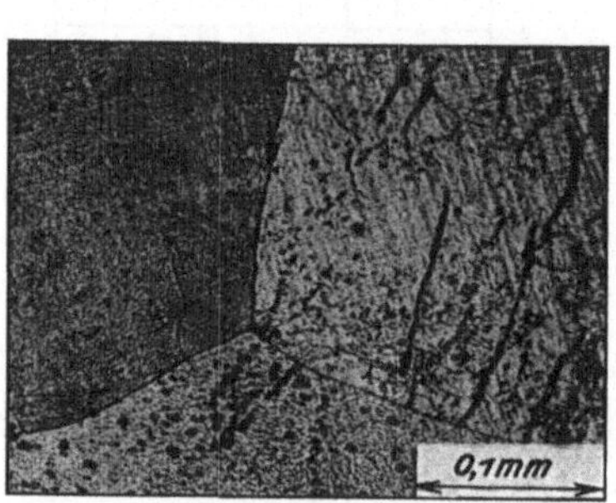

<table>
<tr><td>Abb. 40. Kernvergröberung durch lange
Überhitzung.   V = 150.</td><td>Abb. 41.   Gefüge von Abb. 40 nach
sachgemäßem Glühen.   V = 150.</td></tr>
</table>

Größe, welche sich bei sachgemäßem Ausglühen wieder in kleine Körner
umwandeln. Dieser Fall liegt bei dem in Abb. 40 wiedergegebenen
Gefüge vor; nach stattgehabtem Ausglühen besaßen die Körner die
aus Abb. 41 hervorgehende Größe.

Die Erwärmung, deren Gefügeeinfluß wieder restlos beseitigt werden
kann, wird üblicherweise mit „Überhitzung“ bezeichnet.

Den andern Fall stellt das „Verbrennen" des Werkstoffes dar. Hierbei entstehen ebenfalls grobe Körner; außerdem sammeln sich aber in den Kornfugen nichtmetallische Einschlüsse an, auch pflegt

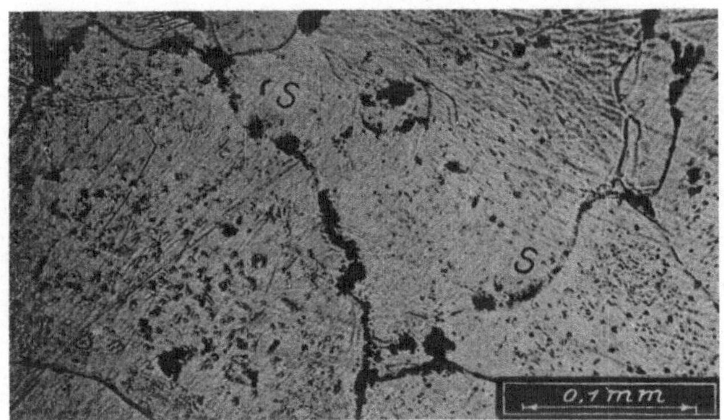

Abb. 42. Verbranntes Eisen. Grobkörnig. Einlagerungen s, s in den Kernfugen.
V = 200.

der den Kohlenstoff enthaltende Gefügebestandteil sich in den Kornfugen einzulagern. Ein Beispiel von einem verbrannten Gefüge zeigt Abb. 42; in den Fugen der großen Körner sind deutlich die Einschlüsse s, s

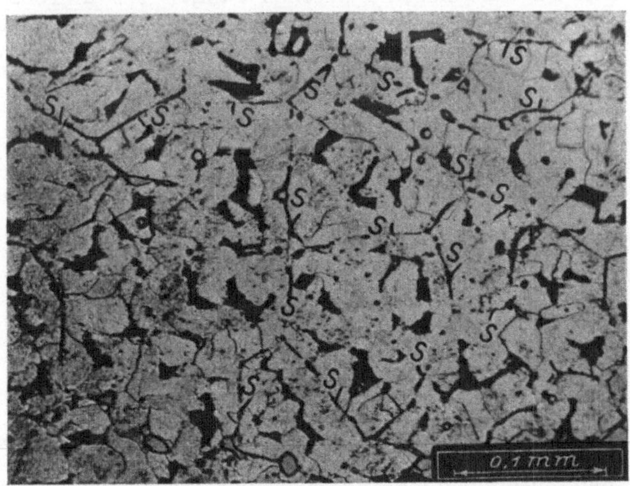

Abb. 43. Verbranntes und hernach geglühtes Eisen. Innerhalb des Netzwerks
s, s der Fugen der ursprünglichen groben Körner feine Körner.
V = 200.

zu erkennen. Grobkörniges Material pflegt an sich schon, insbesondere gegenüber Dauerbeanspruchung und stoßweise wirkender Beanspruchung, geringere Widerstandsfähigkeit zu besitzen als feinkörniges

Material. Das Maß dieser Verminderung wird noch erhöht durch die Einschlüsse ss in den Kornfugen. Diese Folgen des Verbrennens können aber durch nachträgliches sachgemäßes Ausglühen nicht wieder beseitigt werden. Durch das letztere werden zwar die groben Körner wieder

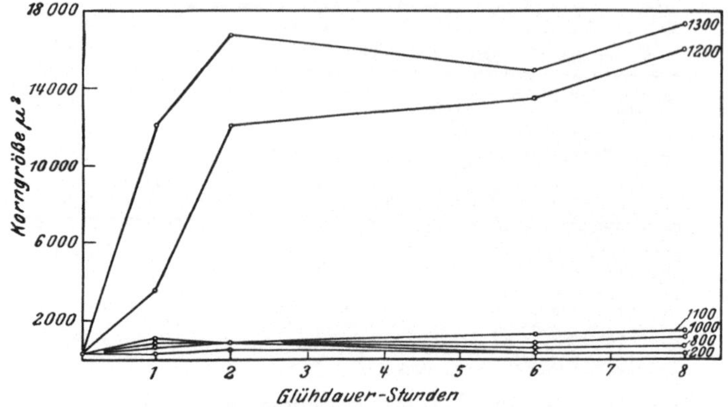

Abb. 44. Beziehung zwischen Korngröße, Glühdauer und Glühtemperatur nach Pomp.

verfeinert, aber die in den Fugen der großen Körner angesammelten Einlagerungen bleiben bestehen. Die jeweils aus einem großen Korn entstandenen feinen Körner sind demnach, wie Abb. 43 zeigt, von einem Netzwerk aus nichtmetallischen Stoffen s, s umgeben, welche die Widerstandsfähigkeit auch nach dem Ausglühen beeinträchtigen.

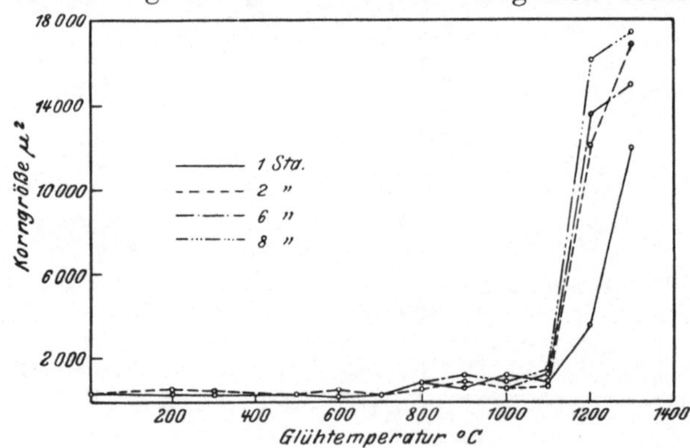

Abb. 45. Beziehung zwischen Korngröße, Glühtemperatur und Glühdauer.

Über den Zusammenhang zwischen der Warmbehandlung und der Korngröße bei kohlenstoffarmem Flußeisen ergaben Versuche von Pomp[1] mit einem Material von 0,08% Kohlenstoff wertvolle Aufschlüsse. Die dabei festgestellten Einflüsse der Glühtemperatur und der Glühdauer auf die Korngröße veranschaulichen die Abb. 44 und 45.

---

[1] Ferrum 1916, S. 49 u. f.

Die Abhängigkeit der Kerbzähigkeit (Stäbe 30 × 10, Rundkerb 4 mm Durchmesser) von der Glühdauer und der Glühtemperatur geht aus den Abb. 46 und 47 hervor.

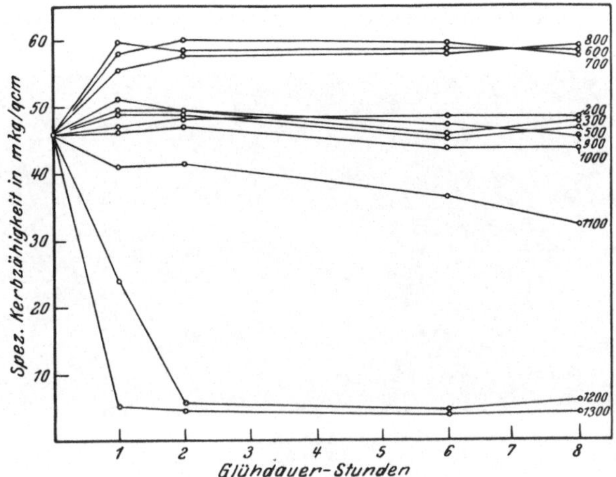

Abb. 46. Beziehung zwischen Kerbzähigkeit, Glühdauer und Glühtemperatur nach Pomp.

b) Kornvergröberung und Änderung der Kerbzähigkeit durch Erwärmung kaltverformten Werkstoffs.

Die Abb. 48 zeigt das Gefüge an einer Blechkante, welche durch ein spanabhebendes Werkzeug bearbeitet wurde (Hobeln, Bohren, Fräsen). Das Gefüge besteht aus weißen Eisenkörnern (Ferrit) und dunkel erscheinenden, vom Kohlenstoffgehalt des Materials herrührenden Inseln (Perlit), außerdem finden sich kleinere und größere parallel verlaufende Einschlüsse aus nichtmetallischen Stoffen. Die weißen Eisenkörner bestehen in der Abbildung aus Vielecken, deren Abmessungen nach keiner Richtung eine besondere Ausprägung besitzen. Die Körner sind also sozusagen rundlich.

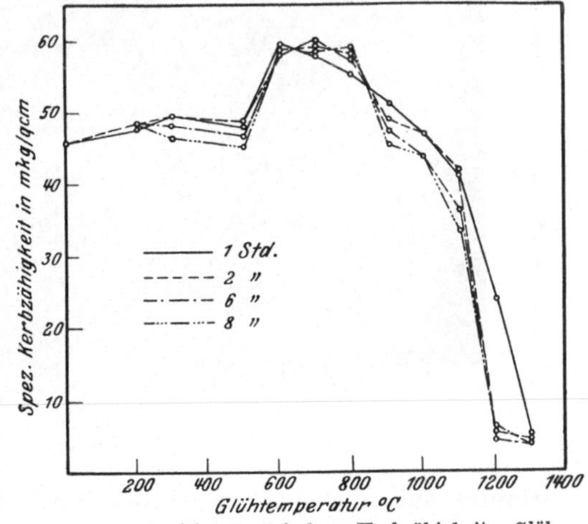

Abb. 47. Beziehung zwischen Kerbzähigkeit, Glühtemperatur und Glühdauer.

Im Gegensatz hierzu besitzt das Gefüge bei Bearbeitung einer Blechkante durch schneidende Werkzeuge (Schere, Stanzen) die aus

Abb. 49 hervorgehende Beschaffenheit. Die Materialschichten haben in Richtung der Ausführung des Schnittes eine Umbiegung erfahren; die Eisenkörner haben längliche Gestalt erhalten, und zwar ist die Verformung an der Oberfläche am stärksten. Durch sachgemäßes Aus-

Abb. 48.
V = 50.

glühen, das ist im vorliegenden Fall entsprechend dem Kohlenstoffgehalt des Materials bei rd. 900° C erlangen die Eisenkörner, wie Abb. 50 zeigt, wieder rundliche und feinkörnige Beschaffenheit; die Verlagerungen, welche die nichtmetallischen Einschlüsse beim Schneiden

Abb. 49.
V = 50.

erfahren haben, ebenso etwa dabei eingetretene Spaltungen des Materials bleiben natürlich bestehen. Wird das kaltverformte Material bei niedereren Temperaturen geglüht, so entstehen teils sehr feine und teils sehr grobe Körner, je nach dem Maß der stattgehabten Verformung. Beispielsweise wies das in Abb. 49 wiedergegebene verformte Gefüge nach

Glühen bei 750⁰ C die in Abb. 51 dargestellte Beschaffenheit auf. Die längliche Gestalt der Eisenkörner ist verschwunden; sie besitzen aber ganz erhebliche Größenunterschiede. Am äußersten Rande, wo die Verformung am stärksten war, ist das Gefüge sehr feinkörnig; die Körner sind noch wesentlich kleiner als in

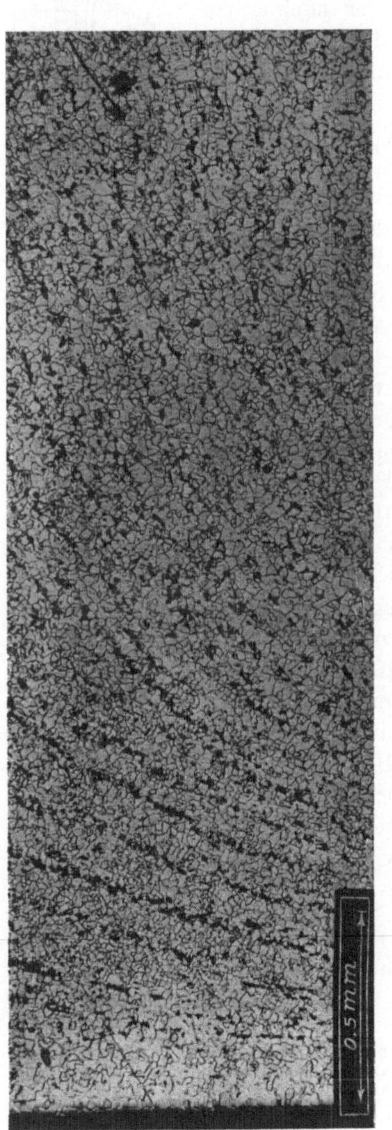

Abb. 50. Nach dem Schneiden bei rd. 900° geglüht. Eisenkörner durchweg rundlich und fein. V = 50.

Scheren- bzw. Stanzschnittfläche

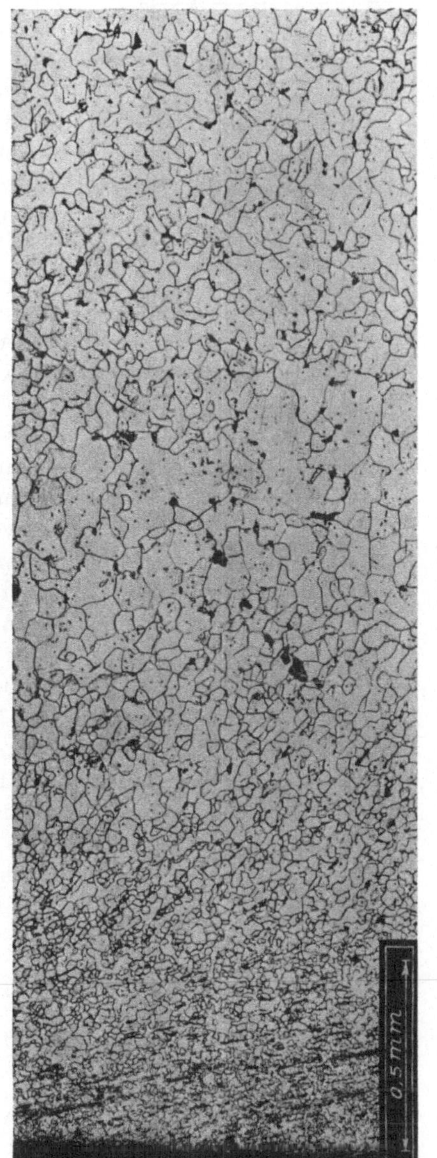

Abb. 51. Nach dem Schneiden bei rd. 750° geglüht. Körner zwar rundlich aber stellenweise grob. V = 50.

Scheren- bzw. Stanzschnittfläche

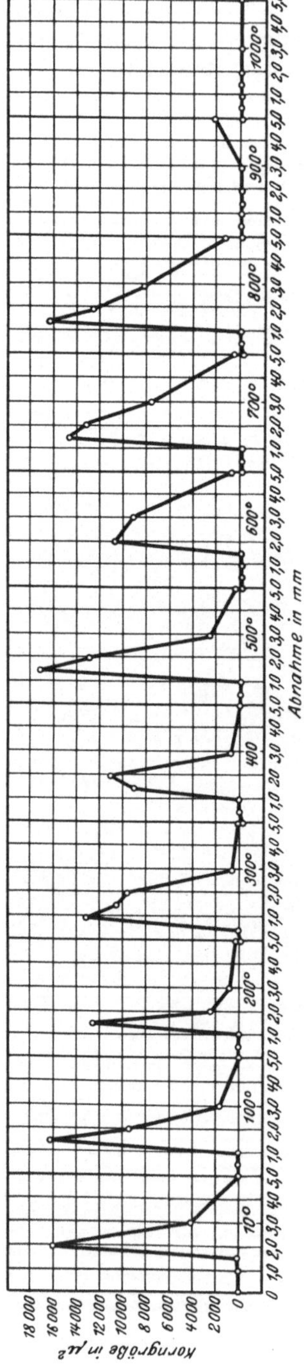

Abb. 52. Einfluß der Walzverformung (Abnahme der Dicke) und der Walztemperatur auf die Korngröße nach Pomp.

Abb. 48. Nach innen hin nimmt die Korngröße rasch zu; in dem etwa 1,5 mm vom Rande entfernten Gebiet ist das Gefüge stark grobkörnig. Weiter nach innen nimmt dann die Korngröße auf das Maß ab, welches dem üblichen Zustand des Materials entspricht.

Über diese Erscheinungen der Kornvergröberung durch Rekristallisation hat Stead[1] bereits im Jahre 1898 berichtet.

Von weiteren Untersuchungen in dieser Richtung sind die Arbeiten von Pomp sowie von Oberhoffer und Jungblut zu erwähnen.

Aus der ersteren[2] geht folgendes hervor. Flußeisenstäbe mit 0,05 % Kohlenstoff von 30 × 15 mm Querschnitt wurden bei den Temperaturen 1000, 900, 800 ... 100, 10° C jeweils in einem Stich um 0,5, bzw. 1,0, bzw. 1,5, bzw. 2,0,

---

[1] J. Iron Steel Inst. 1898, S. 145.

[2] Stahleisen 1920, S. 1412f.

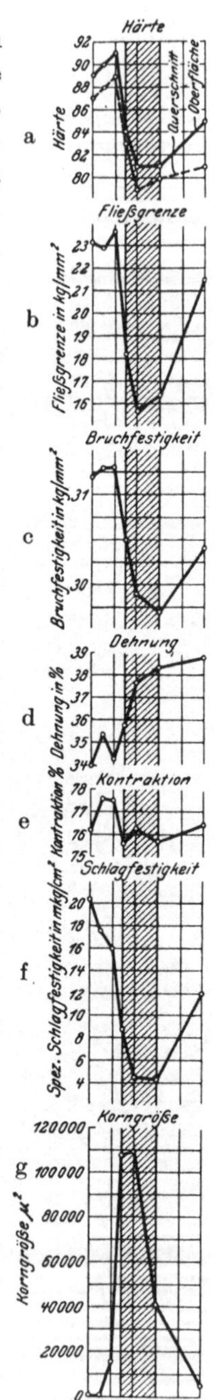

Abb. 53a bis g. Durchschnittliche Änderung der Eigenschaften durch Walzverformung (Abnahme der Dicke von 0,5 bis 5 mm) bei 300 bis 800° C sowie nachträglichen Glühens bei 650 bis 850° C nach Pomp.

bzw. 2,5, bzw. 3,0, bzw. 5,0 mm in der Dickenrichtung heruntergewalzt. Vor dem Walzen war der Werkstoff normalisiert und besaß eine Korngröße von 499 μ^2. Nach dem Walzen betrug die Korngröße

bei Walztemperatur 700° und 5,0 mm Abnahme 5 620 μ^2
„ „ 800° „ 3,0 „ „ 24 200 μ^2
„ „ 800° „ 5,0 „ „ 7 340 μ^2.

Weitergehende Korngrößenänderung trat nach längerem Glühen (4,5 Stunden im Temperaturgebiet 650° bis 850° C) der gewalzten Stäbe ein.

Die eingetretene Änderung der Korngröße ist in Abb. 52 dargestellt. Die Verminderung der Dicke bei den einzelnen Stichen ist darin als „Abnahme" bezeichnet. Die Walztemperatur ist bei den einzelnen Linien angegeben. Die Korngröße innerhalb eines Querschnittes schwankte erheblich. Die höchste Korngröße betrug 5 610 000 μ^2 und entspricht etwa 5,5 mm². Sie wurde an der Oberfläche der Stäbe festgestellt, welche bei 300° C um 1,5 mm heruntergewalzt worden waren.

Die Mittelwerte der Festigkeitseigenschaften und der Korngröße für die Walztemperaturen 0 bis 800° C sind in den Abb. 53a bis 53g in Abhängigkeit von der Abnahme, d. h. der Dickenverminderung beim Walzen dargestellt. Das Bereich der kritischen Formveränderung ist in diesen Abbildungen durch Schrägstriche hervorgehoben.

Oberhoffer und Jungblut[1] stauchten normalisierte Probekörper von 30 mm Höhe und 15 mm Durchmesser im kalten Zustand um 5, bzw. 10, bzw. 25, bzw. 50, bzw. 70%. Hierauf wurden die Körper bei je 400, 500, 600, 700, 800 und 870° C geglüht. Die verwendeten 4 Werkstoffe besaßen folgende Zusammensetzung.

Bezeichnung	C %	Si %	Mn %	P %	S %	Cu %
K	0,07	0,022	0,14	0,0085	0,0175	0,079
WW	0,07	0,025	0,13	0,007	0,035	—
A 20	0,09	0,16	0,33	0,009	0,035	—
A 30	0,18	0,18	0,52	0,046	0,023	—

Die erlangten Rekristallisationsschaubilder sind in den Abb. 54 bis 57 wiedergegeben. Die Abbildungen zeigen anschaulich, daß bei rd. 10% Stauchung die stärkste Kornvergröberung auftritt, und zwar bei den Rekristallisationstemperaturen von 800° C bei den Stoffen K, W und A 20 und bei 700° C bei dem Stoff A 30. Außerdem lehren die Schaubilder, daß die Korngröße in erster Linie vom Kohlenstoffgehalt beeinflußt wird, und zwar nimmt die Korngröße mit steigendem Kohlenstoffgehalt ab.

---

[1] Stahleisen 1922, S. 1511f.

Weitere bemerkenswerte Aufschlüsse über die Rekristallisation von
Eisen mit geringem Kohlenstoffgehalt gibt Fischer[1]. Er hat seine Proben
nicht gestaucht, sondern
gereckt. Er gibt für die
Entwicklung der Körner
in Abhängigkeit von den
Reckbeanspruchungen
das in Abb. 58 wieder-
gegebene Bild.

Hiernach bleibt das
Gefüge des weichen Ma-
terials bei Formänderun-
gen unterhalb der Streck-
grenze auch unter Ein-
wirkung ungünstiger
Glühtemperatur (730⁰)

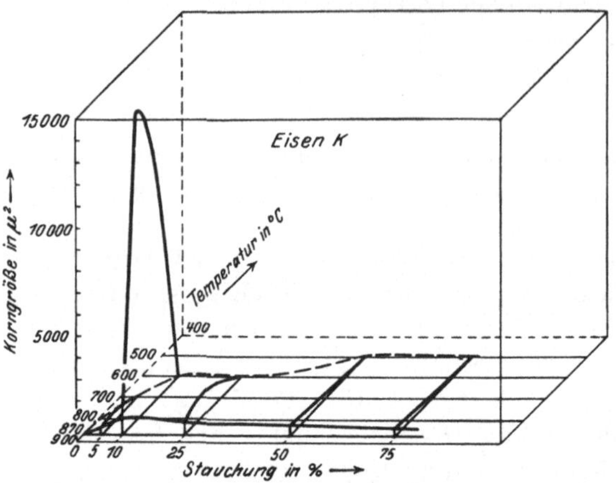

Abb. 54. Beziehungen zwischen Korngröße, Verformungsgrad
und Glühtemperatur nach Oberhoffer und Jungblut.

feinkörnig. Nach Errei-
chen oder Überschreiten
der Streckgrenze bewirkt die erwähnte Glühbehandlung stärkste Kornvergröberung. Diese nimmt aber mit zunehmender Kaltverformung ab.

Bei Verformung, wel-
che der Zugfestigkeit
entspricht, ist keine
erhebliche Kornver-
gröberung mit der
Glühbehandlung bei
730⁰ C verbunden.

Ein weiteres Bei-
spiel über die Ände-
rung der Kerbzähig-
keit durch Rekristal-
lisation infolge kriti-
scher Reck- und Glüh-
behandlung lieferten
Versuche von Kör-
ber und Pomp[2].
Die Kerbschlagpro-
ben (30 × 15, Rund-
kerb, Breite gleich

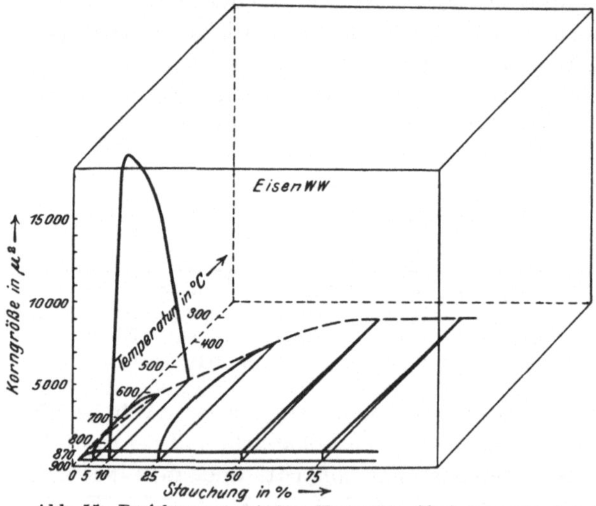

Abb. 55. Beziehungen zwischen Korngröße, Verformungsgrad und
Glühtemperatur.

Blechstärke) aus Blechen von 20 mm Stärke der Sorten I bis III sind
um 10 % gereckt und hernach 1 Stunde lang bei 780⁰ C geglüht wor-

---

[1] Krupp M. 1923, S. 109.   [2] Mitt. Eisenforsch. Bd. 9, Liefg. 22, Abhdlg. 95.

den. Die Glühtemperatur lag also unterhalb des A_3-Punktes. Die Ergebnisse gehen aus der zeichnerischen Darstellung Abb. 59 hervor.

Der Abfall der Kerbzähigkeit ist am stärksten bei den Blechen A_1, B_1, C_1 der weichen Sorte I. Einige der härteren Bleche (E_s, A_2, C_3) weisen eine geringe Verminderung der Kerbzähigkeit auf.

Zusammengefaßt ergibt der Vergleich der Eigenschaften harter und weicher Bleche folgendes Bild.

1. Die früher gegen die Verwendung harter Bleche für Landdampfkessel in weiten Fachkreisen vorhandenen Bedenken, welche in den deutschen Material- und Bauvorschriften durch einschränkende Verwendungsbestimmungen einen

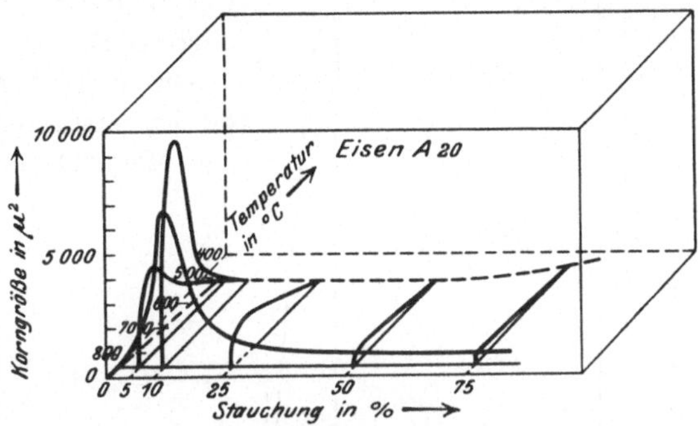

Abb. 56. Beziehungen zwischen Korngröße, Verformungsgrad und Glühtemperatur.

Niederschlag gefunden hatten, mußten auf Grund statistischer Feststellungen, praktischer Beobachtungen und wissenschaftlicher Erkenntnisse einer neuen Auffassung weichen, welche der Verwendung harter Bleche den Vorzug gibt und diejenige von ganz weichen Blechen ausschließt. Dieser Wandlung haben die deutschen Materialvorschriften durch freiere Fassung Rechnung getragen. Die Mindestfestigkeit wurde auf 35 kg/mm² erhöht. In Frankreich wird eine Festigkeit von mindestens 36 kg/mm² verlangt, in Schweden ist beabsichtigt, die unterste Grenze auf 38 kg/mm² festzulegen.

2. Hinsichtlich der Alterung, nachgewiesen mittels Kerbschlagversuchen, ist eine

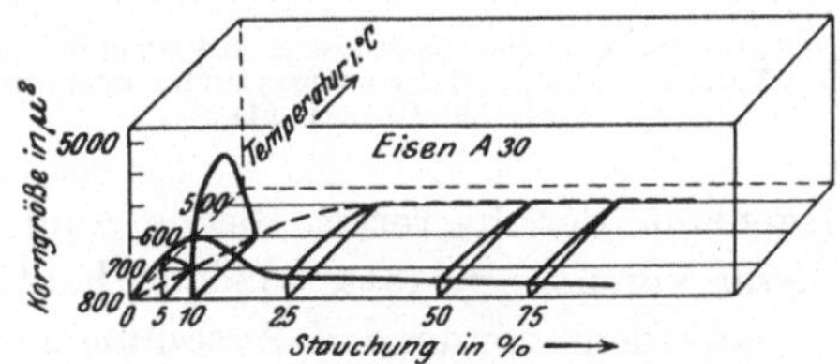

Abb. 57. Beziehungen zwischen Korngröße, Verformungsgrad und Glühtemperatur.

ausgesprochene allgemeine Überlegenheit der härteren Bleche nicht festzustellen. Es kommen weiche und harte Bleche mit geringerer Alterungsempfindlichkeit vor, was sich übrigens metallurgisch erklärt. Einige bemerkenswert günstige Erfahrungen mit harten Blechen sprechen zwar zugunsten der letzteren, doch lassen sich diese Beobachtungen nicht verallgemeinern.

3. Die Kornvergröberung durch Rekristallisation ist bei weichen Blechen eine weitergehende als bei harten Blechen; dementsprechend

ist auch der Abfall der Kerbzähigkeit infolge Verformung und ungünstiger Erwärmung bei weichen Blechen ein bedeutend stärkerer als bei harten Blechen.

4. Bei höheren Temperaturen, beispielsweise bei 500° C, liegt die 0,2%-Grenze der Blechsorten II und III bei rd. 8 bis 10 kg/mm² und diejenige der weichen Bleche bei rd. 7 bis 8 kg/mm². Die Dauerstandfestigkeit ergab sich zu 1,0 bis 4,3 kg/mm² (weiche Bleche) und 2,0 bis 4,0 kg/mm² (härtere Bleche).

Die Ergebnisse der bisher ausgeführten Dauerstandversuche bei 500° C würden hiernach keine nennenswerte Über-

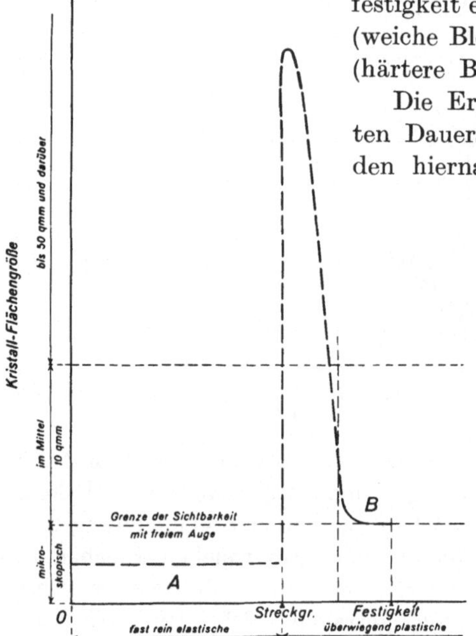

Abb. 58. Zusammenhang zwischen Korngröße und Verformungsgrad bei ungünstigen Glühtemperaturen (rd. 730° C) nach Fischer.

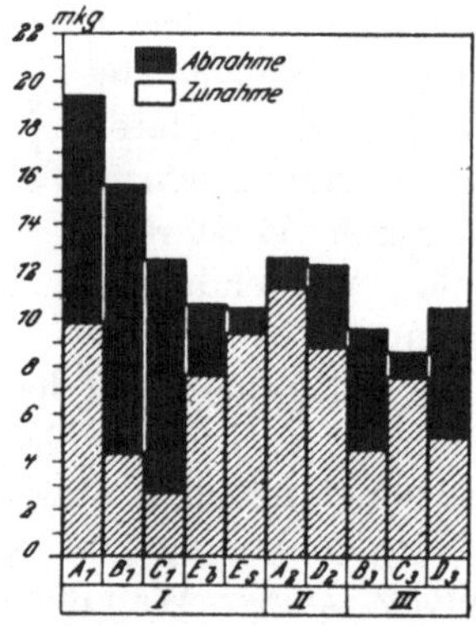

Abb. 59. Änderung der Kerbzähigkeit von Kesselblech der Sorten I bis III durch Recken um 10% und darauf folgendes Glühen bei 780° C nach Körber und Pomp.

legenheit der härteren Bleche zum Ausdruck bringen. Der Stand dieser Versuche gestattet jedoch heute noch kein abschließendes Urteil.

Aus dem vorstehend Zusammengefaßten ergibt sich (vgl. insbesondere Ziffer 3), daß eine ungünstige Behandlung bei den weichen Blechen eine weitergehende Schädigung der Gefügebeschaffenheit zur Folge haben kann als bei den härteren Blechen. Dies ist insbesondere bei den Blechen der Fall, deren Festigkeit nahe der zulässigen Mindestfestigkeit (35 kg/mm²) liegt. Es ist hiernach den härteren Blechen der Vorzug zu geben, insbesondere ist im Interesse weitergehender Sicherheit anzustreben, daß die Festigkeit der Bleche nicht an der unteren Grenze liegt, sondern mindestens bei etwa 38 kg/mm².

IV. Sonderkesselbaustähle. Verhalten bei Zugversuchen im kalten und im erwärmten Zustand. Streckgrenze bei langer Versuchsdauer. Maß der Empfindlichkeit gegenüber Alterungs- und Rekristallisationseinflüssen.

Die mit dem Wesen der gewöhnlichen unlegierten Kesselbaustoffe, und zwar insbesondere der weicheren Sorten derselben verknüpften ungünstigen Eigenschaften — Empfindlichkeit gegenüber Kaltverformung, Alterung, Blaubrüchigkeit, Kornvergröberung durch Rekristallisation, verhältnismäßig niedere Streckgrenze in höheren Wärmegraden, geringe Widerstandsfähigkeit gegen Verzunderung und sonstige chemische Einflüsse usw. — gaben Veranlassung, höherwertige Werkstoffe heranzuziehen oder zu erzeugen, welche die im Kesselbau in Betracht kommenden Verarbeitungsverfahren gestatten sowie gegenüber den Einflüssen des Kesselbetriebs eine größere Widerstandsfähigkeit besitzen und deren Kosten die für den Kesselbau tragbaren Grenzen nicht überschreiten.

Zur Zeit werden folgende Sonderwerkstoffe angeboten und verwendet:

1. Nickelstahl bis 5%ig,
2. Izett-Stahl,
3. Molybdän-Stahl.

Über die Eigenschaften dieser Werkstoffe finden sich im folgenden nähere Angaben.

1. Nickelstahl.

Der im Kesselbau in der Regel verwendete Nickelstahl enthält bis 5% Nickel. Abgesehen von Schwierigkeiten, welche der Ausführung von Feuerschweißungen entgegenstehen, läßt sich der Nickelstahl ähnlich verarbeiten wie der gewöhnliche Kohlenstoffstahl.

Die Zahlentafel 1 wurde von Fischer[1] entsprechend den bei der Firma Fried. Krupp A.-G., Essen, bei verschiedenen Temperaturen beobachteten Werten zusammengestellt. Die Versuchsdauer betrug jeweils etwa 2 Stunden.

Die durch die Schaulinien Abb. 60 bis 64 dargestellten Werte beziehen sich auf 3- bzw. 5%igen Nickelstahl; sie rühren von der gleichen Arbeit von Körber und Pomp her, welcher auch die Versuchsergebnisse, Abschnitt II, S. 17f. entstammen. Es darf daher bezüglich der Art der Erlangung der Werte auf die an genannter Stelle enthaltenen Angaben verwiesen werden. Die Zusammensetzung des Nickelstahls geht aus der Zusammenstellung S. 17, Abschnitt II, hervor.

---

[1] Krupp M. 1925, S. 190.

Zahlentafel 1. Festigkeitseigenschaften von geschmiedeten
Kesselmaterialien bei höheren Temperaturen.

Tem- peratur °C	Nickelstahl D		Nickelstahl A		Tem- peratur °C	Nickelstahl D		Nickelstahl A	
	Str.	Fest.	Str.	Fest.		Str.	Fest.	Str.	Fest.
	kg/mm²		kg/mm²			kg/mm²		kg/mm²	
20	28	44—52	36	50—60	300	19	47	22	51
100	27,5	47	34	50	310	18,5	45	21,5	49
120	26,5	47,5	33,5	50,5	320	18	43,5	20,5	47
140	26	48,5	32,5	51	330	17,5	41,5	20	45,5
150	25,5	49	32,5	51,5	340	17	40	19,5	44
160	25	49,5	32	52	350	16,5	38	19	42
180	24,5	50	31,5	52,5	360	16	36,5	18	40,5
200	24	51	31	53	370	15,5	35	17,5	39
210	23,5	50,5	30	53	380	15	33	17	37,5
220	23	50,5	29	53	390	14,5	31,5	16,5	35,5
230	22,5	50,5	28	53	400	14	30	16	34
240	22	50	27	53	420	13	26,5	14,5	30,5
250	21,5	50	26,5	53	440	12	23	13,5	26,5
260	21	49,5	25,5	52,5	450	11,5	21	13	25
270	20,5	48,5	24,5	52	460	11	20	12	23,5
280	20	48	23,5	51,5	480	10	18,5	11	21,5
290	19,5	47,5	23	51,5	500	9	17	10	19

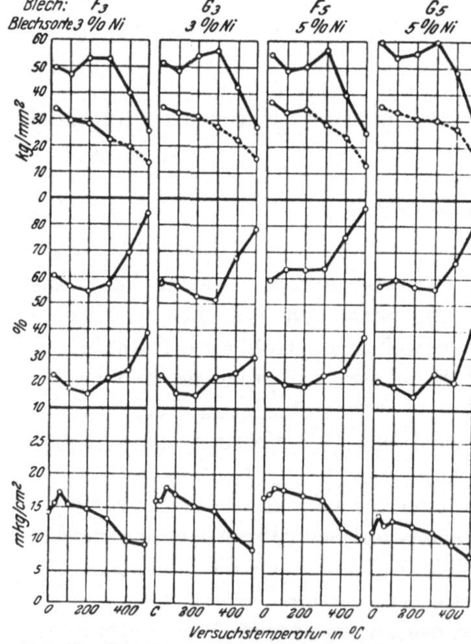

Abb. 60. Streckgrenze, Zugfestigkeit, Dehnung und
Kerbzähigkeit von Nickelstahl bei verschiedener
Temperatur und kurzer Versuchsdauer nach Körber
und Pomp.

Die bei gewöhnlicher und bei höherer Temperatur erlangten Ergebnisse der Zugversuche bei üblicher Belastungsgeschwindigkeit sowie der Ergebnisse der Kerbschlagversuche sind in Abb. 60 zeichnerisch wiedergegeben.

Die Streckgrenzenwerte sowie die im abgekürzten Verfahren gewonnenen Werte der Dauerstandfestigkeit sind in Abb. 61 veranschaulicht.

In bezug auf die Linie der Zugfestigkeit fällt auf, daß dieselbe bei dem 5%igen Nickelstahl bei den Temperaturen 200 und 300° C nicht den höckerförmigen Verlauf besitzt, wie er sich bei gewöhnlichem Kohlenstoffstahl

findet, vgl. Abb. 11, Abschnitt II. Die Zugfestigkeit ist bei 200° C

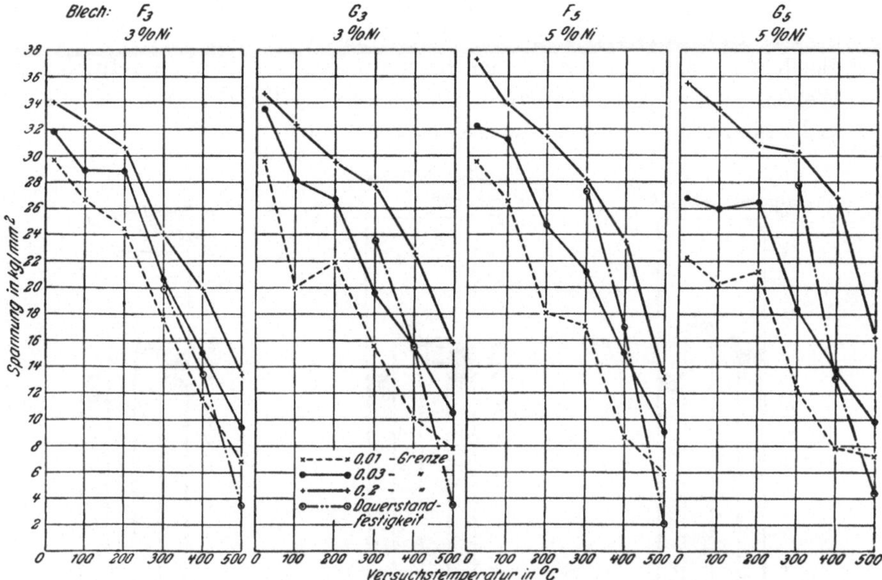

Abb. 61. Elastizitäts- und Streckgrenze sowie Dauerstandfestigkeit von Nickelstahl bei verschiedenen Temperaturen nach Körber und Pomp.

im Gegenteil geringer als bei 20⁰ C und liegt bei 300⁰ ungefähr gleich hoch. Im Einklang hiermit steht der Umstand, daß auch die Bruchdehnung und die Querschnittsverminderung bei den erwähnten Temperaturen keine nennenswerte Verminderung zeigen.

Die Lage der Streckgrenze (0,2%) bei 500⁰ C erscheint günstiger als bei Kohlenstoffstahl, jedoch ist zu beachten, daß es sich in beiden Fällen um kurzzeitige Versuche handelt.

Die im abgekürzten Verfahren gewonnene Dauerstandfestigkeit Abb. 61 ergab sich ungefähr auf gleicher Höhe wie bei den Blechen der Sorte III, Abb. 14, Abschnitt II.

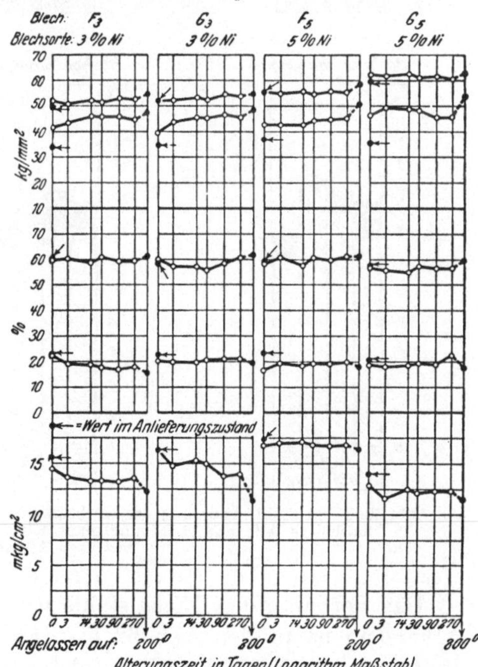

Abb. 62. Nickelstahl. Einfluß von Reckung und natürlicher Alterung (Lagerung) sowie künstlicher Alterung (Anlassen) auf Streckgrenze, Zugfestigkeit, Dehnung und Kerbzähigkeit nach Körber und Pomp.

Ulrich, Werkstoff-Fragen. 5

Die Kerbzähigkeit liegt zwischen 12 und 17 mkg/cm². Beim Vergleich derselben mit den bei den härteren Flußstahlblechen gefundenen Werten ist im Auge zu behalten, daß diese zum Teil den Anforderungen nicht genügen, welche heute gestellt zu werden pflegen.

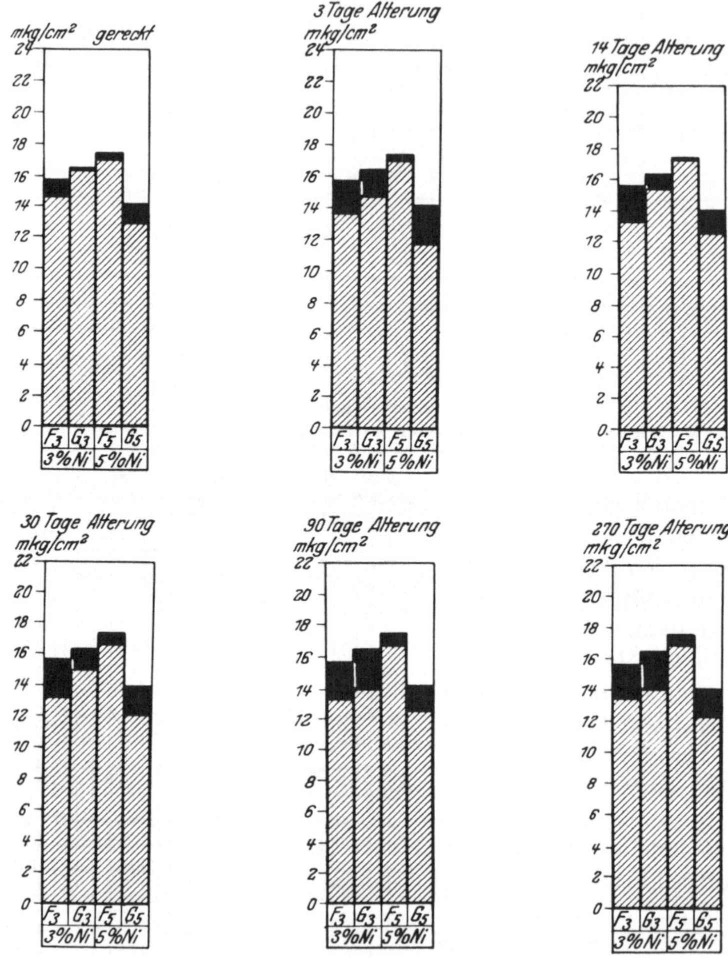

Abb. 63. Nickelstahl. Änderung der Kerbzähigkeit durch Recken und verschieden lange natürliche Alterung (Lagerung) nach Körber und Pomp. Schwarze Felder bedeuten Abnahme.

Das Verhalten der Nickelstähle bei natürlicher und künstlicher Alterung ist in den Abb. 62 bis 64 veranschaulicht. Die geringe Abnahme der Kerbzähigkeit kennzeichnet ein günstiges Verhalten gegenüber den Einflüssen der Verformung und denjenigen darauffolgender Erwärmung.

In Abb. 65 ist die Änderung der Kerbzähigkeit durch Rekristallisation nach stattgehabter Verformung im Vergleich zum Glühzustand dargestellt. Die Reckung betrug 10%; das darauffolgende Glühen wurde bei 650° C vorgenommen. (Der A_3-Punkt des 3%igen Materials liegt bei 704°, derjenige des 5%igen Materials bei 693°.) Mit Ausnahme des Bleches $G\,5$ weisen die Werte der einer kritischen Reck- und Glühbehandlung unterworfen Kerbschlagstäbe keinen nennenswerten Unterschied gegenüber den sachgemäß geglühten Stäben auf. Bei den Blechen aus gewöhnlichem Kohlenstoffstahl war der Unterschied zum Teil ein ganz erheblicher.

Goerens[1] hat folgende Versuchswerte bekanntgegeben.

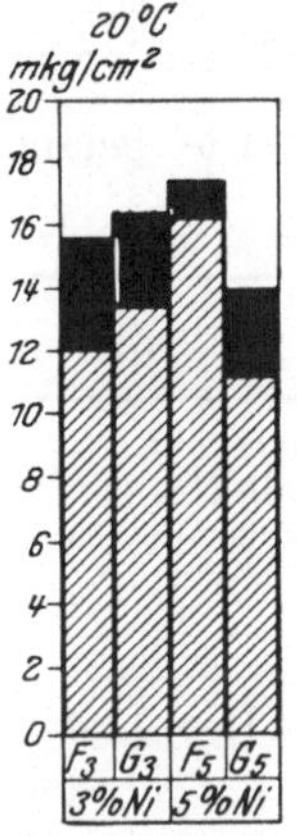

Abb. 64. Nickelstahl. Änderung der Kerbzähigkeit durch Recken und künstliche Alterung (Anlassen bei 200° C).

a) Fünfprozentiger Nickelstahl.

Einwirkung der künstlichen Alterung.

	Geglüht	Vergütet
Streckgrenze . . . . . kg/mm²	40	40
Zugfestigkeit . . . . . kg/mm²	52,2	53
Kerbzähigkeit . . . . . mkg/cm²	26,5	nicht durch-
Normalproben 30 × 30 × 160 mm		geschlagen

Stabform	Kerbzähigkeit in mkg/cm²		
	un-gereckt	vorgereckt auf 43 kg/mm² 10 Tage lang einer Temperatur von 200° C ausgesetzt	
Normalstab 30 × 160 mm, Rundkerb .	26,5	24,2	30,5
Probestab 15 × 80 mm, Rundkerb .	17,6	15,1	18,7
Probestab 15 × 80 mm, Scharfkerb .	15,2	13,4	14,2

Hiernach hat die künstliche Alterung keine Beeinträchtigung der im ungereckten Zustand festgestellten Eigenschaften bewirkt.

Wirkung von Rekristallisationseinflüssen.

Zugfestigkeit 52 kg/mm²; Streckgrenze 34 kg/mm².

Stäbe nach dem Recken (rd. 10%) 6 Stunden auf 730° C erhitzt.

Stabform	Kerbzähigkeit
30 × 30 × 160 mm, Rundkerb	27,1 und 27,2
15 × 15 × 80 mm, „	18,2 „ 19,0
15 × 15 × 80 mm, Scharfkerb . . .	14,1 „ 14,7

Die erlangten Werte besitzen reichliche Größe.

---

[1] Z. V. d. I. 1924, S. 45f.

b) Dreiprozentiger Nickelstahl.

	Geglüht	Vergütet
Streckgrenze . . . . kg/mm²	30	30
Zugfestigkeit . . . . kg/mm²	43,8	45,1
Kerbzähigkeit . . . . mkg/cm²	27,3	nicht durch-
(Normalprobe 30 × 30 × 160)		geschlagen

Die belanglose Wirkung von künstlicher Alterung — nach Vorrecken 10 Tage auf 200⁰ C angelas-
sen — sowie die Wirkung von Rekristallisationseinflüssen — vorgereckt
und 6 Stunden auf 730⁰ erwärmt,
bringen nebenstehende Kerbschlag-
ergebnisse zum Ausdruck.

	Kerbzähigkeit mkg/cm²
ungereckt . . .	27,3
gealtert	24,5
rekristallisiert .	26,0

2. Izett-Stahl.

Der Izett-Stahl wurde von der Firma Fried. Krupp A.-G., Essen,
herausgebracht. Er stellt einen unlegierten Werkstoff dar, welcher eine
verhältnismäßig geringe Empfindlichkeit gegenüber Alterung besitzt.
Diese Eigenschaft ist für den Kesselbau besonders wichtig, weil die
im Kesselbau gebräuchlichen Verarbeitungsverfahren — Kaltrollen der
Schüsse, Anbiegen der Blechenden, Anrichten von Flanschen, Herstellung von Verbindungen durch Nieten und Walzen — und die im
Kesselbetrieb in Frage kommenden Temperaturen gerade die Einflüsse
darstellen, welche die Voraussetzungen für die Alterung bzw. für die
Beschleunigung der letzteren bilden.

Über die durch Versuche nachgewiesenen Eigenschaften sind in
Vorträgen von Baumann (Materialpr.-Anst. Stuttgart)[1], Bauer (Materialpr.-Amt Berlin-Dahlem)[2] und dem Verfasser (Materialpr.-Anst.
Stuttgart)[2] Angaben gemacht worden, von welchen nachstehend die
wichtigsten wiedergegeben sind, da die Vorträge von Bauer und dem
Verfasser eingehend nur in den Mitteilungen der Vereinigung der Großkesselbesitzer erschienen sind, welche den Mitgliedern zu vertraulichen
Händen zugehen. Die Bekanntgabe des Inhaltes der Vorträge ist frei-
gegeben.

Bauer stellt in Vergleich

1. Izett-Blech, Sorte I der Firma Fried. Krupp A.-G.,
2. „A-S“-Blech der Firma Preß- und Walzwerk A.-G. Reisholz,
3. hartes Blech (0,28% C), bezeichnet A,
4. weiches   „   (0,02% C),   „   B,
5.   „   „   (0,07% C),   „   A 2 U.

---

[1] Allg. Verb. d. Deutsch. Dampfk.-Überw.-Ver. V. Tagung, Zürich 1927.

[2] 16. Mitgliederversammlung der Vereinigung der Großkesselbesitzer, Düsseldorf 1927, s. Mitt. d. V. G. B., H. 15.

Das mit „*A-S*" bezeichnete Blech war ebenfalls ein Erzeugnis des Bestrebens der Herstellung alterungsgeringen Werkstoffs.

Die Prüfung erfolgte mittels der von Bauer ausgearbeiteten Quetschprobe[1] mit nachfolgender Erwärmung auf verschiedene Temperaturen.

Die Ergebnisse der Versuche mit „kleinen" Kerbschlagproben ($7 \times 10 \times 100$ mm, Rundkerb 1,3 mm Durchmesser) sind in Abb. 66 dargestellt. In derselben beziehen sich

die ausgezogenen Linien auf den Durchschnitt von Längs- und Querproben aus Izett-Stahl,

die gestrichelten Linien auf Querproben aus *A-S*-Stahl; bei 0,250 und 300⁰ C sind auch Längsprobenwerte eingetragen,

die strichpunktierten Linien auf den Durchschnitt von Längs- und Querproben aus gewöhnlichem Kohlenstoffstahl, bezeichnet *A 2 U*.

Der Werkstoff *A 2 U*, welcher von Vergleichsblechen aus gewöhnlichem Kohlenstoffstahl (Ziffer 3 bis 5) der beste war, zeigte sehr ungünstiges Verhalten; dasjenige des Werkstoffes *A-S* ist erheblich besser; das Izett-Material ist dem letzteren noch beträchtlich überlegen.

Der bei Erwärmung auf über 650⁰ C vorhandene Abfall der Linien steht im Zusammenhang mit Rekristallisationsvorgängen, mit welchen die Entstehung groben Korns verbunden ist. Grobes Korn beeinträchtigt die Kerbzähigkeit.

Die ersten öffentlichen Mitteilungen über die Eigenschaften des Izett-Werkstoffes machte Baumann durch Bekanntgabe der Ergebnisse von Vergleichsversuchen mit Izett-Stangenmaterial von 35×35 mm Querschnitt und gewöhnlichem Flußeisenstangenmaterial. Die Versuche wurden mit Kerbschlagproben $30 \times 30 \times 160$ und $15 \times 30 \times 160$, Rundkerb von 4 mm Durchmesser, ausgeführt. Die Verformung erfolgte durch Recken um 5%, bzw. 10%, bzw. 20%. Die Anlaßtemperatur betrug 200⁰ C.

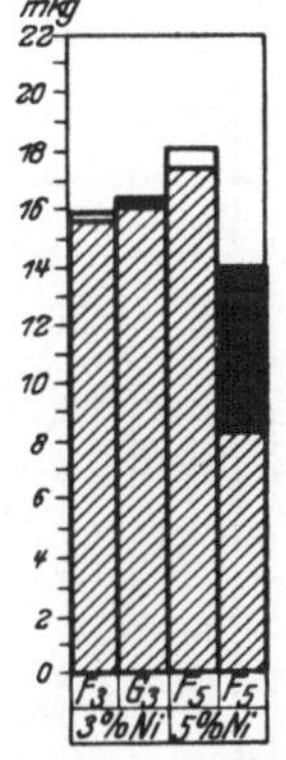

Abb. 65. Nickelstahl. Änderung der Kerbzähigkeit durch Rekristallisation (10 %-iges Recken und daraufhin Glühen bei 650⁰ C). Schwarze Felder bedeuten Abnahme, weiße Felder Zunahme.

Die Ergebnisse sind in Abb. 67 zeichnerisch dargestellt. Der gewöhnliche Flußstahl, bezeichnet y, wies nur bei einer Stabbreite von 15 mm im Einlieferungszustand günstige Werte (rd. 20 mkg/cm²) auf. Die nicht behandelten 30 mm breiten Proben sowie sämtliche gereckte und gealterte Proben lieferten sehr geringe Werte (rd. 3 mkg/cm²). Das Izett-Material, bezeichnet x, zeigte sowohl gegenüber dem Recken bis

---

[1] Nähere Angaben s. S. 40, Abschnitt III.

zu 20% als auch gegenüber darauffolgendem künstlichen Altern keine nennenswerte. Empfindlichkeit. In bezug auf das Maß der Reckung (5, bzw. 10, bzw. 20%) ist in Abb. 67 ein Einfluß erkennbar.

Die vom Verfasser durchgeführten Versuche erstreckten sich auf die Blechsorten I bis IV. Blechstärke 25 mm.

Zur Durchführung gelangten Zug- und Kerbschlagversuche mit unbehandeltem und künstlich gealtertem Material bei verschiedenen Versuchstemperaturen, und zwar 20, 200, 300, 450° C.

Der Reckgrad betrug

10% bei Blechsorte I,
 9% ,,   ,,   II,
 8% ,,   ,,   III,
 7% ,,   ,,   IV.

Das Anlassen erfolgte bei 250° C, und zwar zwecks Feststellung des Einflusses der Anlaßdauer während ½, 2, 100 und 200 Stunden.

Die Kerbschlagstäbe (30 × 160 mm, Rundkerb 4 mm Durchmesser) besaßen teils 15 mm Breite, teils eine solche gleich der Blechdicke.

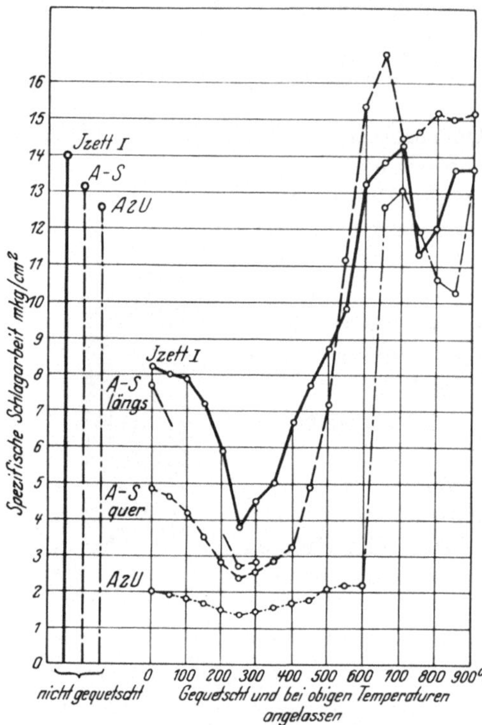

Abb. 66. Einfluß von Quetschung und darauffolgendem Anlassen bei verschiedenen Temperaturen auf die Kerbzähigkeit (kleine Stäbe) von Kohlenstoff- und Izett-Stählen nach Bauer.

Die Ergebnisse der Zugversuche mit unbehandelten Stäben der Sorten II und IV sind in den Abb. 68 und 69 dargestellt[1].

Bemerkenswert ist zunächst der auch bei dem 5%igen Nickelstahl erwähnte Umstand, daß die Linie der Zugfestigkeiten im Gebiet von 200 bis 300° C nicht den bei gewöhnlichem Kohlenstoffstahl in der Regel zu beobachtenden höckerartigen Verlauf zeigt. Die Zugfestigkeit nimmt in diesem Gebiet nicht zu, sondern sie ist im Gegenteil bei den genannten Temperaturen geringer als im Einlieferungszustand.

Während ferner bei gewöhnlichem Kohlenstoffstahl ähnlicher Härte

---

[1] Die Streckgrenzen- und Zugfestigkeitswerte sind, um vorhandene Druckstöcke verwenden zu können, nicht in kg/mm² sondern in kg/cm² angegeben.

die Dehnung bis auf 16% abnehmend beobachtet wurde, ist dieselbe
bei dem Izett-Blech nur
auf 23% gesunken.

Die bei 200 und
300⁰ C beim Zugver-
such zum Ausdruck
kommenden günstige-
ren Eigenschaften des
Izett-Stahles dürften
ein allgemeines Kenn-
zeichen für geringe
Alterungsempfindlich-
keit darstellen, da die
Ursache der bei ge-
wöhnlichem Kohlen-
stoffstahl zu beobach-
tende Zunahme der
Zugfestigkeit und Ab-
nahme der Bruch-
dehnung und Quer-

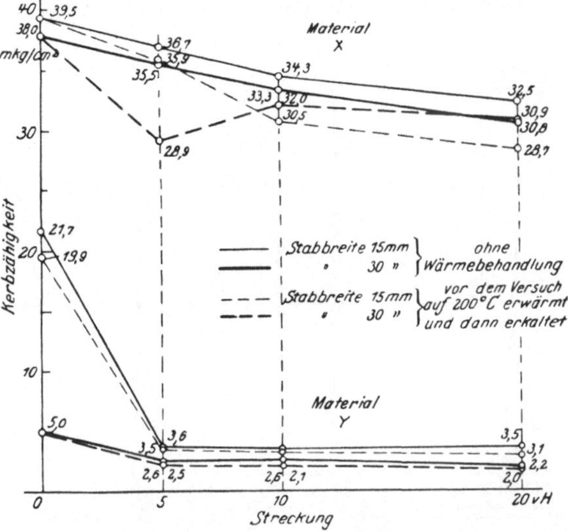

Abb. 67. Alterungswirkung bei Izettstangenmaterial *X* und
bei gewöhnlichem Kohlenstoffstahl *Y* nach Baumann.

schnittsverminderung in inneren Verformungswiderständen zu suchen

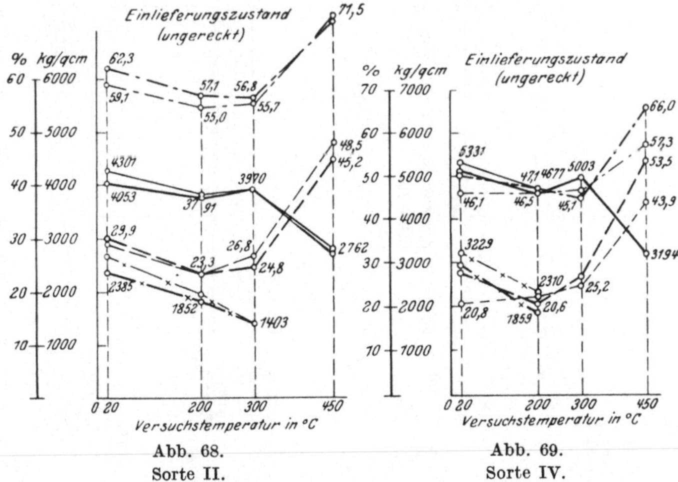

Abb. 68.
Sorte II.

Abb. 69.
Sorte IV.

Abb. 68 und 69. Izett-Kesselblech. Abhängigkeit der Streckgrenze, Zugfestigkeit,
Bruchdehnung und Querschnittsverminderung von den Versuchstemperaturen.

Streckgrenze	= gekreuzte Linien,	Einschnürung	= strichpunktierte Linien,
Zugfestigkeit	= ausgezogene Linien,	Längsstäbe	= dicke Linien,
Dehnung	= gestrichelte Linien,	Querstäbe	= dünne Linien.

ist, welche auch Neigung zur Blaubrüchigkeit und Alterungsempfindlichkeit in sich schließen.

Weiterhin zeigte sich bei den untersuchten Izett-Blechen kein nennenswerter Festigkeitsunterschied zwischen Kopf und Fuß des Bleches.

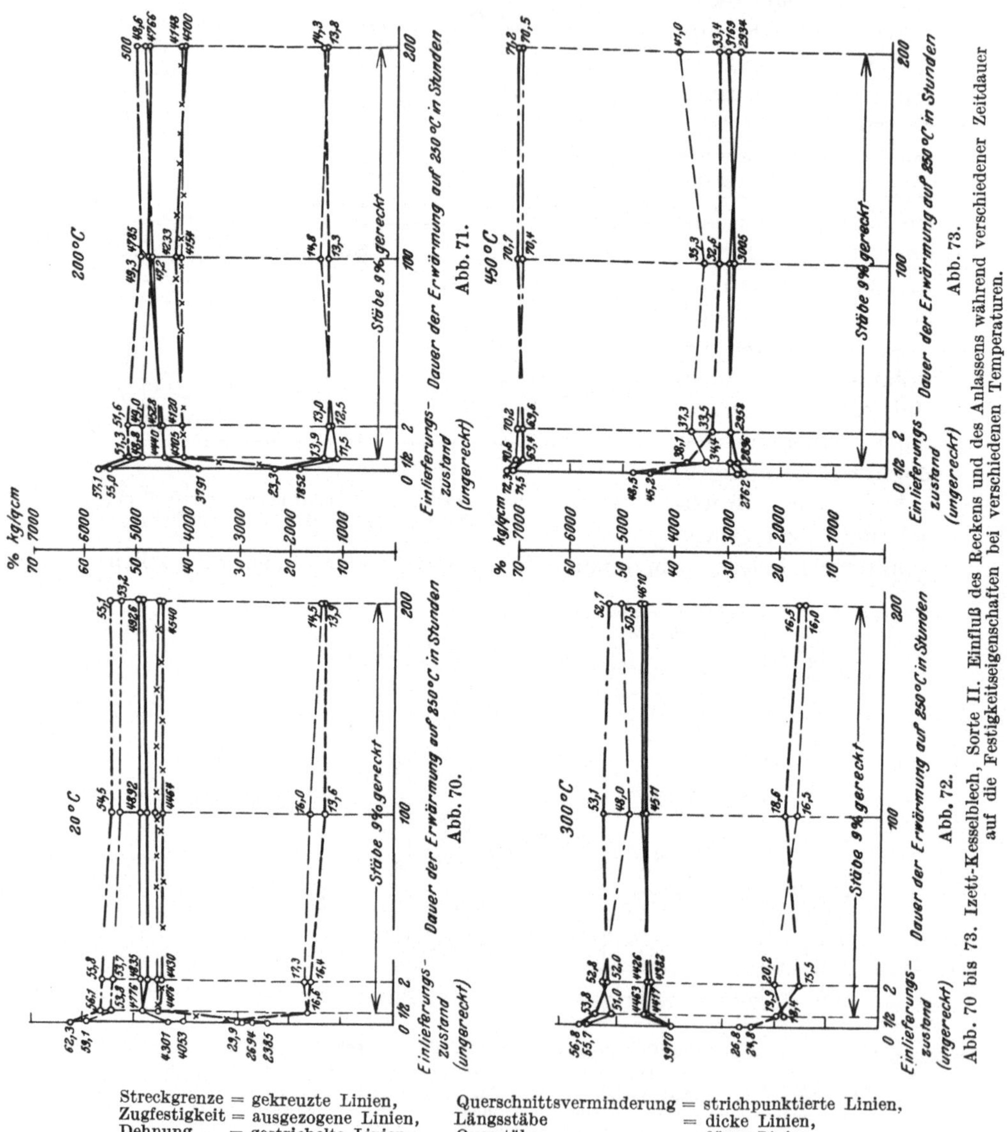

Streckgrenze = gekreuzte Linien,
Zugfestigkeit = ausgezogene Linien,
Dehnung = gestrichelte Linien,

Querschnittsverminderung = strichpunktierte Linien,
Längsstäbe = dicke Linien,
Querstäbe = dünne Linien.

Abb. 70 bis 73. Izett-Kesselblech, Sorte II. Einfluß des Reckens und des Anlassens während verschiedener Zeitdauer auf die Festigkeitseigenschaften bei verschiedenen Temperaturen.

Der Einfluß des Reckens und des Anlassens während verschiedener Zeitdauer auf die Festigkeitseigenschaften des Bleches II bei verschiedenen Temperaturen geht aus den Abb. 70 bis 77 hervor.

Wie ersichtlich, ist bei 450° C der Unterschied der Festigkeit des unbehandelten und des gereckten Materials nur noch gering.

Die Ergebnisse der Kerbschlagversuche mit unbehandelten und gereckten sowie durch verschieden lange Erwärmung künstlich gealterten Proben der vier Blechsorten sind in den Abb. 78 bis 81 dargestellt. Die im Einlieferungszustand, d. h. im ungereckten Zustand beobachteten Werte sind sehr günstig.

Die Senkung dieser Werte infolge der Alterungsbehandlung ist zwar etwas größer als bei dem Izett-Stangenmaterial, Abb. 67, sie ist aber, verglichen mit den gewöhnlichen Kohlenstoffstählen, Abbildung 31, so gering, daß die Ergebnisse eine ganz erhebliche Überlegenheit der IzettBleche zum Ausdruck bringen und ein günstiges Verhalten derselben gegenüber den Einflüssen der im Kes-

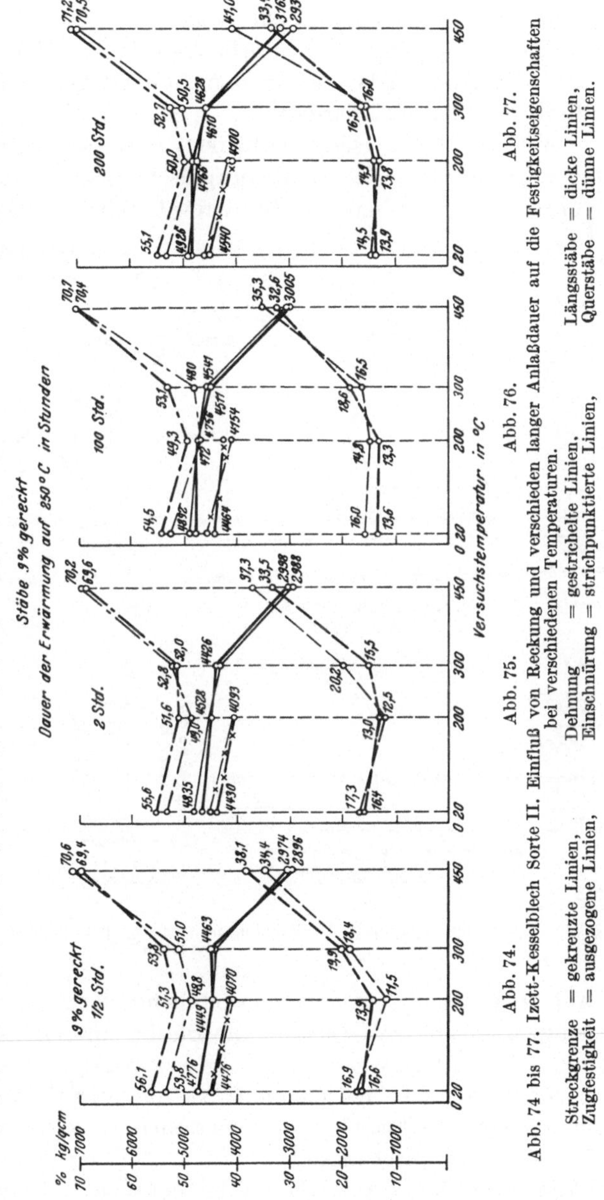

Abb. 74 bis 77. Izett-Kesselblech Sorte II. Einfluß von Reckung und verschieden langer Anlaßdauer auf die Festigkeitseigenschaften bei verschiedenen Temperaturen.

Streckgrenze = gekreuzte Linien,   Dehnung = gestrichelte Linien,   Längsstäbe = dicke Linien,
Zugfestigkeit = ausgezogene Linien,   Einschnürung = strichpunktierte Linien,   Querstäbe = dünne Linien.

selbau üblichen Verarbeitungsverfahren und denjenigen des Kesselbetriebes erwarten lassen.

Aus den Schaulinien geht weiterhin hervor, daß als zweckmäßige Dauer der Erwärmung für die künstliche Alterung 2 Stunden in Betracht kommen. Längere Anlaßdauer bis 200 Stunden hatte keinen praktisch bemerkenswerten Einfluß zur Folge.

Die Abhängigkeit der Kerbzähigkeit von der Prüfungstemperatur (20, 200, 300, 450° C) ist in den Abb. 82 bis 90 für Proben aus dem Blech der Sorte II dargestellt.

Mit der Alterungsempfindlichkeit in Zusammenhang stehend erweist sich die folgende metallographische Erscheinung. In Abb. 91a und b sind nebeneinander Rohreinwalzstellen dargestellt, und zwar in

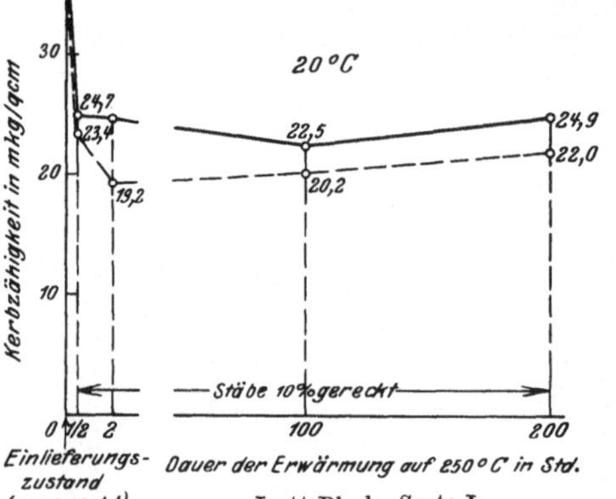

Izett-Blech, Sorte I.
Abb. 78.

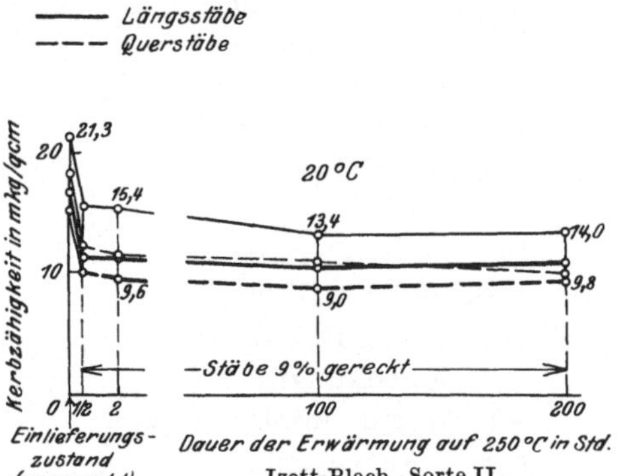

Izett-Blech, Sorte II.
Abb. 79.

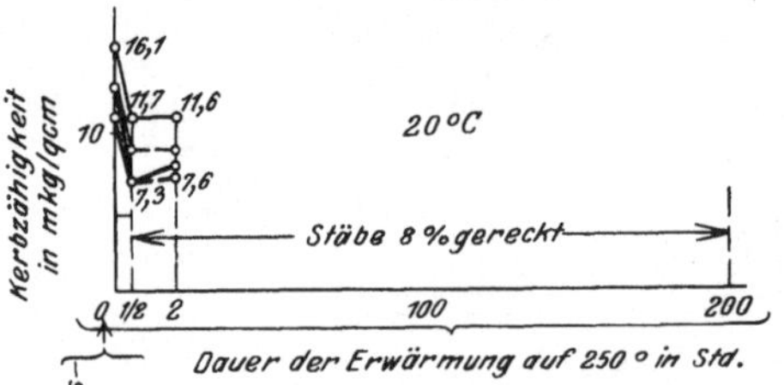

Izett-Blech, Sorte III.
Abb. 80.

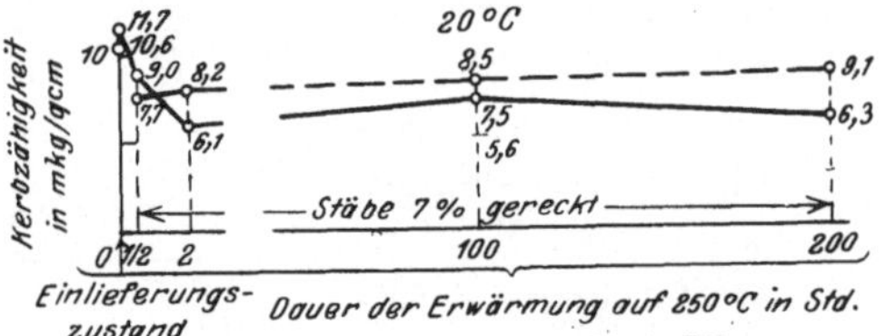

Izett-Blech, Sorte IV.
Abb. 81.

Abb. 78 bis 81. Einfluß der Reckung und verschieden langer künstlicher Alterung auf die Kerbzähigkeit.

Abb. 91a diejenige in einem gewöhnlichen Kesselblech, in Abb. 91b diejenige in einem Izett-Blech[1]. Die Bleche sind mittels des Fryschen Verfahrens auf Kraftwirkungslinien geätzt worden. Dieses Verfahren kennzeichnet, wenn es bei einem Werkstoff anspricht, diejenigen Gebiete, in welchen die Streckgrenze überschritten worden ist, durch Dunkelfärbung oder durch dunkle Streifen. Bei dem gewöhnlichen Flußeisenblech sind diese Anzeichen sehr deutlich aufgetreten, während das

[1] Fry: Mitt. d. V. G. B., H. 15, S. 40.

Izett-Material auf die Ätzung nicht angesprochen hat. Da die Anstrengungsverhältnisse in beiden Fällen die gleichen waren, ist zu
schließen, daß bei dem Izett-Material die mit dem Überschreiten der

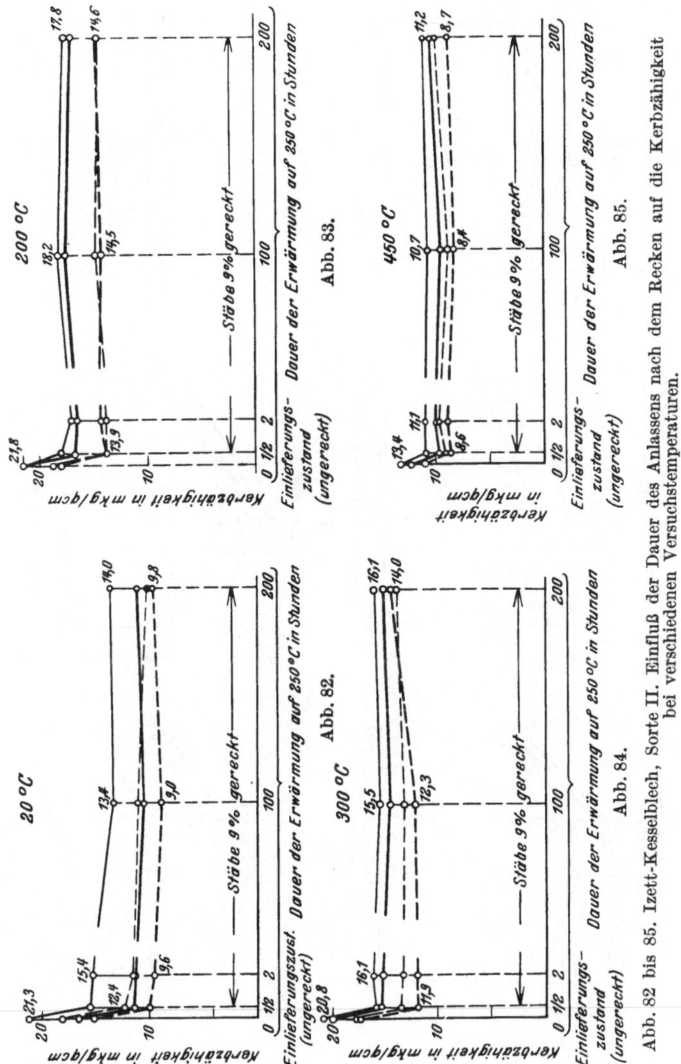

Abb. 82 bis 85. Izett-Kesselblech, Sorte II. Einfluß der Dauer des Anlassens nach dem Recken auf die Kerbzähigkeit bei verschiedenen Versuchstemperaturen.

Streckgrenze verbundenen Werkstoffverformungen keine solche Gefüge-
störungen hervorrufen wie bei dem gewöhnlichen Flußstahl.

Das Herausbringen des Izett-Werkstoffes stellt an sich eine außer-
ordentliche Förderung der Sicherheit der Dampfkessel dar. Es ist

um so bemerkenswerter, als das Izett-Material gerade in dem Augenblick auf dem Markt erschien, in welchem die Alterungsnöte die Kesselbaubeflissenen in höchstem Maße drückten.

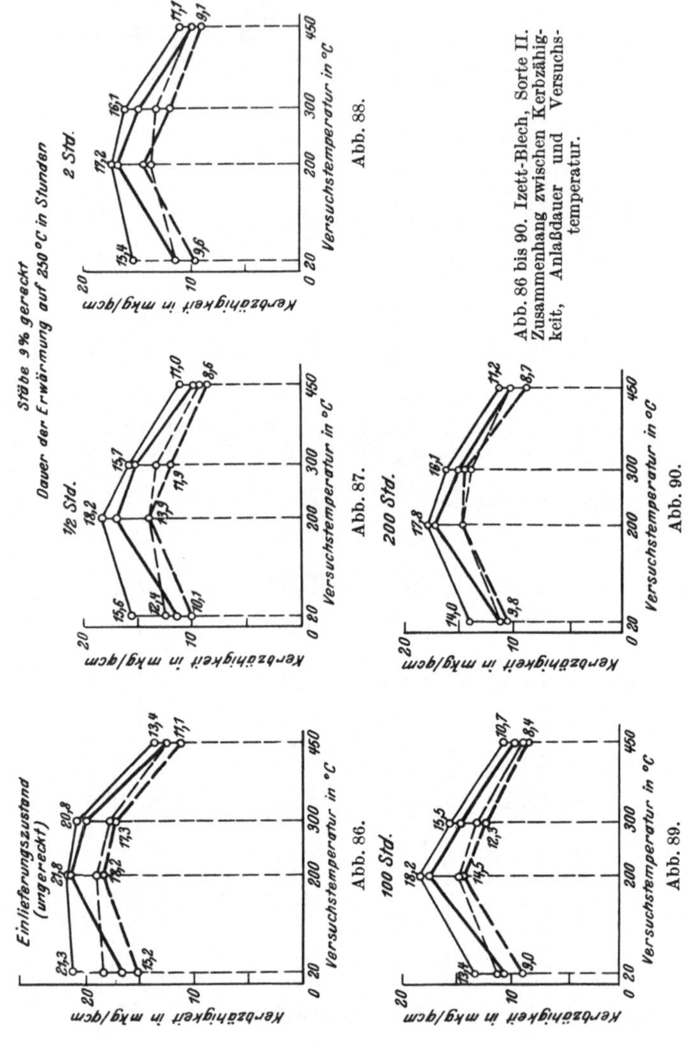

3. Molybdänstahl.

Der Molybdänstahl stellt einen weiteren der Werkstoffe dar, welche entsprechend den mit der Sicherheit und der Entwicklung der Dampfkessel zusammenhängenden Forderungen herausgebracht wurden. Er entstammt dem Borsig-Werk in Oberschlesien und trägt dem Bedürfnis einer höheren Streckgrenze bei höheren Wärmegraden Rechnung, welches bei den heute zur Anwendung gelangenden Dampftemperaturen von außerordentlicher Bedeutung ist. Der Stahl besitzt aber auch gegenüber dem gewöhnlichen Kohlenstoffstahl noch eine weitere, der Forderung entsprechende Überlegenheit, welche Verfasser in seinem gelegentlich der Werkstofftagung (1927) gehaltenen Vortrag[1] über „Werkstoffwünsche auf dem Dampfkesselgebiet" neben der Forderung höherer Streckgrenze bei höheren Wärmegraden stellte. Gemäß dieser Forderung, welche vom Verfasser an Hand eigener Versuche über die Abhängigkeit der Streckgrenze von der Belastungsdauer bei höheren Wärmegraden begründet wurde, ist die höhere Streckgrenze durch

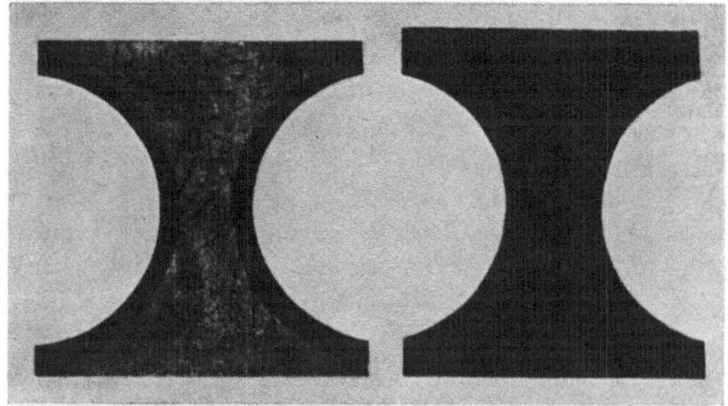

Abb. 91. Rohrwand
a) aus gewöhnlichem Kesselblech   b) aus Izett-Kesselblech
Ätzung auf Kraftwirkungslinien.

Versuche mit langer Dauer nachzuweisen, da Versuche mit üblicher kurzer Dauer ein falsches Bild geben, das verhängnisvolle Folgen nach sich ziehen kann.

Aus eingehenden Versuchen, welche vom Verfasser im Auftrag des Borsig-Werkes in der Materialprüfungsanstalt an der Technischen Hochschule Stuttgart mit Molybdänstahlkesselblech von rd. 25 mm Stärke ausgeführt wurden, sei das Wichtigste im folgenden mitgeteilt.

Die Ergebnisse von Zugversuchen bei verschiedenen Temperaturen und bei üblicher Zerreißdauer von rd. 20 bis 60 Minuten sind in Abb. 92 veranschaulicht, und zwar sind in die Darstellung die Durchschnittswerte von Längs- und Querstäben eingetragen. Die durchschnittliche Zugfestigkeit bei rd. 20° C beträgt rd. 4150 kg/cm² bei rd. 28% Bruchdehnung auf $l = 11{,}3 \sqrt{f}$ mm Meßlänge[2].

---

[1] Mitt. d. V. G. B., H. 16, S. 12f. Vgl. auch Prömper u. Pohl: Arch. Eisenhüttenw. 1928, H. 12.

[2] Die Festigkeitszahlen sind in diesem Abschnitt statt in kg/mm² in kg/cm² angegeben, um vorhanden gewesene Druckstöcke verwenden zu können.

Die bei gewöhnlichem Kohlenstoffstahl zu beobachtende Zunahme der Zugfestigkeit und Abnahme der Bruchdehnung bei 200 und 300° C, in welcher gewisse nachteilige Eigenschaften erblickt werden, fehlt hier, vgl. auch die bezüglichen Erörterungen bei dem 5% igen Nickelstahl und beim Izett-Stahl.

Die Streckgrenze beträgt bei 20° C rd. 2530 kg/cm²; sie nimmt mit wachsender Versuchstemperatur langsam und ziemlich gleichmäßig ab und beträgt 1440 kg/cm² bei 500° C (Versuchsdauer rd. 2 Stunden).

Zwecks Erlangung eines Aufschlusses über das Maß der dem Stahl zugeschriebenen Überlegenheit des Verhaltens bei höheren Temperaturen sind Vergleichsversuche mit gewöhnlichem Kohlenstoffstahl von rd. 3900 kg/cm² Zugfestigkeit, 2380 kg/cm² Streckgrenze und 27% Bruchdehnung ausgeführt worden. Blechstärke rd. 25 mm. Bei 400° und 500° C lieferte der Kohlenstoffstahl bei kurzer Versuchsdauer (Belastungsgeschwindigkeit 5 kg/cm²/sek) Streckgrenzenwerte von 1360 bzw. 1260 kg/cm².

Bei der Erlangung der vorstehenden Werte für 400 und 500° C Versuchstemperatur wurde die Belastung stufenweise gesteigert, jeweils unter Wechsel mit der Anfangsbeslastung. Die auf jeder Belastungsstufe entstandene bleibende Verlängerung ergab sich aus den Ablesungen an den angeordneten Feinmeßapparaten unter der Anfangsbelastung. Die gesamte Versuchsdauer bis zum Eintritt der Streckgrenze (0,2% bleibende Verlängerung) betrug in der Regel ¼ bis 2 Stunden.

Bei einigen Versuchen wurde lediglich die gesamte Verlängerung bei stufenweise fortschreitender (nicht mit der Anfangsbelastung wechselnder) Belastung festgestellt. Durch Berücksichtigung der an andern Stäben ermittelten Größe der federnden Verlängerungen läßt sich auch auf diesem Wege auf die bleibende Verlängerung und damit auf die Streckgrenze schließen. Dieses Vorgehen verringert die Verfestigung, welche beim Wechseln zwischen der Anfangsbelastung und den einzelnen Belastungsstufen zu gewärtigen ist.

Gemäß gleichartig durchgeführten Versuchen bei üblicher kurzer Dauer stehen sich für die beiden Stahlsorten nebenstehende Streckgrenzenwerte gegenüber.

Versuchs-temp.	Streckgrenze in kg/cm²	
	Kohlenstoff-stahl	Molybdän-stahl
20°	2380	2530
500°	1266	1518 (1440)

Bei der Beurteilung der Werte ist zu beachten, daß kleinere Unregelmäßigkeiten mit der Entnahmestelle (Kopf, Mitte, Fuß des Bleches) zusammenhängen können.

In diesen Werten ist ein wesentlicher Unterschied der beiden geprüften Werkstoffe nicht zu erblicken. Derselbe kommt erst bei der Durchführung von Versuchen mit langer Dauer zum Ausdruck.

Unter Beschränkung auf die Versuchsdauer 500° C sind die wichtigsten Ergebnisse der bei langer Dauer durchgeführten Untersuchungen nachstehend beschrieben.

In Abb. 93 sind zu den auf die Meßlänge bezogenen prozentualen Verlängerungen als senkrechten Abszissen die Belastungszeiträume als wagrechte Ordinaten eingetragen. Die Darstellung zeigt, daß die gesamten Verlängerungen bei 1380 kg/cm² Spannung nach rd. 12 Stunden noch nicht zum Stillstand gekommen sind. Durch Zurückgehen auf die Anfangsbelastung von 158 kg/cm² ergab sich eine bleibende Verlängerung von weniger als 0,2%. Bei den nächsten Belastungsstufen 1404 und 1420 kg/cm² wuchsen die gesamten Verlängerungen weiter. Beim

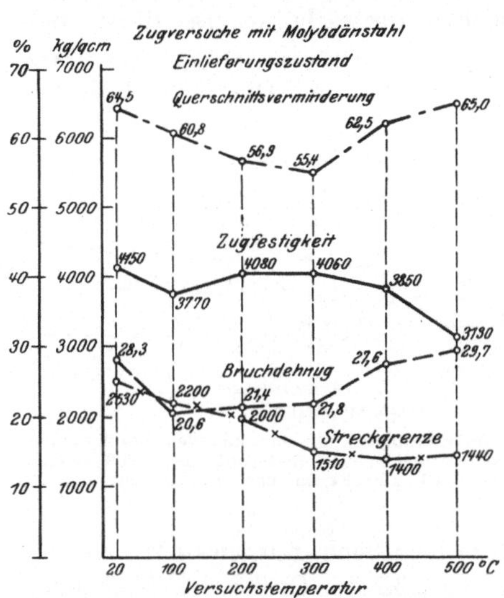

Abb. 92. Molybdänkesselblech. Festigkeitseigenschaften bei verschiedenen Temperaturen unter üblicher Zerreißdauer.

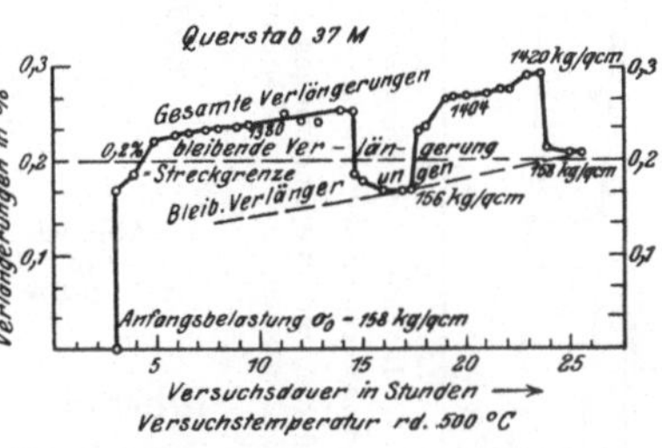

Abb. 93. Molybdänstahlblech. Verlängerungen bei Belastung in Stufen von mehrstündiger Dauer. 0,2%-Grenze = rd. 1400 kg/cm² nach rd. 22 Stunden.

Zurückgehen auf die Anfangsbeslastung 158 kg/cm² zeigte sich, daß die bleibenden Formänderungen 0,2% (Streckgrenze) überschritten hatten. Gesamte Versuchsdauer rd. 22 Stunden.

Den Verlauf eines Versuches mit einem Querstab, welcher auf rd. 110 Stunden ausgedehnt wurde, veranschaulicht Abb. 94. Hierbei wurde mit der Belastungsstufe 158/946 kg/cm² begonnen. Auf den einzelnen Belastungsstufen wurde jeweils so lange verweilt, bis die gesamten, mit einer Genauigkeit von 1/100 mm abgelesenen Verlängerungen innerhalb eines Zeitraumes von rd. 2 Stunden kein erhebliches Wachsen mehr zeigten. Ein vollständiger Stillstand der Verlängerungen wurde also nicht abgewartet. Bei diesem Vorgehen stellte sich eine bleibende Verlängerung von 0,2% (Streckgrenze) bei rd. 1500 kg/cm² ein. Der Umstand, daß dieser Wert etwas höher liegt als die Werte bei kürzerer

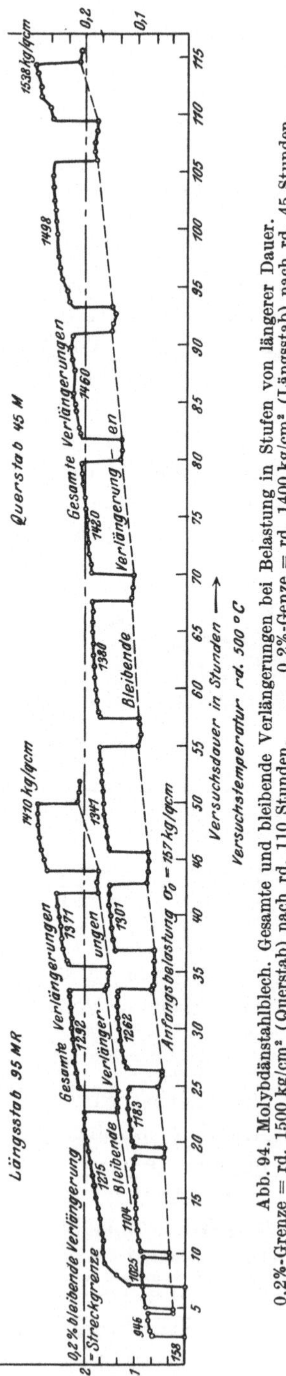

Abb. 94. Molybdänstahlblech. Gesamte und bleibende Verlängerungen bei Belastung in Stufen von längerer Dauer. 0,2%-Grenze = rd. 1500 kg/cm² (Querstab) nach rd. 110 Stunden. 0,2%-Grenze = rd. 1400 kg/cm² (Längsstab) nach rd. 45 Stunden.

Versuchsdauer, dürfte mit den Einflüssen der zahlreichen Belastungsstufen zusammenhängen.

Mit Längsstäben wurde zunächst der in Abb. 94 links dargestellte Versuch mit einer Belastungsdauer von rd. 45 Stunden ausgeführt. Belastungsstufen 1215, bzw. 1292, bzw. 1371, bzw. 1410 kg/cm². Dieser lieferte die Streckgrenze zu 1410 kg/cm². Der vorstehend erwähnte Einfluß der stufenweisen Belastungssteigerung wurde bei den in Abb. 95 und 96 dargestellten Versuchen ausgeschaltet. Bei diesen beiden Versuchen war eine Belastung von 1000, bzw. 1328 kg/cm² wirksam. Die Versuchsdurch-

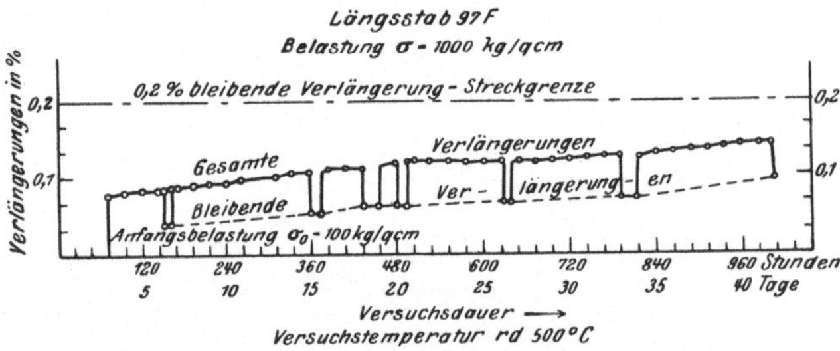

Abb. 95. Molybdänstahlblech. Gesamte und bleibende Verlängerungen bei rd. 1000 stündiger Belastung mit 1000 kg/cm². 0,2%-Grenze = rd. 1000 kg/cm² nach rd. 2000 Stunden.

führung unterschied sich nur insofern, als bei dem Versuch Abb. 95 die Größe der bleibenden Verlängerungen durch Zurückgehen auf die Anfangsbelastung festgestellt worden ist. Bei dem Versuch Abb. 96 erfolgte zunächst kein Zurückgehen auf die Anfangsbelastung. Der letztere Versuch lieferte nach wenigen Stunden eine bleibende Verlängerung von 0,2%.

Bei dem Versuch Abb. 95 ist nach 960 Stunden erst eine bleibende Verlängerung von 0,1% erzielt worden.

Für den zum Vergleich herangezogenen Kohlenstoffstahl zeigt Abb. 97 die Versuchsergebnisse bei 4 Stunden Versuchsdauer und stufenweise wechselnder Belastung. Die 0,2%-Grenze liegt bei 970 kg/cm².

Bei 30 stündiger Versuchsdauer ergab sich die Streckgrenze zu rund 700 kg/cm², vgl. Abb. 98.

(Zwei Belastungsstufen.) Bei Belastung mit 600 kg/cm² entstand eine bleibende Verlängerung von 0,2% nach rund 1200 Stunden. Die Darstellung Abb. 99 läßt erkennen, daß die Verlängerungen noch nicht zum Stillstand

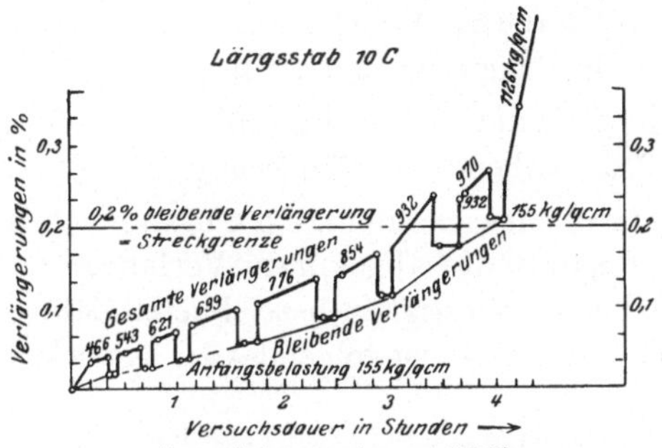

Abb. 97. Kohlenstoffstahlblech. Gesamte und bleibende Verlängerungen bei Belastung in Stufen von rd. ½ stündiger Dauer. 0,2%-Grenze = 970 kg/cm² nach rd. 4 Stunden.

gekommen sind, mit andern Worten, daß die Dauerstandstreckgrenze — vgl. das hierüber im Abschnitt II, S. 27 Gesagte — unterhalb 600 kg/cm² liegt.

Wenn auch die Versuche noch nicht als abgeschlossen angesehen werden dürfen, weil bei keinem derselben weder die genaue Festlegung der Dauerstandstreckgrenze noch diejenige der Dauerstand-

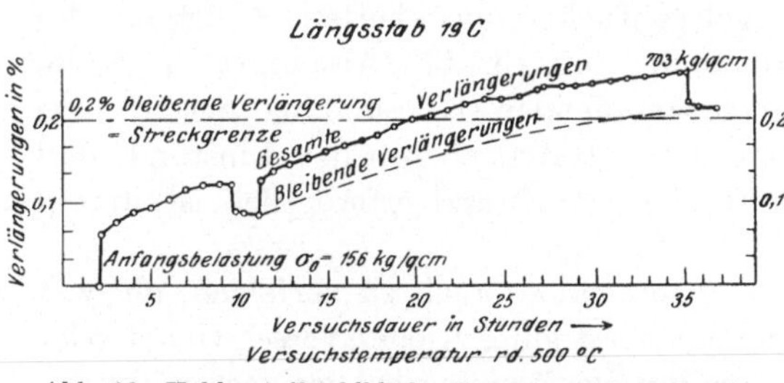

Abb. 98. Kohlenstoffstahlblech. Gesamte und bleibende Verlängerungen bei 2 stufiger Belastung von rd. 35 Stunden. 0,2%-Grenze = rd. 700 kg/cm² nach rd. 30 Stunden.

festigkeit in Anbetracht des hierfür erforderlichen Zeitaufwands erfolgt ist, so bringen doch bereits die vorliegenden Versuchsergebnisse eine Überlegenheit des Molybdänstahles zum Aus-

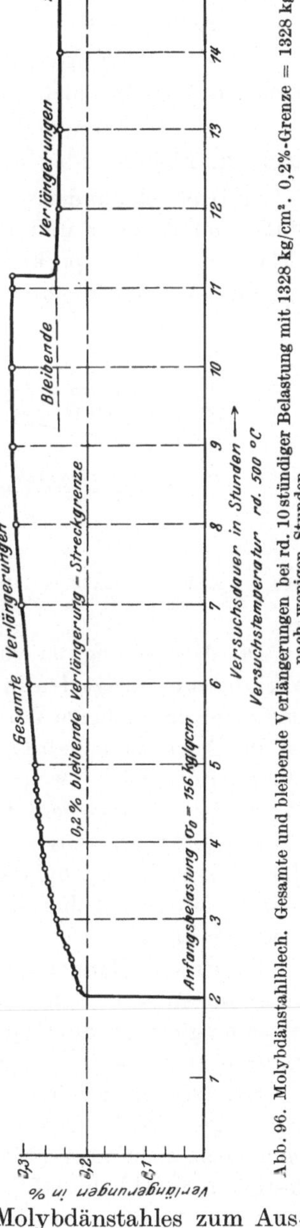

Abb. 96. Molybdänstahlblech. Gesamte und bleibende Verlängerungen bei rd. 10stündiger Belastung mit 1328 kg/cm². 0,2%-Grenze = 1328 kg/cm² nach wenigen Stunden.

druck, welche gekennzeichnet ist durch die folgende Gegenüberstellung und durch die zeichnerische Darstellung der Versuchsergebnisse Abb. 100, welche den Einfluß der Versuchsdauer besonders anschaulich zum Ausdruck bringt.

Es ergab sich bei 500⁰ C

Molybdänstahl, Belastung 1000 kg/cm²,
nach rd. 1000 Stunden rd. 0,1% bleibende Verlängerung;

Kohlenstoffstahl, Belastung 600 kg/cm²,
nach rd. 1200 Stunden über 0,2% bleibende Verlängerung.

Im Hinblick auf das von Dahmen entwickelte und in umfangreichem Maße von Körber und Pomp angewandte abgekürzte Verfahren zur Erlangung einer als praktische Dauerstandfestigkeit bezeichneten Zahl — vgl. das hierüber in Abschnitt II Gesagte — ist folgendes zu bemerken.

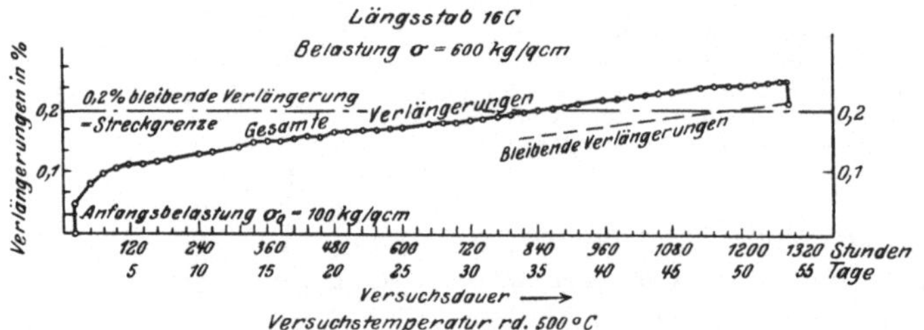

Abb. 99. Kohlenstoffstahlblech. Gesamte und bleibende Verlängerungen bei rd. 1200 stündiger Belastung mit 600 kg/cm². 0,2%-Grenze = rd. 600 kg/cm² nach rd. 1200 Stunden.

Die Auswertung der vorstehenden Versuchsergebnisse gemäß diesem Verfahren bestätigt den in den genannten Arbeiten berührten Umstand, daß eine oder mehrere Vorbelastungen die Werte beeinflussen. Weiterhin ist im Auge zu behalten, daß das Wachsen der Verlängerungen Unstetigkeiten zeigt, welche gelegentlich angenäherten Stillstand des Wachsens vortäuschen, vgl. auch Abb. 16, 17, Abschnitt II, S. 26.

Die Schwierigkeiten der erschöpfenden Klarstellung des Wesens der Werkstoffe bei höheren Temperaturen, ebenso der Umstand, daß hierfür ein erheblicher Zeit- und Geldaufwand erforderlich ist, treten deutlich zutage.

Bei dieser Klarstellung ist insbesondere auch zu verfolgen, ob, was zu erwarten steht, eingetretene Verfestigung wieder verschwindet oder ob es möglich ist, durch planmäßige Verformung bei geeigneten Temperaturen eine praktisch ausnützbare Verfestigung zu erzielen.

Die hinsichtlich des Verhaltens des Molybdänstahls gegenüber Alterungs- und Rekristallisationseinflüssen angestellten Untersuchungen sind noch nicht abgeschlossen. Der Verlauf des Lininenzuges der Zugfestigkeit in Abb. 92 läßt hinsichtlich der Alterungsempfindlichkeit ein günstiges Ergebnis erwarten.

V. Wesen der Brüche von Konstruktionsteilen. Zusammenhang zwischen der Höhe der Beanspruchung und dem Verhalten eines Konstruktionsteiles. Beanspruchungsverhältnisse in Nietnähten und Kesselböden.

Zwecks Erläuterung der Beanspruchungsverhältnisse in Nietnähten und Kesselböden seien die folgenden allgemeinen Darlegungen vorausgeschickt über

Bruchaussehen, Dauerbruch, Schwingungsfestigkeit, Lastwechselzahl.

Die Beschaffenheit einer Bruchfläche gibt bekanntlich in der Regel für den Sachkundigen wichtige Anhaltspunkte über die Art der Entstehung eines Bruches.

Dem Wesen nach lassen sich die in den Kesselwandungen auftretenden Brüche nach drei Arten unterscheiden:

1. plötzlicher Bruch der Wandung nach vorausgegangener Verformung, d. h. unter Dehnung und Querschnittsverminderung;

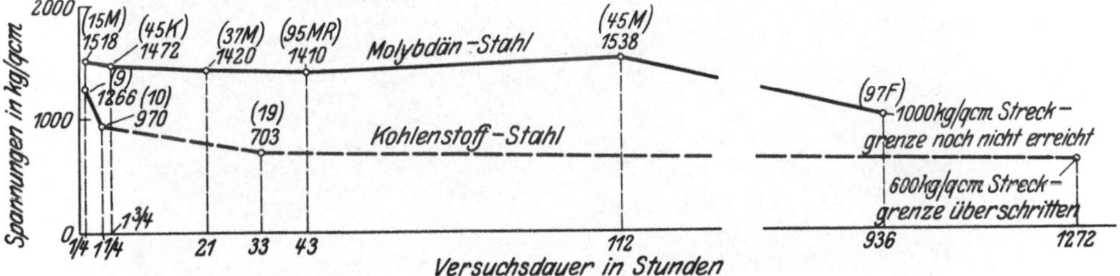

Abb. 100. Vergleich von Molybdän- und Kohlenstoffstahl hinsichtlich der Lage der 0,2%-Grenze (Streckgrenze) bei verschiedener Belastungsdauer.

2. plötzlicher Bruch der Wandung ohne Verformung;

3. allmählich fortschreitender Bruch ohne Verformung der Wandung.

Abb. 101 zeigt einen Querschnitt durch einen Bruch eines Kesselbleches, welcher gemäß Ziffer 1 erst nach stattgehabter Formänderung eingetreten ist; die letztere ist bei *b* deutlich zu erkennen. Bei besonders weitgehender Einschnürung ist überdies noch zu folgern, daß sich der Bruch im rotwarmen Zustand entwickelte.

Weist die Bruchfläche körniges Gefüge auf und besitzt dieselbe keine eingezogenen Ränder, so erfolgte der Bruch plötzlich über den ganzen Querschnitt. Solche Brüche entstehen vielfach als Auswirkung von Eigenspannungen des Werkstoffs. Ein Beispiel hierfür zeigt Abb. 102.

Der Bruch erfolgte bei der Wasserdruckprobe während des Nachstemmens einer undichten Rundnaht. Einige Zeit zuvor soll der Kessel

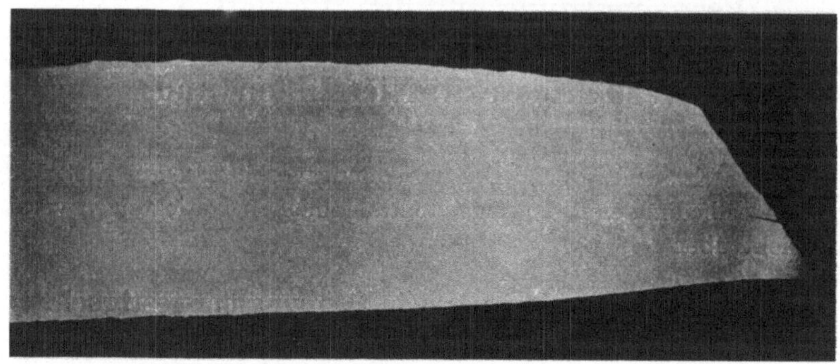

Abb. 101. Bruch eines Kesselbleches nach stattgehabter Formänderung
(Dehnung und Einschnürung) bei *b*.

zur Beschleunigung der Abkühlung mit kaltem Wasser bespritzt worden sein, wobei der Strahl die Mantelplatte an der Rißstelle traf.

Abb. 102. Plötzlicher Bruch ohne Werkstoffverformung. Bruchaussehen körnig.

Eine wichtige Art von Brüchen stellen die Dauerbrüche gemäß Ziffer 3 dar. Bei diesen bildet sich zunächst infolge Überanstrengung

oder infolge eines Material- oder Bearbeitungs-
mangels an der Oberfläche ein Anbruch. Im
Betrieb werden die Flächen des Anbruchs ab-

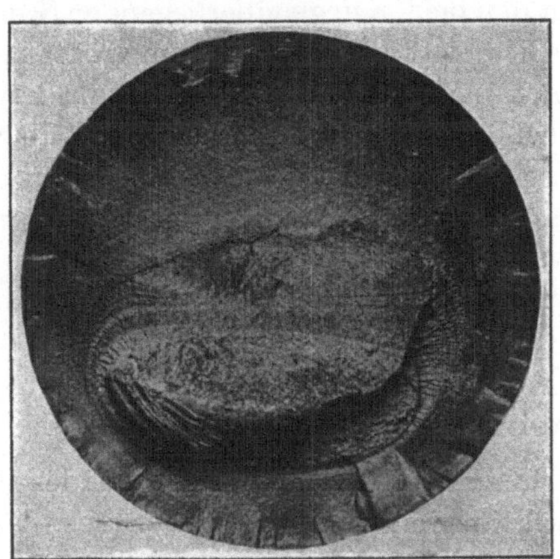

Abb. 103. Dauerbruch einer umlaufenden Welle. Bruch am ganzen
Umfang beginnend, nach innen allmählich fortschreitend.

wechselnd aneinandergepreßt und auseinander-
gezogen. Hierdurch scheuern sich die Anbruch-
flächen glatt. Außerdem setzt sich der Anbruch
stückweise ins Innere fort. Diese stückweise Ent-

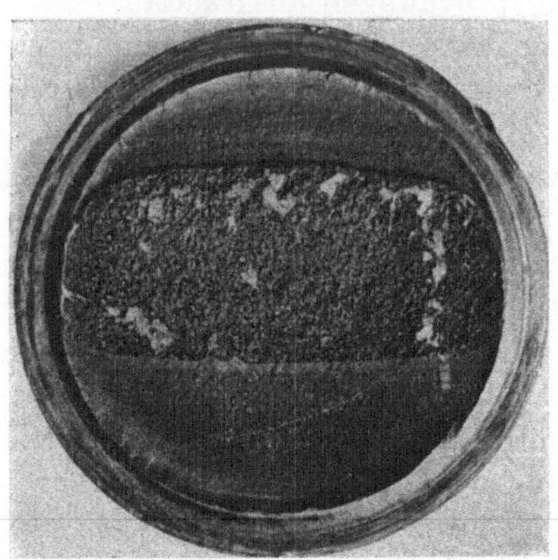

Abb. 104. Dauerbruch eines feststehenden Zapfens. Bruchbeginn
oben und unten. Allmähliche Entwicklung nach innen, dabei Bruch-
flächen glatt scheuernd. Zum Schluß plötzlicher Bruch von körniger
Beschaffenheit in der Mitte.

wicklung prägt sich in der Bruchfläche durch
eine an die Jahresringe von Holz erinnernde
Zeichnung aus. In den Abb. 103 bis 106 sind

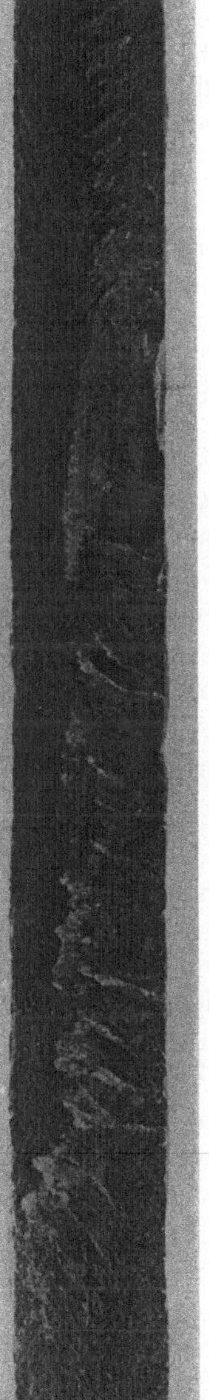

Abb. 105. Dauerbruch in einem Kesselblech. Anfang längs a—b.

einige besonders anschauliche Beispiele solcher „Dauerbrüche" dargestellt. Bei der im Betrieb umlaufenden Welle, Abb. 103, hat naturgemäß der Bruch am ganzen Umfang eingesetzt; bei dem feststehenden Zapfen, Abb. 104, ging der Bruch von den beiden gegenüberliegenden Stellen des Umfangs aus, an welchen die Biegungsanstrengungen am größten waren. Bei dem gerissenen Kesselblech, Abb. 105, hat der Bruch an der Walzhautseite bei $a—b$ begonnen. In der Nietverbindung, Abb. 106, geht der Bruch von der Berührungsfläche der Bleche aus. Das Gebiet des allmählich entstandenen Teils der Bruchfläche ist durch Schrägstriche gekennzeichnet; der Rest brach dann plötzlich durch.

Diese Erscheinungen werfen zunächst die Frage auf nach dem

Zusammenhang zwischen der Höhe der Beanspruchung und dem Verhalten eines Konstruktionsteiles.

Die Höhe der Beanspruchung wirkt sich hinsichtlich der Widerstandsfähigkeit eines Konstruktionsteils folgendermaßen aus.

Bei Unterstellung einer ruhenden Belastung wird eine an der Streckgrenze liegende Beanspruchung zwar noch keinen Bruch zur Folge haben; es werden aber bleibende Formänderungen von unzulässiger Höhe auftreten. Dabei ist im Auge zu behalten, daß in der Regel auch bei „ruhender" Belastung mit dem Auftreten von Schwingungen gerechnet werden muß.

Die Konstruktionsteile der Dampfkessel sind aber nicht ruhenden, sondern wechselnden Beanspruchungen ausgesetzt.

Durch wechselnde oder schwingende Beanspruchungen tritt der Bruch unter Anstrengungen ein, welche unterhalb der Streckgrenze liegen.

Die Höhe der durch schwingende Beanspruchungen herbeigeführten Bruchbelastung hängt von der Art und der Zahl der Schwingungen ab. Je höher die Spannung, um so weniger Lastwechsel führen zum Bruch und umgekehrt. Nach Unterschreiten einer bestimmten Spannung kann die Belastung beliebig oft gewechselt werden, ohne daß ein Bruch eintritt. Diese Spannung wird mit „Schwingungsfestigkeit" bezeichnet.

Das beschriebene Verhalten der Werkstoffe hat Wöhler durch seine klassischen, in München durchgeführten und im Jahre 1870 veröffentlichten Versuche[1] nachgewiesen.

Abb. 107 gibt in den gestrichelten Linienzügen, bezeichnet D_{Z1} und D_{Z2}, die Ergebnisse zweier Reihen der Wöhlerschen Zugversuche mit Wechselbelastung zeichnerisch wieder. Die Versuche wurden mit Schmiedeeisen von rd. 33 kg/mm² bzw. mit Gußstahl von rd. 76 kg/mm² Zugfestigkeit vorgenommen. Dabei ist zu bemerken, daß der Schmiede-

---

[1] Z. Bauw. 1870, S. 83f.

eisenstab, welcher für den Dauerzugversuch Verwendung fand, etwas höhere Zugfestigkeit besessen haben dürfte als die gewöhnliche Zugprobe, was durch Werkstoffungleichförmigkeit zu erklären ist. Die Belastungen wechselten zwischen Null und dem jeweiligen oberen Grenzwert. Die Abszissen stellen die Zahl der Schwingungen bis zum Bruch dar, die Ordinaten entsprechen den Spannungen. In der Veröffentlichung fehlen Angaben über die Streckgrenze der Werkstoffe. Die Lage derselben dürfte gemäß vorliegenden Erfahrungen angenähert durch die Schnittpunkte der Senkrechten $S—S$ mit den Linienzügen bestimmt sein. Wie ersichtlich, wachsen die Schwingungszahlen sehr rasch mit abnehmender Spannung. Ganz besonders ausgeprägt zeigt sich die Zunahme der Lastwechsel im Gebiet der Streckgrenze und

Abb. 106. Dauerbrüche in einer Nietverbindung. Beginn in den gestrichelten Gebieten.

beim Unterschreiten derselben. Die Gußstahlstäbe, welche unter rd. 37 kg/mm² nach einer halben Million Wechsel brachen, waren bei 35 kg/mm² nach 11 Millionen Dehnungen noch nicht gebrochen.

Der in Abb. 107 strichpunktiert eingezeichnete Linienzug, bezeichnet D_b, gibt die Ergebnisse von Dauerbiegeversuchen wieder, welche in der Materialprüfungsanstalt an der Technischen Hochschule Stuttgart mit Kesselblechmaterial von 35,7 kg/mm² Festigkeit durchgeführt wurden. Der Probestab wurde gemäß Abb. 108 durch zwei Kräfte auf Biegung beansprucht und drehte sich dabei um seine Achse. Bei jeder halben Umdrehung des Stabes wechselt demnach die Beanspruchung der einzelnen Fasern zwischen einer größten Zug- und einer größten Druckspannung. Der Linienzug D_b zeigt ähnlichen Charakter wie die Linienzüge D_{Z1} und D_{Z2}. Auch bei dem Dauerbiegeversuch, Linienzug D_b, nimmt die Zahl der möglichen Lastwechsel bis zum Bruch nach Unterschreiten der Streckgrenze sehr rasch zu. Sowohl bei Spannungsschwingungen, welche von der Nullage nur nach einer Seite

gerichtet sind, als auch bei den Schwingungen, welche die Spannung
Null in der Mitte aufweisen, tritt der Bruch bereits bei wenigen tausend
Schwingungen ein, wenn die Streckgrenze überschritten wird. Im Gebiet der Streckgrenze werden nur rund eine halbe Million Schwingungen
erreicht, ehe der Bruch eintritt. Nach Unterschreiten der Streckgrenze
führen verhältnismäßig kleine Verminderungen der Spannungen eine
Steigerung der Schwingungszahl um Millionen herbei, bis zuletzt auch
bei beliebig vielen Lastwechseln kein Bruch mehr zu erwarten ist.

Der Unterschied im Verhalten der Werkstoffe bei den
beiden Beanspruchungsarten besteht darin, daß der Ast der
Linienzüge, der sich auf die Spannungen unterhalb der Streckgrenze bezieht, bei den Linienzügen D_{Z1} und D_{Z2} sich langsamer der Abszissenachse nähert. Die Schwingungsfestigkeit

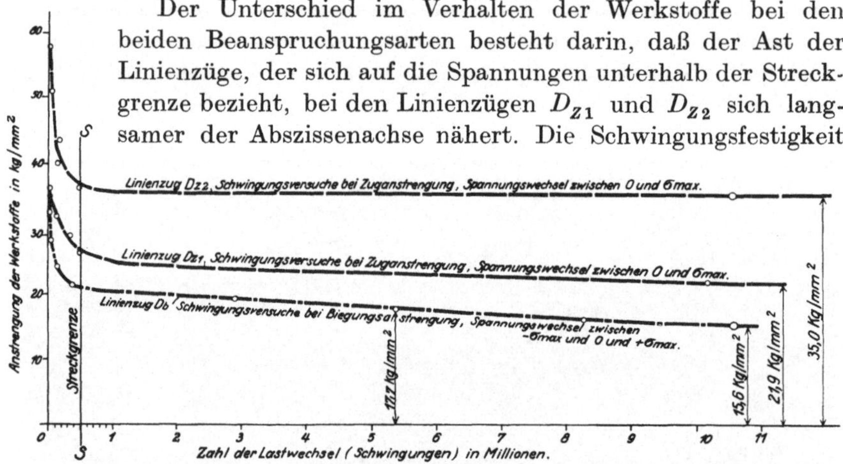

Abb. 107. Zusammenhang zwischen den Anstrengungen und der Schwingungszahl bei Zug-
und bei Biegungsversuchen.

ist bei nur einseitigem Spannungswechsel höher als bei doppelseitigem.
Diese Erscheinung erklärt sich ohne weiteres aus dem Umstand, daß
bei der absoluten Spannung x im ersteren Fall das Schwingungs-
bereich nur das Gebiet 0 bis x umfaßt, während bei doppelseitiger
Schwingung sich der Spannungsbereich von $-x$ über Null bis $+x$,
also auf $2x$ erstreckt.

In beiden Fällen führt aber eine Steigerung der absoluten Spannungen
zu einer Verringerung der zum Bruch führenden Lastwechsel, welche
nach ähnlichen Gesetzen verläuft. Bei einseitigem Spannungswechsel
ist der Spannungsabfall zwischen Streckgrenze und Schwingungsfestigkeit kleiner als bei doppelseitigem.

Wird angenommen, daß die Schwingungsfestigkeit erreicht ist,
wenn der Stab rd. 10 Millionen Lastwechsel aushält[1], ohne zu
brechen, so ergeben sich die aus Zusammenstellung 1 hervorgehenden
Verhältnisse.

---

[1] Gemäß neueren Beobachtungen des Verfassers bei hochwertiger Bronze
sind nach 60 Millionen Lastwechsel noch Brüche eingetreten.

Zusammenstellung 1.

Bezeichnung des Werkstoffs	Zugfestigkeit bei ruhender Belastung kg/mm²	Streckgrenze kg/mm²	Schwingungsfestigkeit bei einseitiger Schwingung (Zug) kg/mm²	Schwingungsfestigkeit bei doppelseitiger Schwingung (Biegung) kg/mm²	$\dfrac{\text{Schwingungsfestigkeit}}{\text{Streckgrenze}}$
A. Versuche von Wöhler					
Schmiedeeisen	(33)	(27)	21,9	—	0,8
Gußstahl	76	(37)	35	—	0,9
B. Stuttgarter Versuche					
Flußstahl	35,7	21	—	15,6	0,7

Das Verhältnis $\dfrac{\text{Schwingungsfestigkeit}}{\text{Streckgrenze}}$ gibt ein Bild von der Größe des Einflusses der Art der Schwingungen auf die Schwingungsfestigkeit. Die letztere liegt bei Schwingungen zwischen 0 und einem Höchstwert in Höhe von 0,8 bis 0,9 der Streckgrenze. Bei beiderseits um die Spannungsnullage pendelnden Schwingungen wird die Schwingungsfestigkeit auf etwa 0,7 der Streckgrenze erniedrigt.

Es verhält sich hiernach

	Schwingungsfestigkeit bei doppelseitiger Schwingung	zu	Schwingungsfestigkeit bei einseitiger Schwingung	zu Streckgrenze
gemäß den Versuchen in Zusammenstellung 1	wie 0,7 oder wie 1		0,85 1,2	1 1,4
gemäß anderen[1], größtenteils amerikanischen Versuchen	wie 1		1,5	1,7

Hiernach wird die Widerstandsfähigkeit eines Werkstoffes bei doppelseitiger Schwingung der Anstrengungen (Biegung) im Vergleich zu einseitiger Schwingung der Anstrengungen (Zug) in weniger hohem Maße verringert, als bisher angenommen wurde $(1:2:3)$.

Das Verhältnis der Widerstandsfähigkeit eines Konstruktionsteils bei doppelseitig bzw. einseitig schwingender bzw. ruhender Anstrengung ist also nicht, wie bisher angenommen worden ist, $1:2:3$, sondern günstiger, nämlich $1:1,5:1,7$. Der Einfluß von doppelseitig pendelnder gegenüber einseitiger Schwingung ist demnach erheblich geringer als bisher unterstellt worden ist.

Aus den vorliegenden Versuchsergebnissen ist auf jeden Fall folgendes zu entnehmen.

1. Wird ein Konstruktionsteil nicht über die Schwingungsfestigkeit beansprucht, so können die Kräfte, welche diese Anstrengung hervor-

---

[1] Vgl. auch Graf: Die Dauerfestigkeit der Werkstoffe und der Konstruktionselemente. Berlin: Julius Springer 1929.

rufen, mindestens 10 Millionen mal zur Wirkung gelangen, ohne daß ein Bruch zu befürchten ist.

2. Überschreiten die Beanspruchungen die Schwingungsfestigkeit, so nimmt die Zahl der möglichen Lastwechsel und damit die Betriebsdauer des betreffenden Konstruktionsteils ab.

3. Im Falle Ziffer 2 kann die Betriebszeit eines Konstruktionsteils bis zum Bruch berechnet werden, wenn die Anstrengung und die Zahl der Lastwechsel in der Zeiteinheit — beispielsweise bei einer Welle die Umdrehungszahlen — bekannt sind.

4. Ist die tägliche Lastwechselzahl bei einem Konstruktionsteil gering, so können die Anstrengungen über der Schwingungsfestigkeit liegen und der Konstruktionsteil kann trotzdem eine verhältnismäßig lange Betriebsdauer erlangen.

Von diesen Folgerungen ist im Hinblick auf den Zweck, welchen die vorliegenden Betrachtungen verfolgen, die letzte die bedeutsamste. Beträgt beispielsweise die tägliche Umdrehungszahl oder Lastwechselzahl eines Konstruktionsteils aus dem Werkstoff, auf welchen sich der Linienzug D_b, Abb. 107, bezieht, 200 Lastwechsel, so ergibt sich

$$\text{für die Anstrengung} \dots\dots\dots 17{,}7 \text{ kg/mm}^2$$
$$\text{eine Schwingungszahl von} \dots\dots 5{,}4 \text{ Millionen}$$
$$\text{also eine Betriebsdauer von } \frac{5\,400\,000}{200} = 27\,000 \text{ Tagen.}$$

Für eine Beurteilung der bei genieteten Dampfkesseln nach diesen Gesichtspunkten herrschenden Verhältnisse ist hiernach zunächst die Beantwortung der Frage erforderlich:

Welche Anstrengungen können an den am meisten gefährdeten Stellen auftreten?

Die Bemessung der Dampfkesselteile ist durch die Bauvorschriften umrissen. Hiernach wird bei Dampfkesselteilen, deren tatsächliche Anstrengungsverhältnisse zu übersehen sind, wie z. B. bei zylindrischen Dampfkesselwandungen, eine Anstrengung zugelassen, welche ein Viertel der Berechnungsfestigkeit beträgt, das ist bei Werkstoff der Sorte I 9,0 kg/mm². Dieser Wert liegt, bezogen auf die Streckgrenze, noch etwas unterhalb der halben Höhe der Streckgrenze.

Die Dampfkessel enthalten aber bekanntlich eine ganze Anzahl Teile und Stellen, deren Anstrengungsverhältnisse rechnerisch kaum näherungsweise verfolgt werden können. Ferner treten bei manchen Kesselelementen Beanspruchungen auf — beispielsweise bei Nietverbindungen Biegungsbeanspruchungen —, welche in den zur Anwendung kommenden Berechnungsverfahren an sich nicht berücksichtigt sind. Die Berechnungsweise der Bauvorschriften trägt diesen Umständen

dadurch Rechnung, daß der in den angegebenen Beziehungen enthaltene
Zahlenwert x, welcher, wie bereits berührt, bei zylindrischen Dampfkesselwandungen 4 beträgt, größer genommen wird, z. B. $x = 4{,}75$ bei

überlappten oder bei
einseitig gelaschten
Nietnähten, $x = 5{,}5$
bei Kesselböden der
bis vor kurzem üb-
lichen und heute in
den Betrieben verbrei-
tetsten Form. Die hier-
mit verbundene Ver-

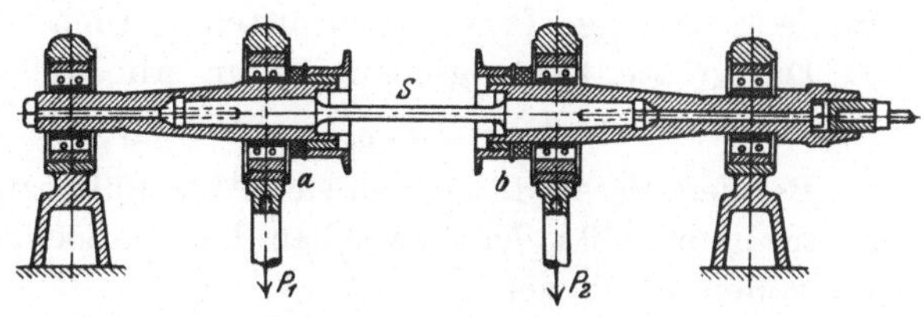

Abb. 108. Versuchsanordnung zur Ermittlung der Schwingungsfestigkeit (Dauerbiegeversuche).

größerung der Blechdicke hat aber keineswegs zur Folge, daß die
Anstrengungen in den Krempen der Kesselböden und in Nietnähten
auf das Gebiet um 9,0 kg/mm² gebracht werden. Im Gegenteil, in
bezug auf die Kesselböden bestand, wie Bach schon frühzeitig aus-
führte, kein Zweifel, daß in der Krempe die tatsächliche Anstrengung

des Materials das Dop-
pelte von 9,0 kg/mm² und
mehr erreichen, also in
das Gebiet der Streck-
grenze kommen kann.
Dasselbe ist bei Nietver-
bindungen der Fall, wie
aus dem folgenden her-
vorgeht.

Bei überlappten Niet-
nähten ermittelte Dai-
ber[1] auf Grund von aus-
geführten Messungen der
Winkeländerungen die
Biegungsbeanspruchun-
gen. Die für zwei- und
dreireihige Nietverbin-

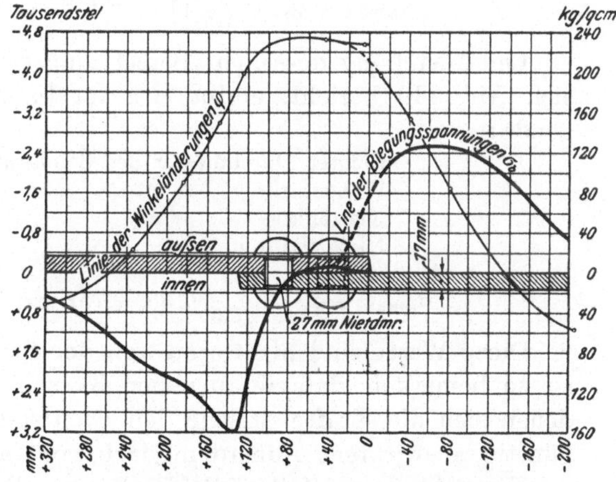

Abb. 109. Biegungsspannungen in einer einschnittigen, zwei-
reihigen Nietnaht bei 100 kg/cm² Zuganstrengung zwischen
den Nietlöchern nach Daiber.

dungen erlangten Ergebnisse sind durch die Abb. 109 und 110 veranschaulicht.

Abb. 109 bezieht sich auf einen Schuß von 1306 mm lichtem Durchmesser und 17 mm Wandstärke. Nietteilung 91 mm, Lochdurchmesser
28 mm. Die Versuche erstreckten sich bis 9,8 at. Der Betriebsdruck
war nach Angabe höher. Die stark ausgezogene Kurve gibt die Biegungsspannung wieder, welche jeweils einer Zuganstrengung von

---

[1] Daiber: Z. V. d. I. 1913, S. 401 f.

100 kg/cm² in der Nietlochreihe entspricht. Da sich bei den Versuchen Proportionalität zwischen Druck und Winkeländerung ergab, so können aus den durch die Schaulinien gemachten Angaben die Beanspruchungen für jede beliebige Pressung ermittelt werden.

Die größte Biegungsspannung in Abb. 109 beträgt

$$\sigma_{b\,max} = 160 \text{ kg/cm}^2.$$

Bei dem Versuch, auf den sich Abb. 109 bezieht, entspricht der Zuganstrengung 100 kg/cm² zwischen den Nietlöchern eine Zuganstrengung im vollen Blech von

$$\sigma_v = 100 \ \frac{t-d}{t} = 100 \ \frac{9,1-2,8}{9,1} = 69 \text{ kg/cm}^2.$$

Diese Spannung wird hervorgerufen durch eine Pressung von

$$p = \frac{2 \cdot 1,7 \cdot 69}{130,6} = 1,8 \text{ at}.$$

Bei einem Dampfdruck von 12 atü würde also die größte Beanspruchung betragen

$$\sigma_{b\,max} + \sigma_v = \frac{12}{1,8} \ (160 + 69) = \text{rd. } 1500 \text{ kg/cm}^2.$$

Bei Anstellung derselben Berechnung für den Kessel, auf welchen sich Abb. 110 bezieht, ergibt sich für 14 atü Betriebsdruck das Folgende:

Lichter Durchmesser des Schusses . 1880   mm
Wandstärke 22   ,,
Nietteilung 110,7   ,,
Nietlochdurchmesser 28   ,,

$$\sigma_{b\,max} + \sigma_v = \frac{14}{1,75} \ (138 + 75) = \text{rd. } 1700 \text{ kg/cm}^2.$$

Diese Werte sind nicht weit von der Streckgrenze entfernt. Dabei ist zu bemerken, daß sie an neuen Kesseln ermittelt worden sind, an denen sich die Kräfte, welche den Gleitwiderstand beeinflussen, noch günstig auswirkten. Außerdem darf wohl angenommen werden, daß die Nietnähte in sorgfältiger Weise hergestellt worden sind. Bei Nähten, welche dem Betrieb ausgesetzt gewesen waren und bei solchen, deren Herstellung mit weniger Sorgfalt erfolgte, sind noch ungünstigere Beanspruchungen zu erwarten. Dasselbe ist der Fall bei ungleicher Stärke der verbundenen Bleche.

Ob und inwieweit sich bleibende Formänderungen, wie sie z. B. beim Abpressen der Kessel entstehen können, günstig oder ungünstig auswirken, ferner ob und inwieweit der Punkt der höchsten Anstrengung durch die mit den Betriebsbeanspruchungen verbundenen Änderungen der Verhältnisse sich verschiebt, beispielsweise nach der der Stemmkante benachbarten Nietreihe hin, wäre Gegenstand weiterer Versuche.

Außer den Zug- und Biegungsbeanspruchungen treten bekanntlich noch Randspannungen an den Nietlöchern auf.

Damit sind aber die Möglichkeiten, welche hohe Beanspruchungen in Nietnähten hervorrufen können, noch nicht erschöpft, wie die folgende Betrachtung lehrt.

Die herrschende Auffassung über die Anstrengungsverhältnisse in Nietnähten rührt von den Arbeiten her, welche Bach anfangs der 90er Jahre des vorigen Jahrhunderts veröffentlicht hat. Hiernach erfolgt in der Nietverbindung die Kraftübertragung von dem einen Blechende auf das angenietete andere Blechende nicht durch eine Schub- oder Scherbeanspruchung der Nieten senkrecht zu ihrer Achse, sondern durch den Widerstand, welchen die in den Anlageflächen der Bleche auftretende Reibung einem Verschieben oder Gleiten der Bleche entgegensetzt, den „Gleitwiderstand“. Es wird angenommen, daß die aneinandergenieteten Blechenden in ihrer ganzen Oberfläche satt aneinanderliegen und daß sich demgemäß der Gleitwiderstand gleichförmig über die ganze Anlagefläche verteilt.

Diese Auffassung ist je nach der Ausführung der Nietverbindung mehr oder weniger unzutreffend.

Die Bleche werden durch das Schrumpfen der warm eingezogenen Nieten beim Erkalten aneinandergepreßt. Dieses Aneinanderpressen erfolgt aber in der Regel nicht in gleichförmiger Weise über die ganze Anlagefläche der Bleche; die Kraft, welche von den Nietköpfen ausgeht, bewirkt, daß die Bleche um die Nietlöcher herum in einem mehr oder weniger großen, kreisringförmigen Gebiet eine elastische, teilweise — je nach der Genauigkeit der Anlage der Blechenden sowie der Höhe des Nietdrucks — auch eine bleibende Durchdrückung erfahren. Infolge dieser Durchdrückung wird der Reibungsschluß in der Anlagefläche der Bleche in dem um den Nietschaft herumliegenden kreisringförmigen Gebiet am stärksten und nimmt mit der Entfernung vom Nietschaft ab. Diese Abnahme des Reibungsschlusses wird noch beschleunigt dadurch, daß mit der beschriebenen Durchdrückung der Bleche um die Nietköpfe herum eine Wölbung der Bleche verbunden sein kann, wie sie durch Abb. 111 veranschaulicht wird, so daß in einiger Entfernung vom Nietschaft überhaupt mit keinem Reibungsschluß mehr zu rechnen ist. Die Übertragung der Kräfte in der Nietnaht erfolgt also unter den geschilderten Verhältnissen nicht durch Reibungsschluß in der ganzen, in Abb. 112 hervorgehobenen Anlagefläche, sondern sie erfolgt, gewissermaßen wie bei einer elektrischen Punktschweißung, nur durch stellenweise Verbindung der Blechflächen, und zwar in kreisringförmigen, um die Nietschäfte herumliegenden Flächen, welche in Abb. 113 durch Schrägstriche gekennzeichnet sind. Die spezifische Übertragungskraft ist also bedeutend größer als bei Annahme gleichmäßiger Verteilung auf die ganze Fläche. Aber auch innerhalb dieser Ringflächen erfolgt die Übertragung der Kraft nicht gleichförmig, vielmehr sind die Kräfte am Nietlochrand am stärksten und nehmen nach dem äußeren Rande der Kreisringflächen hin ab.

Durch diese Verhältnisse können Spannungen entstehen, welche an den in den Berührungsflächen der Bleche liegenden Nietlochrändern

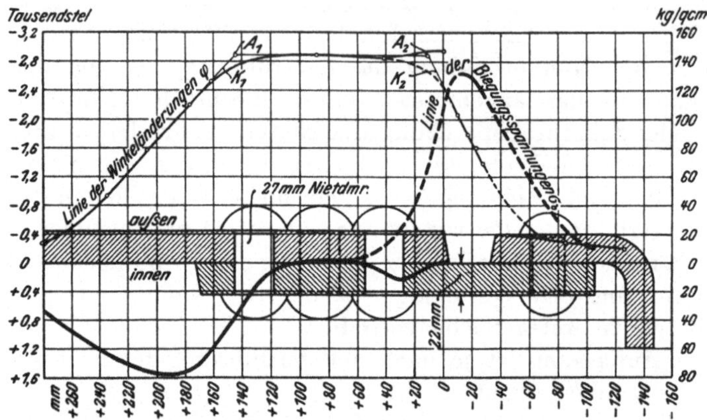

Abb. 110. Biegungsspannungen in einer einschnittigen, dreireihigen Nietnaht bei 100 kg/cm² Zuganstrengung zwischen den Nietlöchern nach Daiber.

am stärksten sind. Je größer die Kreisringflächen sind, in welchen sich die Bleche um die Nietschäfte herum berühren, um so geringer werden diese Spannungen sein. In der Dickenrichtung nehmen diese Spannungen mit der Entfernung von den Berührungsflächen ab.

Bei näherungsweiser rechnungsmäßiger Verfolgung dieser Spannungen zeigt sich, daß dieselben an den Nietlochrändern in den Be-

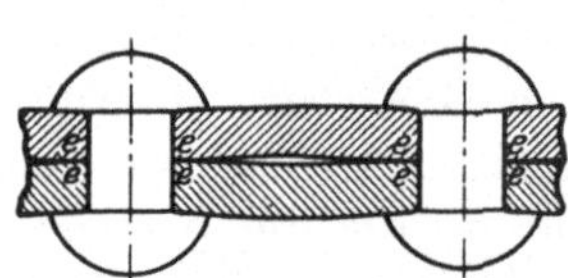

Abb. 111. Wölbung der Stege zwischen den Nieten; Blechberührung nur bei *e, e*.

rührungsflächen der Bleche sowohl bei Überlappungs- als auch bei Laschennietung bei schlechter Ausführung nicht unbeträchtliche Werte erreichen können[1].

Weitere Beachtung bezüglich der Steigerung der Anstrengungen an Nietlöchern ist den unvermeidlichen Ungleichförmigkeiten zu schenken, welche zum Teil mit den elastischen und bleibenden Formänderungsvorgängen innerhalb einer Nietnaht zusammenhängen.

Die vorstehenden Betrachtungen beziehen sich auf Nietverbindungen, bei welchen Biegungsanstrengungen vorwiegend durch die Zugkräfte entstehen, die in den aneinandergenieteten Blechen ungefähr

---

[1] Einen Versuch zur Vorbeugung gegen die beschriebenen Spannungen enthält die Patentschrift 429 643.

parallel gerichtet sind (Längsnähte von Kesseltrommeln usw.). Außer
diesen Biegungsmomenten können aber auch Biegungsbeanspruchungen
auftreten durch Kräfte, welche nicht in den Ebenen der aneinandergenieteten Bleche wirken, sondern in einem mehr oder weniger großen
Abstand von der Ebene der Nietverbindung; hierher gehören z. B.
die Nietverbindungen von Stutzen.

Sehr ungünstige Verhältnisse können entstehen, wenn unvermeid-
liche Biegungsbeanspruchungen infolge einer örtlichen Verschwächung
besonders starke Formänderungen hervorrufen. Zur Veranschaulichung
der Auswirkung derartiger Verhältnisse hat der Verfasser anläßlich einer
Untersuchung von Schäden eine ganze Kesseltrommel von rd. 8 m
Länge und rd. 1200 mm Durchmesser in eine Prüfungsmaschine ein-

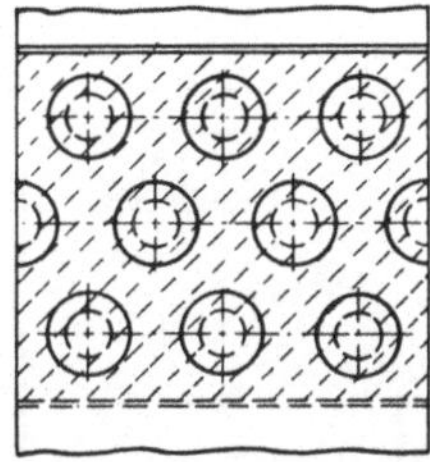

Abb. 112. Annahmegemäß erfolgt
die Berührung zusammengenie-
teter Bleche in dem ganzen schraffierten Gebiet zwischen den
Nieten.

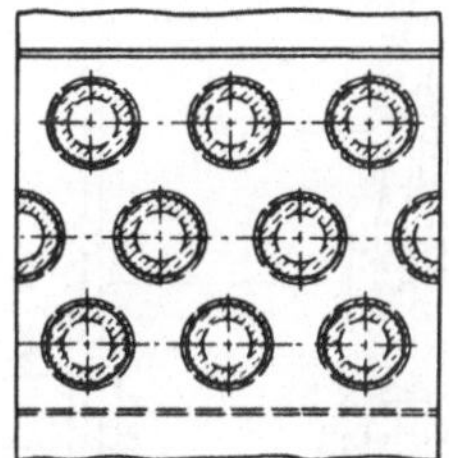

Abb. 113. In der Regel erfolgt
die Berührung zusammengenie-
teter nur in den schraffierten,
die Nietschäfte kreisringförmig
umschließenden Flächen.

gebaut und auf Biegung beansprucht. Die Nietnaht, über deren Anstrengungsverhältnisse der Versuch Aufschluß geben sollte, verband, wie Abb. 114 erkennen läßt, ein Sattelstück mit der Trommel. Die gefährdete Stelle befindet sich in Höhe der Nietnaht N_{a1}.
Rechts von derselben ist die Trommelwand durch die Flansche des
Sattelstückes und die Verstärkungslasche sehr starr. Bei einer in
der Abbildung nach unten gerichteten Formänderung bildet die
Verstärkungslasche keine Versteifung des Trommelmantelbleches, da
dieses hierbei von der Verstärkungslasche abgehoben wird. Dazu
kommt noch die Verschwächung durch die Nietlöcher. Der Biegungs-
versuch lieferte die in Abb. 114 dargestellten Ergebnisse. Die Linienzüge, welche die Durchbiegungen des Trommelmantels veranschaulichen, weisen in Höhe der Nietnaht N_{a1} einen deutlich ausgepräg-
ten Knick auf, woraus auf die örtlich gesteigerte Anstrengung daselbst zu schließen ist. Noch deutlicher tritt die Verschwächung an
der Nietnaht N_a in Erscheinung bei einem weiteren Versuch mit
einem aus dem Mantel herausgeschnittenen Längsstreifen, wie Abb. 115,
S. 104 erkennen läßt.

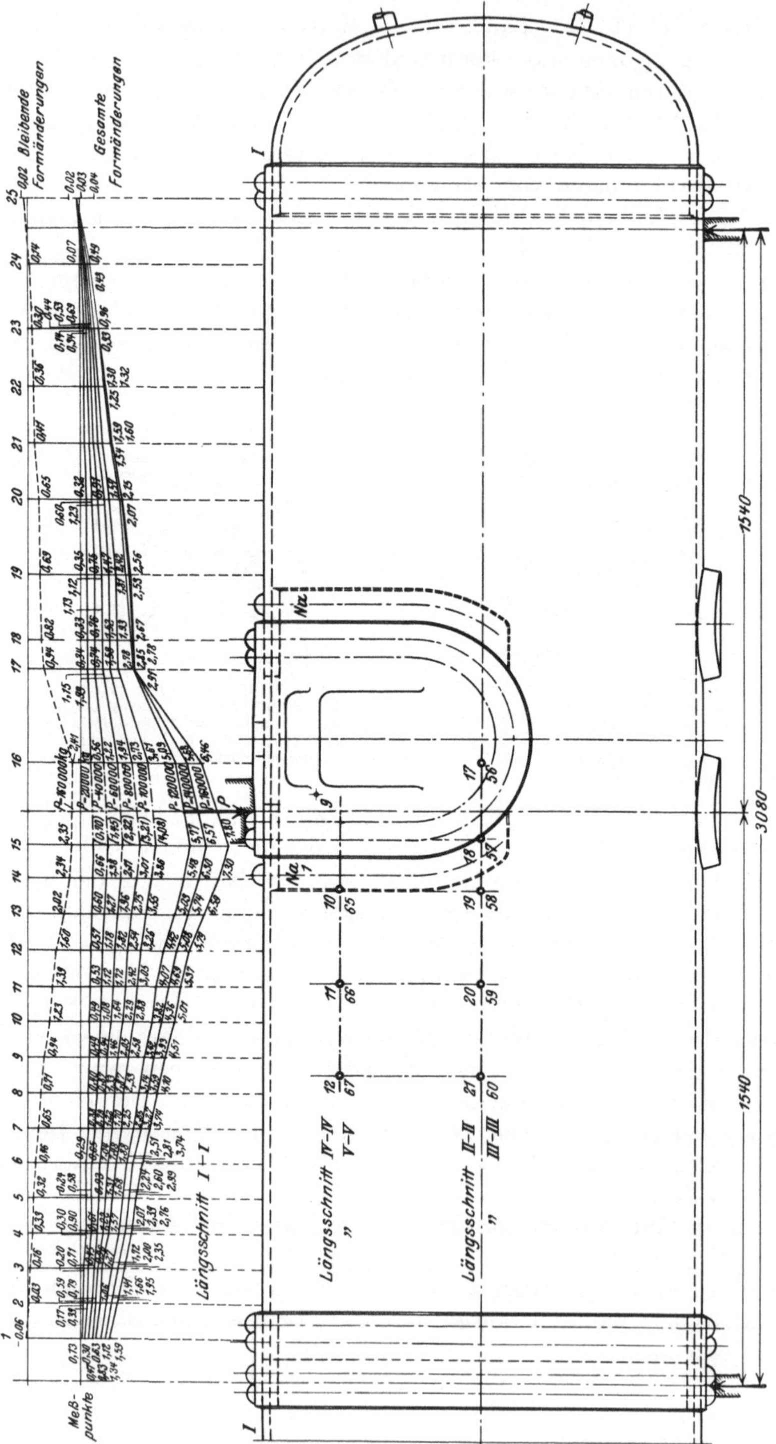

Abb. 114. Gesamte und bleibende Formänderungen einer auf Biegung beanspruchten Kesseltrommel mit Sattelstück.

Bei der Beurteilung der möglichen Höhe der in Kesseln im Betrieb auftretenden Beanspruchungen ist aber auch der Wirkung des Probedruckes, welchem die Kessel vor Inbetriebnahme unterworfen werden, Beachtung zu schenken.

Gemäß den vorstehenden Darlegungen sind die Anstrengungen des Werkstoffes der Kesselteile vielfach, gemessen an den Gepflogenheiten des allgemeinen Maschinenbaus, als unzulässig hoch anzusehen. Die Betriebsbeanspruchungen können in den Nietverbindungen der Kesselteile Anstrengungen bis zur Streckgrenze hervorrufen. Auf ihre Höhe sind vorwiegend einflußnehmend die Konstruktion und die Ausführung.

Zur Vermeidung von Mißverständnissen sei darauf hingewiesen, daß die vorstehenden Betrachtungen sich mit den Anstrengungen befassen, welche vom Betriebsdruck herrühren. Die bei der Herstellung auftretenden Kaltverformungen, welche zum Teil eine erhebliche Überschreitung der Streckgrenze in sich schließen, kommen bei diesen Erwägungen zunächst nicht in Betracht; diese Formänderungen haben mit den Betriebsanstrengungen nichts zu tun, sie stellen eine Frage der Veränderung der Werkstoffeigenschaften dar.

Über die Verhältnisse bei Kesselböden, welche den bis vor kurzem üblich gewesenen geringen Krempenhalbmesser besitzen und welche trotz des Bekanntseins der hohen Krempenbeanspruchung bis vor kurzem gesetzlich zulässig waren, bedarf es keiner weiteren Ausführungen.

VI. Betriebsdauer bis zum Eintritt von Kesselschäden gemäß Betriebsbeobachtungen.

Von den zahlreichen Fällen, welche Verfasser Gelegenheit hatte durch eigenen Einblick kennenzulernen, sind im folgenden die Verhältnisse bei 37 Dampfkesseln von 13 bzw. 20 bzw. 34 atü geschildert, welche sich in den Anlagen eines Werkes befinden. Von den Kesseln sind 32 Stück Wasserkammerkessel und 5 Stück Gruppenrohrkessel. Die ersteren sind sämtlich von der gleichen Kesselfabrik hergestellt, die letzteren entstammen einer anderen Kesselfabrik. In dankenswerter Weise hat der Kesselbesitzer die auf rd. 30 Jahre zurückreichenden, an den Kesseln gemachten Beobachtungen zur Bekanntgabe überlassen, wofür ihm auch an dieser Stelle bestens gedankt sei.

Die wesentlichsten Daten sind nachstehend auszugsweise zusammengestellt.

Betriebs-nummer	Bauart	Jahr der Anfertigung	Zahl der Oberkessel	Zahl der Wasser-kammern	Heiz-fläche m²	Größe der Feuerung m²	Betriebs-druck atü	Jahr der Feststellung des Schadens	Art des Schadens	Art der Beseitigung des Schadens
R 1	Wasser-kammer-kessel	1896	1	2	333	8,97	13	1912	Vord. Boden, Krempenriß 5—15 mm tief	Böden ausgewechselt
								1926	Hint. Boden, Krempenriß 5—7 mm tief	
R 2	,,	1896	1	2	333	8,97	13	1926	Vord. und hint. Boden, Krempenriß 6—7 mm tief	Böden ausgewechselt
R 3	,,	1896	1	2	333	8,97	13	1904	Hint. Wasserkammerstutzen 20 cm langer Riß in der Nähe einer schlechten Schweißstelle	Stutzen ausgewechselt
								1912	Riß im letzten Schuß am Stutzenausschnitt	Schuß ausgewechselt
								1925	Schweißnaht des Umlaufbleches undicht	neues Umlaufblech
R 4	,,	1896	1	2	333	8,97	13	1913	Vord. Boden, Krempenriß	Böden ausgewechselt
								1926	Hint. Boden, Krempenriß	
R 5	,,	1897	1	2	333	8,97	13	1912	Vord. und hint. Boden, Krempenrisse	Böden ausgewechselt
R 6	,,	1897	1	2	333	8,97	13	1913	Vord. Boden, Krempenriß	Boden ausgewechselt
									Hint. Wasserkammerstutzen, Riß in der Schweißnaht	Stutzen geflickt
V 2	,,	1900	1	2	272	9,72	13	1912	Vord. Kesselboden, Krempenriß 12 mm tief	Boden ausgewechselt
								1920	Riß in einem Mantelschuß	verschweißt
								1925	Undichtigkeit am Umlaufblech der Wasserkammer	verschweißt verlascht
V 3	,,	1900	1	2	272	9,72	13	1912	Vord. Kesselboden, Krempenrisse	Boden erneuert
V 4	,,	1900	1	2	267	9,72	13	1912	Vord. Kesselboden, Krempenrisse	Boden erneuert

V 5	Wasser-kammer-kessel	1900	1	2	272		13	1912	Vord. Kesselboden, Krempenrisse	Boden erneuert
								1923	Vord. und hint. Wasserkammerhals undicht	verstemmt
V 8	,,	1900	1	2	272	13,7	13	1912	Vord. Kesselboden, Krempenrisse	Boden erneuert
V 9	,,	1901	1	2	272	13,7	13	1923	Rißbildung in der Nietnaht des hinteren Wasserkammerstutzenflansches	
V 10	,,	1901	1	2	272	13,7	13	1913	Vord. Kesselboden, Krempenrisse	Boden erneuert
V 11	,,	1905	1	2	272	13,7	13	1922	3 Risse an der Rundnaht des 3. Mantelschusses	ausgekreuzt und verschweißt
									1 Riß am Ende des 2. Schusses	ausgebohrt und verstemmt
									Rißbildung in der Rundnaht zwischen dem 2. und 3. Kesselschuß	Schüsse erneuert
J 9	Wasser-kammer-kessel	1897	1	2	272	8	13	1923	Rißbildung in der Nietnaht des hinteren Wasserkammerstutzens	neues Oberteil am Stutzen angeschweißt
A 3	,,	1906	1	2	259	13,7	13	1924	Risse in den Nietnähten der vorderen Wasserkammerstutzen	Kammer ausgewechselt
								1926	An der vorderen Wasserkammer zeigten sich Rißbildungen in den Nietlöchern am linken Verbindungsstutzen zwischen Oberkessel und Wasserkammer. Ebenfalls zeigten sich Nietlochrisse im unteren Flansch des linken Verbindungsstutzens zwischen Oberkessel und Wasserkammer. Starke Risse in der Nietnaht des oberen Flansches am rechten hinteren Wasserkammerstutzen; von den 38 vorhandenen Nietlöchern waren 36 rissig	der Kessel wird umgebaut

Betriebs-nummer	Bauart	Jahr der Anfertigung	Zahl der Oberkessel	Zahl der Wasser-kammern	Heiz-fläche m²	Größe der Feuerung m²	Betriebs-druck at	Jahr der Feststellung des Schadens	Art des Schadens	Art der Beseitigung des Schadens
A 6	Wasser-kammer	1916	2	2	258	13,7	13	1923	Rißbildung in den Nietverbindungen des rechten Oberkessels mit der vorderen Wasserkammer, ein Riß im Wasser-kammerhals	erster Schuß des rechten Oberkessels ausgewechselt, Stutzen erneuert
A 7	,,	1900 (bis 1923 im Be-trieb V)	1	2	272	13,7	13	1913	Vord. Boden, Krempenriß	erneuert
								1923	Risse in der Nietnaht des linken hinteren Wasserkammerstutzens	Flicken in den Mantel eingesetzt
								1925	Risse in der Krempe des hinteren Bo-dens, starke Rißbildungen in der vor-deren Wasserkammer	der Kessel wurde ausgebaut
E 1	,,	1916	2	2	391	19,8	20	1923	Rißbildung im Mantelblech und Ver-stärkungsring in der Nietverbindung des rechten vorderen Wasserkammer-stutzens	wegen der geringen Ausdehnung zu-nächst nichts vorgenommen
								1926	Am vorderen rechten Stutzenausschnitt 11 Risse, die teilweise ins volle Mantel-blech gehen; Stutzen zeigt Nietloch- und Kantenriß. Am hinteren rechten Wasserkammerstutzen Risse im Man-telblech und in der Stutzenflansche	die Verbindungs-stutzen wurden durch elastische Rohrver-bindung ersetzt
E 2	,,	1916	2	2	391	19,8	20	1925	Im linken vorderen Kammerhals zeigte sich im Krempenansatz rechts hinten ein etwa 70 mm langer Riß	ausgekreuzt und verschweißt
E 3	,,	1916	2	2	391	19,8	20	1926	Rißbildungen im Mantelblech rund um die vorderen Wasserkammerstutzen: im linken Oberkessel 11 Risse, im rechten Oberkessel 2 Risse	elastische Rohrverbindung an Stelle der Stutzen

E 4	Wasserkammer	1916	2	2	378	19,8	20	1924	Rißbildungen im Mantelblech und im Flansch des Verbindungsstutzens, und zwar in der Nietnaht, zwischen dem linken Oberkessel und dem Verbindungsstutzen; Rißbildungen im Flansch des rechten Verbindungsstutzens zur vorderen Wasserkammer und in der Hohlkehle des linken Verbindungsstutzens zur vorderen Wasserkammer	elastische Rohrverbindung an Stelle der Stutzen
E 5	,,	1920	2	2	376	19,8	20	1924	Nietverbindung zwischen vorderem Stutzen und rechter Obertrommel rissig, 12 Risse daselbst im Mantelblech, verschiedene Nietköpfe daselbst abgeplatzt	elastische Rohrverbindung an Stelle der Stutzen
E 6	,,	1920	2	2	376	19,8	20	1925	In den Nietverbindungen der vorderen Wasserkammerstutzen mit den Obertrommeln zahlreiche Risse von Nietloch zu Nietloch	elastische Rohrverbindung an Stelle der Stutzen
E 7	,,	1920	2	2	392	19,8	20	1927	Rißbildungen im Mantelblech rund um die vorderen Verbindungsstutzen beider Oberkessel	elastische Rohrverbindung an Stelle der Stutzen; elliptische Böden
E 9	,,	1920	2	4	392	19,8	20	1925	Krempenrisse im rechten, vorderen Wasserkammerstutzen	verschweißt
E 10	,,	1922	2	4	392	19,8	20	1925	Krempenrisse in den vorderen Wasserkammerstutzen	verschweißt
E 11	,,	1916	2	2	392	19,8	20	1924	Nietnaht der Wasserkammerstutzen einige Köpfe abgeplatzt, Krempenrisse an einem Stutzen	Nieten ersetzt; Risse verschweißt
								1926	Rund um den Stutzenausschnitt Risse im Mantelblech	elastische Rohrverbindung an Stelle der Stutzen

Betriebs-nummer	Bauart	Jahr der Anfertigung	Zahl der Oberkessel	Zahl der Wasser-kammern	Heiz-fläche m²	Größe der Feuerung m²	Betriebs-druck at	Jahr der Feststellung des Schadens	Art des Schadens	Art der Beseitigung des Schadens
E 12	Wasser-kammer	1916	2	2	392	19,8	20	1925	Krempenrisse in den Stutzen	ausgekreuzt und verschweißt
								1927	Rißbildungen im Mantelblech rund um den vorderen linken Wasserkammer-stutzen	elastische Rohrverbindung an Stelle der Stutzen
E 13	,,	1916	2	2	378	19,8	20	1925	Risse in den Nietnähten zwischen Wasserkammerstutzen und Mantelblechen	elastische Rohrverbindung an Stelle der Stutzen
E 14	,,	1916	2	2	391	19,8	20	1923	Risse in der Nietnaht zwischen Mantelblech und rechtem hinteren Wasserkammerstutzen	Risse im Mantelblech verschweißt; Oberteil des Stutzens erneuert
E 18	,,	1920	2	4	392	23,4	20	1926	Risse in den Nietnähten zwischen Mantelblech und Wasserkammerstutzen	elastische Rohrverbindung an Stelle der Stutzen

Aus diesem Beobachtungsmaterial ergab sich folgender Zusammenhang zwischen der Zahl der Betriebsjahre und der Zahl sowie der Art der Schäden.

Zahl der Betriebsjahre bis zur Beobachtung des Schadens	Baujahr	Ort und Art der Rißbildung	Zahl der Betriebsjahre bis zur Beobachtung des Schadens	Baujahr	Ort und Art der Rißbildung
		Betriebsdruck 13 atü			
7	1916	Nietnähte, Kammerhals-Trommel	17	1905	Rundnaht, Trommel
8	1896	Wasserkammerhals, Schweißnaht	18	1906	Nietnähte, Kammerhals-Trommel
12	1900	Bodenkrempe	20	1900	Nietnähte
12	1900	Bodenkrempe	22	1901	Nietnähte, Kammerhals-Trommel
12	1900	Bodenkrempe	23	1900	Nietnähte, Kammerhals-Trommel
12	1900	Bodenkrempe			
12	1900	Bodenkrempe	25	1900	Wasserkammer, Schweißnähte
12	1901	Bodenkrempe			
13	1900	Bodenkrempe	25	1900	Bodenkrempe
15	1897	Bodenkrempe	26	1897	Nietnähte, Kammerhals-Trommel
16	1896	Bodenkrempe			
16	1896	Nietnähte, Kammerhals-Trommel	29	1896	Wasserkammer, Schweißnähte
16	1897	Bodenkrempe	30	1896	Bodenkrempe
16	1897	Wasserkammerhals, Schweißnaht	30	1896	Bodenkrempe
17	1896	Bodenkrempe	30	1896	Bodenkrempe
		Betriebsdruck 20 atü			
3	1922	Wasserkammerhals, Krempenrisse	8	1916	Nietnähte, Kammerhals-Trommel
4	1920	Nietnähte, Kammerhals-Trommel	8	1916	Wasserkammerhals, Krempenriß
5	1920	desgl.	9	1916	desgl.
5	1920	Wasserkammerhälse, Krempenrisse	9	1916	desgl.
6	1920	Nietnähte, Kammerhals-Trommel	9	1916	Nietnähte, Kammerhals-Trommel
7	1916	desgl.	10	1916	desgl.
7	1916	desgl.	10	1916	desgl.
7	1920	desgl.	11	1916	desgl.
		Betriebsdruck 34 atü			
1,5	1924	Quernietung zwischen			
2	1924	Trommel und Sattel-			
3	1924	stück			

In der Abb. 116 ist der Umfang der Kesselschäden in Abhängigkeit von der Zahl der Betriebsjahre bis zur Beobachtung der Schäden zeichnerisch veranschaulicht. Die Zahlen neben den einzelnen Punkten beziehen sich jeweils auf das Baujahr des Kessels. Der ausgezogene Teil der Linienzüge ist durch Beobachtungspunkte belegt. Der gestrichelte Teil bildet jeweils Verlängerungen nach Maßgabe des Verlaufs des ausgezogenen Teils. Am Endpunkt der Ordinate, welche 100 % Schadenfällen entspricht, ist eine wagerechte Linie eingezeichnet worden.

In der Darstellung fallen zunächst der frühe Beginn der Schäden und ihre rasche Ausbreitung bei den 34- und 20-atü-Kesseln in die Augen. Gemäß der Lage der Schnittpunkte des gestrichelten Teils der Linienzüge mit der in Höhe von 100 % Schadenfällen eingezeichneten Wagrechten ist damit zu rechnen, daß bei den 34-atü-Kesseln nach rd. 5 Jahren und bei den 20-atü-Kesseln nach 11 bis 15 Jahren Betriebszeit an jedem Kessel ein Schaden aufgetreten ist.

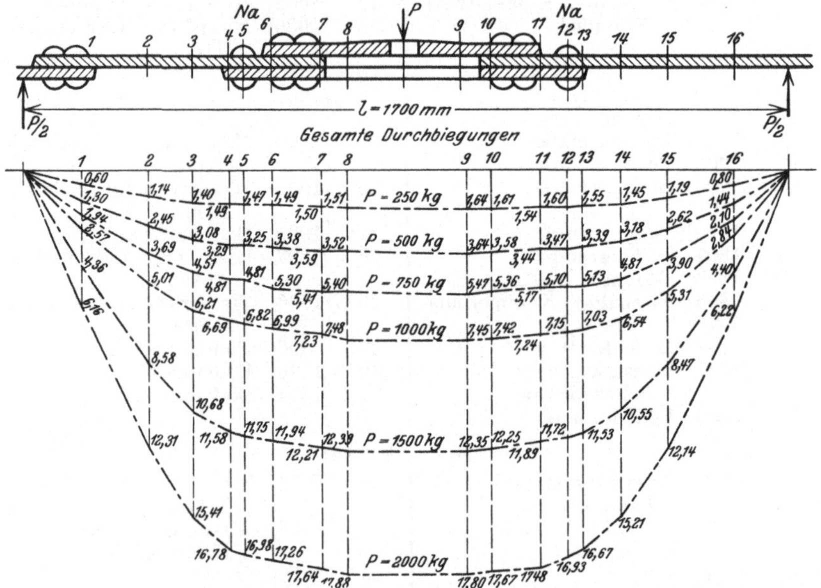

Abb. 115. Gesamte und bleibende Formänderungen eines auf Biegung beanspruchten Ausschnittes aus der Trommel Abb. 114.

Die 13-atü-Kessel erreichen nach Maßgabe der durch die gestrichelten Linienzüge ausgeführten Extrapolation bis zur Ausbreitung der Schäden auf sämtliche Kessel eine größte Betriebsdauer von rd. 45 Jahren. Die ersten Schäden treten bei diesen Kesseln — abgesehen von dem im Jahre 1916 hergestellten Kessel — erst zu einem Zeitpunkt ein, bei welchem die 20-atü-Kessel bereits sämtliche mit Schäden behaftet sind.

Nebenbei ist noch Folgendes bemerkenswert. Der Linienzug für die 20-atü-Kessel weist etwa in der Mitte einen Knick auf. Die untere Hälfte des Linienzugs bezieht sich auf Kessel aus dem Jahr 1920, die obere Hälfte auf solche aus dem Jahr 1916. Der Knick dürfte kein Zufall sein; die durch den unteren Zweig der ausgezogenen Schaulinie gekennzeichneten ungünstigeren Verhältnisse erscheinen durch das Baujahr begründet. Im Jahre 1920 werden die Güte und Sorgfalt der Ausführung und die Werkstoffbeschaffenheit ungünstiger gewesen sein als im Jahre 1916. Daß aber die Kriegswirkungen auch im Jahre 1916 hereinspielen, zeigt der bei den 13-atü-Kesseln bereits nach 7 Jahren eingetretene Schaden an dem aus dem Jahre 1916 stammenden Kessel.

Eine weitere bemerkenswerte Erscheinung bringt der Verlauf der beiden Schaulinien für die 13-atü-Kessel dadurch zum Ausdruck, daß die gestrichelten Verlängerungen für Nietlochrisse und für Krempenrisse die Linie für 100% Schadenfälle nahezu an demselben Punkt treffen, welchem eine Betriebsdauer von rd. 45 Jahren entspricht.

Zur Vermeidung von Mißverständnissen sei betont darauf hingewiesen, daß die Schaulinien nicht etwa die gesamte Lebensdauer der Kessel darstellen; sie beziehen sich lediglich auf die Betriebsdauer bis zur Beobachtung der ersten Schäden. Diese pflegen sich auf einen ungünstig beanspruchten Kesselteil zu beschränken. In der Regel können die Kessel durch Ausbesserung oder Austausch der schadhaften Teile wieder in betriebsfähigen Zustand versetzt werden. Gelegentlich sind auch zwecks Vermeidung einer früheren oder späteren Wiederholung der gleichen Schäden konstruktive Änderungen erforderlich. Nach Ausmerzung der schwachen Stellen kann vielfach eine Verlängerung der Lebensdauer erwartet werden, deren Maß von der Widerstandsfähigkeit der nächstschwächeren Stelle abhängt und unter Umständen, ja sogar in der Regel, ein praktisch befriedigendes ist.

VII. Äquivalente Schwingungszahl bei Dampfkesseln.

Aus den bisherigen Erörterungen geht folgendes hervor.

1. Die Anstrengungen des Werkstoffes der Kesselteile sind vielfach, gemessen an den Gepflogenheiten des allgemeinen Maschinenbaus, als unzulässig hoch anzusehen.

2. Die bruchfreie Lebensdauer der 13-atü-Kessel kann 45 Jahre erreichen.

Mit dem Umstand Ziffer 1 hatte man sich, abgesehen von einigen warnenden Stimmen, abgefunden, weil die ausgeführten Dampfkesselanlagen mit Drücken bis etwa 15 atü und etwas darüber keine außergewöhnliche Häufigkeit von Schadenfällen aufwiesen. Es wurde daher u. a. auch angenommen, daß die tatsächlichen Anstrengungen durch ausgleichende Formänderungen dem Rahmen des allgemeinen Maschinenbaus nahekommen. Die letztere Ansicht ist, jedenfalls in dem unterstellten Umfang, irrig.

Eine Erklärung des in den Feststellungen Ziffer 1 und 2 liegenden, scheinbaren Widerspruchs kann, zunächst in allgemeiner Form, nur in der im Abschnitt V auf S. 90 unter Ziffer 4 aus den Dauerversuchen gezogenen Folgerung gefunden werden, wonach bei geringer Lastwechselzahl in der Zeiteinheit auch bei höheren Anstrengungen eine verhältnismäßig lange Lebensdauer erreicht werden kann.

Tatsächlich ergibt sich bei Betrachtung der Verhältnisse beim üblichen Dampfkesselbetrieb, daß die Zahl der Lastwechsel nur eine verhältnismäßig geringe ist. Die Schwingungen der Beanspruchungen des Werkstoffes werden zunächst durch das Steigen und Fallen des Dampfdruckes beim Anheizen und Stillegen des Kessels hervorgerufen, ferner durch die Schwankungen des Dampfdruckes während des Betriebes. Diese Belastungsschwingungen werden sich vornehmlich, von der Anstrengungs-Nullage aus gesehen, nur nach einer Richtung bewegen; entweder von Null bis zu einem Höchstwert, oder, beim Schwanken des Dampfdruckes, innerhalb zweier einseitig von Null gelegener Grenzwerte. Die mit dem Betrieb, sei es seitens der Heizgase oder seitens des Speisewassers und des Dampfes verbundenen Temperaturwirkungen dürften auch Schwingungen der Werkstoffspannungen zur Folge haben, welche um die Nullage nach zwei entgegengesetzten Richtungen pendeln.

Hiernach kann in allgemeiner Form ausgesprochen werden, daß die praktisch angemessene bruchfreie Lebensdauer, welche die Kessel trotz der vielfach herrschenden verhältnismäßig hohen Anstrengungen erreichen, sich aus der bei Kesseln nur verhältnismäßig geringen Lastwechselzahl erklärt.

Die für die Lebensdauer der Dampfkessel bei den vorliegenden höheren Anstrengungen gegebene Erklärung ist in der allgemeinen Form nicht befriedigend. Es fehlt noch das zeitliche Maß für die Zusammenhänge zwischen der Betriebszeit bis zur Rißbildung und den herrschenden Werkstoffbeanspruchungen. Die Befriedigung dieses Bedürfnisses wäre außerordentlich einfach, wenn für Dampfkessel die Zahl der täglichen Lastwechsel ebenso leicht festzustellen wäre wie beispielsweise für umlaufende Wellen aus der Umdrehungszahl. Dabei tritt erschwerend noch der Umstand hinzu, daß die Lastwechsel im Dampfkessel nicht die Gleichartigkeit besitzen wie bei einer belasteten Welle, wo sie in der Regel zwischen zwei beiderseits von Null liegenden Werten pendeln, während bei Dampfkesseln, wie bereits erörtert, die Schwingungen sich teils zwischen Null und einem Höchstwert, teils zwischen zwei einseitig von Null liegenden Werten bewegen. Die gesuchte Unbekannte wird diese Verschiedenheit in sich schließen müssen, sie wird also keine unmittelbare Größe darstellen können, sondern nur eine äquivalente. Bei dem im praktischen Betrieb unter bestimmten Betriebsverhältnissen sich mit einer gewissen Regelmäßigkeit wiederholenden Spiel der Vorgänge dürfte eine solche äquivalente Schwingungszahl trotz der beschriebenen Mannigfaltigkeit der Beanspruchungsarten die Verhältnisse zutreffender kennzeichnen als es im ersten Augenblick erscheinen mag. Das Suchen nach dieser Unbekannten ist natürlich nur erfolgversprechend, wenn es auf dem Boden des praktischen Dampfkesselbetriebs stattfindet, und zwar in Anlagen, in welchen die Erfahrungsfrüchte sorgfältig gesammelt wurden.

Bei dem zur Erlangung einer äquivalenten Schwingungszahl eingeschlagenen Weg wurden daher in erster Linie die Betriebsbeobachtungen zugrunde gelegt, welche in Abb. 116 der Linienzug für die 13-atü-Kessel veranschaulicht. Dieser Linienzug besagt, daß in den Kesseln in verschiedenen Zeitabständen Schäden ähnlicher Art aufgetreten sind. Die längste bruchfreie Betriebsdauer ist zu rd. 45 Jahren zu erwarten.

Die Betriebsverhältnisse der Kessel sind ziemlich gleich. Demgemäß können die Lastwechselverhältnisse ebenfalls als ziemlich gleich angesehen werden. Die gesuchte äquivalente Lastwechselzahl in der Zeiteinheit bildet also für sämtliche Kessel eine konstante Größe.

Die an den Kesselböden und an den Nietverbindungen aufgetretenen Schäden sind ebenfalls gleichartig; die letzteren traten in der Regel an derselben Stelle, nämlich an den Verbindungen zwischen den Wasserkammern und den Obertrommeln auf.

Gemäß der Lage der Risse ist als ausschlaggebende Ursache das Vorhandensein von höheren Anstrengungen anzusehen, hierzu können noch, die Rißbildung beschleunigend, ungünstige Werkstoffeigenschaften getreten sein.

Bei diesen Verhältnissen, insbesondere bei konstanter äquivalenter Lastwechselzahl, ist die Verschiedenheit der Betriebsdauer bis zum Brucheintritt nur durch verschiedene Größe der an sich schon verhältnismäßig hohen Anstrengungen zu erklären. Die Zusammenhänge zwischen Lastwechselzahl und Anstrengung sind in Abschnitt V an Hand der Abb. 107 besprochen worden. Aus dieser Abbildung geht hervor, daß in dem Gebiet unmittelbar über der Schwingungsfestigkeit, beispielsweise in der Schaulinie D_b, eine Steigerung der Anstrengung um nur 2,0 kg/mm² über die Schwingungsfestigkeit von 15,6 kg/mm² bereits eine Verringerung der Lastwechselzahl von 10 Millionen auf nahezu die Hälfte zur Folge hat. Beim Erreichen der Streckgrenze von 21 kg/mm², das ist bei Überschreiten der Schwingungsfestigkeit um rd. 5 kg/mm², wird die Lastwechselzahl bis zum Bruch auf etwa eine halbe Million erniedrigt. Ähnlich liegen die Verhältnisse bei Zugrundelegung der Linienzüge D_{Z1} und D_{Z2}.

Eine Verschiedenheit der Anstrengungen in den durch Schwingungsfestigkeit und Streckgrenze festgestellten Grenzen ist aber bei gleicher Bauart bereits durch das Maß der Güte der Ausführung, wie beispielsweise mehr oder weniger gutes Anliegen oder Ineinanderpassen der verbundenen Teile u. a., gegeben.

Die Betrachtungen zeigen also, daß die Überschreitungen der Schwingungsfestigkeit von nur 2 bzw. 5 kg/mm², wie sie neben den unvermeidlichen, auf konstruktiven Gründen beruhenden Anstrengungen durch Ausführungseinflüsse bedingt sind, die möglichen Lastwechselzahlen auf $^1/_2$ bzw. $^1/_{20}$ der Lastwechselzahl heruntersetzen, welche bei der Schwingungsfestigkeit zu erreichen ist.

Die Grundlage zur Bestimmung der äquivalenten Schwingungszahl bieten die Schaulinien für die 13-atü-Kessel in Abb. 116 in Verbindung mit den Schaulinien der Schwingungsversuche in Abb. 107 des Abschnittes V. Die durch diese Schaulinien dargestellten Umstände sind im Wesen verwandt. Beide Schaulinien verbinden Punkte, welche bestimmten Brucherscheinungen entsprechen. In Abb. 116 sind diese Punkte in Abhängigkeit einerseits von der Häufigkeit der Brüche, andererseits von der Zeit dargestellt. In Abb. 107, Abschnitt V, sind die Punkte des Brucheintritts nach Maßgabe einerseits der Anstrengung, andererseits der Lastwechselzahl gewonnen. Die letztere ist identisch mit der Zeit. Die Häufigkeit der Brüche und die Anstrengungen befinden sich ebenfalls in ursächlichem Zusammenhang. In bezug auf das Ende der verglichenen Schaulinien besteht noch folgende Übereinstimmung.

Gemäß der üblichen Festlegung wird als Schwingungsfestigkeit die Anstrengung bezeichnet, unter welcher der Probestab 10 Millionen Lastwechsel aushält, ohne zu brechen. Für diese und für darunter liegende Anstrengungen wird angenommen, daß sie bei praktisch unendlich vielen Lastwechseln keinen Bruch mehr herbeiführen. Liegt die Anstrengung höher, so tritt, wie erörtert, der Bruch nach Maßgabe der Äste der Schaulinien ein, welche in Abb. 107, Abschnitt V, links von der Ordinate für 10 Millionen Lastwechsel verlaufen.

Wird unterstellt, daß eine rißfreie 45jährige Betriebszeit praktisch als unendliche Betriebszeit anzusehen ist[1], so besagt in Abb. 116 der Schnittpunkt H der Schaulinien der 13-atü-Kessel etwas mit dem Begriff der Schwingungsfestigkeit Verwandtes. Bei günstiger Ausführung

---

[1] Dabei soll aber die Tatsache nicht unerwähnt bleiben, daß sich allein in Württemberg eine ganze Anzahl von über 50 Jahre alten Dampfkesseln mit dem ursprünglich konzessionierten Probedruck täglich in anstandslosem Betrieb befinden. Der älteste ist 65 Jahre alt. Dabei zeigen die Kessel z. T. keinerlei Schädigungen, wie Abzehrungen usw.; wenn nicht wirtschaftliche Gründe ihre Beseitigung fordern würden, könnten sie auf Grund ihrer Beschaffenheit noch lange im Betrieb bleiben.

werden bei den gegebenen Betriebsverhältnissen die herrschenden Anstrengungen, welche nahe der Schwingungsfestigkeit liegen, erst an der Grenze der praktisch unendlichen Betriebszeit von 45 Jahren einen Bruch zur Folge haben. Bei den Dauerversuchen wird eine, ein Geringes über der Schwingungsfestigkeit liegende Anstrengung nach 10 Millionen Lastwechseln noch einen Bruch herbeiführen.

Im Hinblick auf die verwandte Art der Verhältnisse und der Wirkung derselben kann daher ausgesprochen werden: Die Lastwechselzahl von 10 Millionen ist hinsichtlich ihrer Wirkung als eine äquivalente Größe für die Schwingungen anzusehen, welche bei den Kesseln von 13 atü erst nach 45 Jahren Betriebszeit einen Schaden herbeiführen.

Bezogen auf einen Monat beträgt also für die vorliegenden Betriebsverhältnisse der Kessel

$$\text{die äquivalente Schwingungszahl } \frac{10\,000\,000}{45 \cdot 12} = 18\,500.$$

VIII. Zahlenmäßiger Zusammenhang zwischen der Betriebsdauer und der Werkstoffbeanspruchung.

Aus dem in den Abschnitten V und VII Gesagten ergibt sich nunmehr für die verschiedenen, zwischen Schwingungsfestigkeit und Streckgrenze sowie darüber hinaus gelegenen Anstrengungen die Betriebsdauer bis zur Rißbildung in Monaten in einfacher Weise als Quotient aus

$$\frac{\text{Lastwechselzahl der betreffenden Anstrengung beim Schwingungsversuch}}{\text{äquivalente monatliche Schwingungszahl des Kessels}}.$$

Die hierdurch erlangten Zusammenhänge sind in Abb. 117 zeichnerisch dargestellt, und zwar wurde abgeleitet

der gestrichelte Linienzug von den Werten für Zuglastwechsel, Linienzug D_{Z1}, Abb. 107 des Abschnittes V;

der strichpunktierte Linienzug von den Werten für Biegungslastwechsel, Linienzug D_b, Abb. 107 des Abschnittes V.

Aus diesen Darstellungen, welche zunächst nur für die bei ihrer Herleitung zugrunde gelegten Verhältnisse der 13-atü-Kessel Gültigkeit haben, und aus den bezüglichen allgemeinen Erörterungen geht zusammengefaßt folgendes hervor.

1. An den laufender Betriebsüberwachung unterworfenen, genieteten Kesseln traten in größeren und kleineren Zwischenräumen vorwiegend an den Nietverbindungen der Wasserkammern mit den Trommeln und in den Bodenkrempen Schäden auf, welche als Dauerbrüche anzusprechen waren.

2. Die größte rißfreie Betriebszeit ergibt sich gemäß den angestellten Betrachtungen zu 45 Jahren. Diese wird als praktisch unendlich angesehen.

3. Die Anstrengungen von Kesselteilen und deren Verbindungen liegen bekanntlich teilweise erheblich höher als die im allgemeinen Maschinenbau in der Regel als zulässig angesehenen; sie reichen gelegentlich nahe an die Streckgrenze heran.

4. Die trotz verhältnismäßig hoher Anstrengungen von den Kesseln erreichte Lebensdauer ist zurückzuführen auf den Umstand, daß die Lastwechselzahl in den Dampfkesseln eine verhältnismäßig geringe ist.

5. An Hand des vorliegenden Beobachtungsmaterials wurde unter Zuziehung von Dauerversuchsergebnissen für die Kessel eine „äquivalente Lastwechselzahl" abgeleitet, welche sich zu 18 500/Monat ergab.

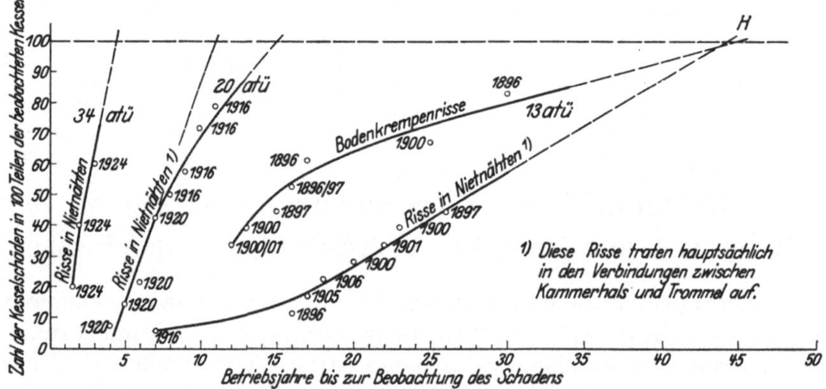

Abb. 116. Entwicklung der Zahl von Kesselschäden in Abhängigkeit von der Betriebszeit bei Kesseln derselben Anlage von 13, bzw. 20, bzw. 34 atü Betriebsdruck. Die Schäden wurden in der Regel durch geeignete Maßnahmen behoben.

6. Die äquivalente Lastwechselzahl lieferte in Verbindung mit Lastwechselzahlen aus Schwingungsversuchen eine Schaulinie, welche zahlenmäßig Aufschluß gibt über den Zusammenhang zwischen Werkstoffanstrengungen und Lebensdauer der Kessel.

Aus der Schaulinie Abb. 117 über die zahlenmäßige Abhängigkeit der Lebensdauer von der Werkstoffanstrengung geht folgendes hervor.

An den in den Kesseln am höchsten beanspruchten Stellen schwankte die Anstrengung zwischen der Schwingungsfestigkeit und einem unweit der Streckgrenze gelegenen Wert.

Durch die in Höhe der Schwingungsfestigkeit gelegene Anstrengung wird unter den obwaltenden Betriebsverhältnissen eine Lebensdauer von rd. 45 Jahren gewährleistet, welche als praktisch unendlich angesehen werden darf.

Eine Steigerung der Werkstoffspannung um nur 2 kg/mm² verkürzt die rißfreie Lebensdauer auf rd. 25 Jahre.

Eine Steigerung der Anstrengung um weitere rd. 3 kg/mm², das ist bis zur Streckgrenze, hätte eine Verkürzung der rißfreien Lebensdauer auf rd. 2 Jahre zur Folge gehabt.

Diese Zusammenhänge erklären die zeitweilig in erheblichem Umfang aufgetretene frühzeitige Entstehung von Rissen lediglich auf Grund der herrschenden Anstrengungsverhältnisse ohne Beiziehung von etwaigen chemischen Einflüssen. Sie liefern gleichzeitig Fingerzeige zur Behebung oder Vermeidung solcher Schäden zwecks Erzielung einer angemessenen Betriebszeit auch bei genieteten Kesseln.

Allgemein kann gesagt werden, daß, wenn eine schwache Stelle vorhanden ist, diese für die einzelnen Kesselarten typisch ist.

Da die Anstrengungen an gewissen Stellen an sich schon verhältnismäßig hoch sind, so genügen, wie die Darlegungen zeigen, geringfügig erscheinende Einflüsse, welche die Anstrengungen um nur geringe Beträge steigern, zur baldigen Herbeiführung von Schäden. Es sind daher alle Einflüsse fernzuhalten, welche die unumgänglich mit dem Wesen der Kesselteile oder ihrer Verbindungen verknüpften Anstrengungen steigern. Erforderlichenfalls sind durch konstruktive Maßnahmen die Anstrengungen innerhalb der Schwingungsfestigkeit zu halten.

Die in Abb. 116 des Abschnittes VI zum Ausdruck kommende sehr kurze Lebensdauer der 20-atü-Kessel findet ebenfalls ihre Erklärung vollauf in dem Gesagten, wobei folgendes im Auge zu behalten ist. Mit den bei höherem Dampfdruck bei gleicher Bauart erforderlichen größeren Wandstärken usw. sind vielfach infolge größerer Hebelarme der wirkenden Kräfte sowie infolge einer Zunahme der letzteren größere Biegungsmomente verknüpft.

Bei in Betrieb befindlichen Kesseln mit gefährlich hoch beanspruchten, zum Schadhaftwerden neigenden Stellen kann, wie schon am Schluß des Abschnittes VI bemerkt, durch Ausmerzen der schwachen Stelle auf konstruktivem Wege vielfach eine befriedigende Lebensdauer erzielt werden.

Die Schaulinie über die Zusammenhänge zwischen Lebensdauer und Werkstoffanstrengungen erklärt auch die günstige Wirkung, welche bei bruchverdächtigen Kesseln durch möglichst gleichmäßige Aufrechterhaltung des Betriebsdruckes und gleichmäßige Feuerführung erzielt wurde. Mit diesen Betriebsmaßnahmen ist eine Verringerung der Lastwechselzahl in der Zeiteinheit verknüpft, wodurch gewissermaßen der vorhandene Vorrat an Lastwechseln langsamer aufgezehrt wird.

Auch die Art der Speisung und die Verteilung des Speisewassers im Kessel erscheinen einflußnehmend.

Endlich sei noch über ein Beispiel aus einer unserer größten Dampfzentralen berichtet, welches die Richtigkeit der an Hand der 13-atü-

Wasserkammerkessel entwickelten Zusammenhänge und der aus diesen gezogenen Folgerungen erhärtet, und zwar an Steilrohrkesseln von 16-atü-Betriebsdruck.

Für die Überlassung dieses sowohl für die ausführende Technik als auch für den Kesselbesitzer überaus wertvollen Erfahrungsmaterials sei auch an dieser Stelle besonders gedankt.

In dem in Frage stehenden Betrieb sind an Dutzenden von Kesseln genannter Bauart in den überlappten Längsnähten der Trommeln Risse aufgetreten, und zwar im allgemeinen nach nur rd. 10000 Betriebsstunden.

Auf Grund der durch Abb. 117 gekennzeichneten Zusammenhänge darf bei dieser kurzen Betriebszeit von rd. 14 Monaten angenommen werden, daß die Anstrengungen an den rissigen Stellen sich nahe der Streckgrenze bewegten. Die oben ermittelte äquivalente Schwingungszahl scheint demnach auch hier nicht schlecht zu passen.

Trotz des ungeheuerlichen Ausmaßes der Schäden entschloß sich die Betriebsleitung, als Ersatz genietete Kessel gleicher Bauart zu wählen. Als Ursache der Schäden wurden zu hohe Anstrengungen in den Nietnähten angesehen. Diesem Mangel wurde bei den neuen Kesseln durch Verbesserung der Konstruktion und der Werkstattarbeit und durch sorgfältige Auswahl der Werkstoffe begegnet.

Die Betriebszeit beträgt nunmehr rd. 4 Jahre, ohne daß Schäden von Belang aufgetreten wären.

Auch dieses Beispiel beweist, daß nur ungünstige Anstrengungen in den Nietnähten die frühzeitige Rißbildung herbeigeführt haben und daß die ergriffenen, diese Anstrengungen vermindernden Maßnahmen erfolgreich waren.

Dabei sei noch, mit Rücksicht auf seine Bedeutung, ein im Abschnitt IX eingehender behandelter Umstand erwähnt: an der Zusammensetzung des Speisewassers wurde nichts geändert, das amerikanische Laugenverhältnis wurde nicht eingestellt; eine Anzahl der Kessel erhält ein Speisewasser, welches nach amerikanischer Auffassung durchaus gefährlich ist.

Zum Schluß sei noch darauf hingewiesen, daß der zur Erforschung der Zusammenhänge zwischen Werkstoffanstrengungen und Kesselschäden sowie Lebensdauer der Kessel eingeschlagene Weg einen Versuch darstellen soll. Soweit die Ergebnisse dieses Versuchs mit der Begründung angefochten werden könnten, daß sie sich auf keine für eine Verallgemeinerung ausreichend breite Grundlage stützen, ist es natürlich erforderlich, diese durch Bereitstellung und Verarbeitung einer möglichst großen Anzahl verschiedenartiger praktischer Fälle zu schaffen[1].

---

[1] Über inzwischen in Amerika ausgeführte Ermüdungsversuche an ganzen Kesseltrommeln siehe Vorwort.

IX. Amerikanische Auffassung über die Ursache der Rißbildung in Nietnähten. „Kaustische Sprödigkeit" — „caustic embrittlement". Ergebnisse amerikanischer Versuche und deren Nachprüfung in Deutschland. Praktische Bedeutung der Laugensprödigkeit.

In der Materialprüfanstalt an der Technischen Hochschule Stuttgart sind seit Anfang dieses Jahrhunderts Bleche, Nietverbindungen, Schweißungen und Rohre untersucht worden, welche von flußeisernen Gefäßen stammten, die zum Eindampfen von Lauge und ähnlichen Flüssigkeiten dienten und welche im Betrieb Risse bekommen haben.

Über die bis zum Jahre 1914 gemachten Beobachtungen berichtete Baumann[1]. Er zog damals in bezug auf die Ursache der Rißbildung folgende Schlußfolgerungen.

„Einwirkung der heißen Lauge auf das Eisen, dessen Zusammensetzung und sonstige Eigenschaften von großem Einfluß sein können, sei es unmittelbar oder unter Beihilfe der entstehenden Zersetzungsprodukte, wobei auch den elektrischen Potentialunterschieden usw. Beachtung zu schenken sein wird.

Mitwirkung der stattgehabten Quetschung und Streckung des Materials, ähnlich wie bei Messing usw., wobei natürlich auch Wärmespannungen Einfluß nehmen können.

Bildung von Kristallen in feinen Oberflächenrissen, Rostnarben, unter Nietköpfen usw., sei es aus der Lauge oder aus Verbindungen des Ätznatrons mit den Bestandteilen des Eisens und der Luft, die unter Volumvermehrung oder auf andere Weise sprengend wirken.

Zu beachten ist, daß es nur eine beschränkte Anzahl der Laugenkessel ist, welche Rißbildung zeigten."

Der Laugenfrage ist im Zusammenhang mit der Rißbildung im Eisen in Deutschland von verschiedenen Forschern in Zusammenarbeit mit der einschlägigen Industrie Aufmerksamkeit geschenkt worden.

Obwohl einerseits die Vorkommnisse an Laugenkesseln und deren Untersuchungsergebnisse keinen Zweifel über eine unter bestimmten Umständen auftretende zerstörende Wirkung der Lauge ließen und andererseits die Anwesenheit von Lauge in Kesselwässern nicht übersehen wurde, so ist doch dem letzteren Umstand keine besondere Bedeutung beigemessen worden.

Auf Grund der umfangreichen Untersuchungen und eingehender Betrachtung der Verhältnisse wurde in Deutschland die Ursache der Rißbildung vorwiegend in der Beschaffenheit und dem Wesen des Werkstoffes, in der Art der Verarbeitung desselben, in der Konstruktion des Kessels und seiner Teile, in den im Betrieb herrschenden mechanischen und thermischen Beanspruchungen einschließlich derjenigen etwaiger unsachgemäßer Betriebsführung gesucht.

---

[1] Prot. d. Int. Verb. d. Dampfk.-Überw.-Ver., Chemnitz 1914.

In Amerika entwickelte sich betreffs der Ursache der Rißbildung in Dampfkesseln eine andere Auffassung. Es entstand daselbst auf Grund angestellter Untersuchungen die Auffassung, daß das Speisewasser in wesentlichem Maße dadurch an der Rißbildung beteiligt sei, daß sich aus den zur Reinigung des Speisewassers dienenden Zusätzen unter gewissen Verhältnissen im Kessel Ätznatron bilde und daß diese Lauge durch Brüchigmachen des Werkstoffs zur Rißbildung führe. Diese Auffassung fiel einerseits in weiten Kreisen auch in Deutschland auf fruchtbaren Boden, andererseits wurde ihre Bedeutung lebhaft umstritten.

Allgemein ist hierzu noch folgendes zu bemerken.

Das in der Einleitung der vorliegenden Arbeit erwähnte epidemische Auftreten von Rissen in Kesseln hatte sich nicht allein auf Deutschland beschränkt, die Nachforschungen ergaben, daß sich dasselbe in gleichem Maße in Amerika zeigte. Von anderen Ländern liegen keine Mitteilungen über Kesselschäden vor, deren Ursache in Laugeneinwirkung vermutet wird. In bezug auf Frankreich äußerte sich ein ausgezeichneter Kenner der französischen Dampfkesselverhältnisse, Herr Obering. Kammerer, Mülhausen im Elsaß auf die vom Verfasser betreffs der Laugeneinwirkung an ihn gerichtete Frage, daß eine solche in Frankreich wegen des daselbst vielfach vorhandenen gipshaltigen Wassers nicht in Erscheinung getreten sei; von Nietlochrissen seien sie in Frankreich aber auch nicht verschont geblieben. Diese Rißbildungen würden aber anderen Ursachen als der Lauge zugeschrieben.

Zur Klarstellung der Frage hat sich mit besonderem Nachdruck die Vereinigung der Großkesselbesitzer eingesetzt. Bereits Ende September 1925 veranlaßte die genannte Vereinigung unter dem damaligen Vorsitzenden, Herrn Oberingenieur Quack, eine Tagung ihres Ausschusses für Speisewasserpflege, in welcher die damaligen wissenschaftlichen Erkenntnisse und praktischen Erfahrungen durch Vorträge zusammengetragen wurden. Die Vorträge sind in dem Buch „Speisewasserpflege" von genannter Vereinigung veröffentlicht worden.

Im Hinblick darauf, daß, nach Bekanntwerden der amerikanischen Auffassung in Deutschland weite Kreise dazu neigten, die Laugeneinwirkung als Kolumbusei der Erkenntnisse über die Ursachen der Rißbildung anzusehen und ihr eine Bedeutung beizumessen, welche alle übrigen bis dahin erkannten Gründe für die Rißbildung weit zurückstellte, sollen im folgenden einige der wichtigsten bezüglichen Äußerungen wiedergegeben werden.

Die amerikanische Auffassung gab Münzinger[1] folgendermaßen wieder:

---

[1] Z. V. d. I. 1925, S. 840 u. f.

„Bereits im Jahre 1895 war bei Studien der Universität Illinois über die Steinbildung in Dampfkesseln festgestellt worden, daß bei Wassern der gekennzeichneten Art nach mehrtägigem Gebrauch in Dampfkesseln, die ja nur teilweise und periodisch abgelassen werden, das Natriumbikarbonat, $NaHCO_3$, infolge der Erwärmung nicht nur folgende Umwandlung erfährt:

$$2\,(NaHCO_3) = Na_2CO_3 + CO_2 + H_2O\,,$$

sondern unter Bildung von Natronlauge, NaOH, teilweise hydrolisiert wird:

$$Na_2CO_3 + H_2O = NaHCO_3 + NaOH\,.$$

Man hatte aber damals noch nicht an die Folgen dieser Erscheinung gedacht.

Parr[1] vermutet auf Grund seiner Untersuchungen mit heißer Natronlauge, daß das Brüchigwerden der Bleche von folgenden Ursachen herrühren könne:

a) Bei gewissen Wassern bildet sich im Kessel Natriumhydroxyd. Findet es Gelegenheit, sich an einigen Stellen genügend anzureichern und auf die Kesselbleche einzuwirken, so entwickelt sich freier Wasserstoff, der im statu nascendi vom Blech aufgenommen wird und die sogenannte Wasserstoffsprödigkeit hervorruft.

b) Die Alkalien dringen in das Blech ein und fressen ähnlich wie beim Überhitzen oder Verbrennen von Blechen den amorphen interkristallinischen Zement heraus.

c) Das Natriumhydroxyd verursacht eine Kristallisation, indem kleine Kristalle zu größeren zusammenwachsen.

Parr hält Fall a) für den wahrscheinlichsten und erwähnt, daß die Bildung freien Wasserstoffs bei allen seinen Versuchen nachgewiesen werden konnte. Seine Einwirkung ist aber wenigstens anfänglich nur vorübergehend, da sich das Blech nach seiner Ruhezeit, oder wenn der Angriff aufhört, wieder in seinen normalen Zustand zurückbildet. Soda (Na_2CO_3) greift als solche das Eisen nicht an, es bildet sich daher auch kein Wasserstoff. Gewisse Salze, wie z. B. Chromate haben eine paralysierende Wirkung, andere Salze, wie die Sulfate, wirken zum mindesten als Verdünnungsmittel.

Als Ergebnis der weiteren Untersuchung von William und Homerberg[2] gibt Münzinger folgendes wieder:

„a) Während der Kristallisation von Stahl werden seine Verunreinigungen großenteils an die Korngrenzen getrieben;

b) die im Blech enthaltenen Eisenoxyde und -sulfide sind die beiden Hauptursachen der sogenannten kaustischen Sprödigkeit;

c) die Oxyde werden durch den elektrolytischen Wasserstoff unter Bildung von Wasser reduziert. Infolge der hiermit verknüpften Volumenzunahme treten zu vorhandener äußerer Zugbeanspruchung noch innere, gleichfalls auf Trennung der Stahlkörner voneinander wirkende Kräfte;

d) die Sulfide werden durch die kaustische Sodalösung weggewaschen, wodurch eine für fortschreitende Anfressung günstige Oberfläche entsteht;

e) die Anfressungen werden begünstigt, wenn ein Blech auf Zug beansprucht ist, da sich dann Kapillaren bilden, durch welche die korrodierende Flüssigkeit eindringen kann;

f) ist die äußere Zugbeanspruchung genügend groß, so kann sie zusammen mit den unter c) bis e) geschilderten Einflüssen zu Blechrissen führen.“

---

[1] **Parr:** The embrittling action of sodium hydroxide on soft steel, Univ. of Ill. Bull. Nr. 94, 1917.

[2] Intercrystalline fracture in steel. Trans. of the Am. Soc. f. St. Treating 1924 und Power Bd. 59, S. 608. 1924.

Gegenüber diesen Auffassungen hat Baumann im Juni 1925 anläßlich der 50. Generalversammlung des Württembergischen Revisionsvereins Stellung genommen und dabei im wesentlichen folgendes ausgeführt[1]:

„Die für die Bildung der eigenartigen Risse, soweit sie auf die Einwirkung von Lauge zurückgeführt werden sollen, im Englischen übliche Bezeichnung „caustic embrittlement", d. h. Laugensprödigkeit, trifft das Wesen der Erscheinung nicht. Das Material wird durch die Einwirkung der Lauge nicht spröde. Material, das spannungslos der Lauge ausgesetzt wird, nimmt keine Sprödigkeit an. Dagegen kann sich Flußeisen spröde verhalten, d. h. ohne plastische Formänderung Risse zeigen, wenn es vor oder während der Einwirkung von (Natron-) Lauge über die Streckgrenze bzw. Quetschgrenze hinaus beansprucht wird. Auch die Wärme ist erforderlich, vielleicht auch der Druck. Bemerkenswert und wesentlich ist aber, daß nicht alle Bleche sich gleich verhalten, daß es Material gibt, das unempfindlich gegen die Einwirkung der Natronlauge ist, daß also doch eine gewisse Materialeigenschaft mitspielt, die für die Bildung der Risse Vorbedingung zu sein scheint.

Ferner ist noch zu erwähnen, daß bei Natronlauge eine gewisse Konzentration notwendig ist, soweit heute bekannt. Deshalb nehmen die Vertreter der neuen Hypothese an, daß an den in Betracht kommenden Stellen die erforderliche Konzentration eintrete, indem der Kesselinhalt zwischen die Bleche tritt, von außen her Erwärmung stattfindet, der Dampf entweicht, neues Wasser aber nicht zufließt. Die Frage, ob die sehr kleinen Mengen von Natronlauge, die auf solche Weise verfügbar werden, ausreichen, um an den bezeichneten Stellen Schaden auszuüben, ist noch offen und mag dahingestellt bleiben. Ebenso soll die Frage offen bleiben, warum nicht alles Flußeisen gegen Natronlauge in der bezeichneten Weise empfindlich erscheint, denn viele Eindampfapparate haben ein sehr langes Leben; hier hat die Untersuchung noch zu arbeiten. Sicher aber bleibt viererlei.

1. Fehlt die Überanstrengung, so kann die Natronlauge nach heutiger Auffassung keine Risse erzeugen.

2. Ist die Nietnaht dicht, so kommt der Kesselinhalt nicht zwischen die Bleche, und die amerikanischen Hypothesen sind gegenstandslos.

3. Es ist nicht erwiesen, daß Lauge überhaupt notwendig ist, um Risse entstehen zu lassen, wie sie an Dampfkesseln beobachtet worden sind. Vorerst erscheinen die Einflüsse der Kaltbearbeitung und Erwärmung im Zusammenhang mit den Biegungsbeanspruchungen im Betrieb und im Zusammenhang mit den Wärmespannungen, die durch Ablagerungen in undichten Nähten bedingt sind, für die Erklärung durchaus zu genügen. Daß an und in undichten Nähten Ablagerungen eintreten, ist selbstverständlich.

4. Besteht die Laugen-Hypothese zu Recht, so genügen schon Spuren von Soda zur Herbeiführung des Schadens, denn die entstehende Konzentration ist ja dann nur von der Zeit abhängig. Dann aber wäre es unmöglich, einen Kessel mit gereinigtem Wasser zu betreiben, denn Spuren von Soda bzw. Ätznatron sind stets vorhanden. Da andererseits die Wasserreinigung bei den heutigen Betriebsverhältnissen nicht entbehrt werden kann, so würde das das Ende des Dampfbetriebs heutiger Art bedeuten. Um diesem Einwand zu begegnen, schreiben Babcock & Wilcox vor, daß das Wasser gewissermaßen als Schutzmittel einen

---

[1] Baumann, R.: Über eine neue Auffassung hinsichtlich der Wirkung des Speisewassers auf die Entstehung von Kesselschäden, Z. d. Bayer. Rev.Ver. 1925, S. 165 u. f.

gewissen Gehalt an Sulfaten enthalten müsse, von anderer Seite werden Chromate und Säuren für denselben Zweck angegeben. Diese Angaben sind aber noch nicht geklärt.

Fassen wir diese vier Punkte ins Auge, so erkennen wir, daß der erste — Überanstrengung — sowie der zweite und dritte — Undichtheit der Naht — beeinflußt werden können durch gute Kesselschmiedearbeit, während der vierte noch ungeklärt scheint.

Hieraus dürfte der Schluß zu ziehen sein, daß die Laugenfrage zwar unsere volle Aufmerksamkeit verdient, daß wir aber gut daran tun werden, heute einmal das zu beachten, was sicher erwiesen ist und deshalb auf möglichst sorgfältige Arbeit an unseren Kesseln dringen."

Der von Baumann vertretenen Auffassung, daß sich die Laugenwirkung erst bei Anstrengungen oberhalb der Streckgrenze einstellt, sind die amerikanischen Forscher Parr und Straub[1] gemäß einem Versuchsbericht vom Jahre 1927 ebenfalls beigetreten. Es heißt daselbst folgendermaßen:

„These results indicate that for the steels tested the time rate of cracking is independent of the total stress once the stress passes the region of the yield point. Below the yield point no cracking occurs. This shows that apparently no cracking can be predicted even over long periods of time when the localized stress is below the region of the yield point of the boiler plate."

In bezug darauf, daß die Laugenwirkung sich erst nach Überschreiten der Streckgrenze äußert, sei hier aus dem im später eingehend Erörterten vorausgeschickt, daß der Fall der ruhenden Belastung ein praktisch außerordentlich seltener ist. Bei genauer Betrachtung zeigt sich in der Regel, daß mehr oder weniger große Schwingungen oder Spannungen auftreten. In diesem Falle wird aber ohne Laugenwirkung ein Bruch bereits bei einer Beanspruchung herbeigeführt, welche zwischen 0,35 bis 0,70 der Streckgrenze, also weit unterhalb derselben liegt. Es ist daher selbstverständlich, daß bei durch Lauge beeinflußten Teilen, welche Schwingungen ausgesetzt sind, der Bruch zum mindesten ebenfalls bei dieser Spannung zu erwarten ist.

1. Versuche von Parr und Straub.

Aus der im Jahre 1928 erschienen Zusammenfassung der Ergebnisse der Arbeiten von Parr und Straub[2] ist nachstehend das Wichtigste wiedergegeben.

Die Versuchseinrichtung zeigt Abb. 118. Hiernach wird der Probestab P durch die Kraft der Feder F auf Zug beansprucht, und zwar wird die Federkraft auf den Probestab durch eine Zugstange übertragen, welche durch den Deckel D führt und in demselben abgedichtet

---

[1] Parr, S. W. and Frederick G. Straub: „Embrittlement of Boiler Plate", Am. Soc. f. Test. Mat., Preprint 27, Juni 1927.

[2] Parr, Samuel W. und Frederick G. Straub: „Embrittlement of Boiler Plate", University of Illinois Bulletin 177.

ist. Bei den Versuchen befindet sich der Probestab P in einem mit Lauge gefüllten Behälter, welcher oben durch den Deckel D verschlossen ist. Der Behälter wird elektrisch geheizt.

Bei den Hauptversuchen lag die Versuchsbeanspruchung in einer Höhe von rd. 80% der Zugfestigkeit des Werk-

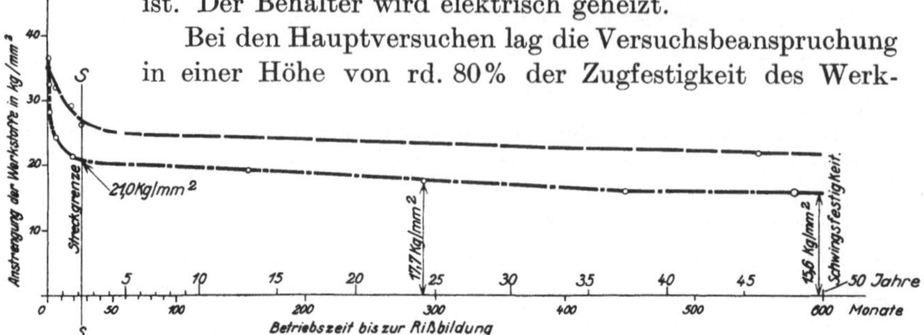

Abb. 117. Zusammenhang zwischen Betriebsdauer und Werkstoffbeanspruchung unter Zugrundelegung der Betriebsverhältnisse der 13 atü-Kessel in Abb. 116.

stoffes bei gewöhnlicher Temperatur. Der Dampfdruck betrug 35 atü, bei einer kleineren Versuchsreihe auch 7 atü.

Die Ergebnisse der Versuche zur Feststellung des Einflusses der Größe des Laugengehaltes sind in Abb. 119 zeichnerisch dargestellt. Hiernach ergab sich als ungünstigster Laugengehalt etwa 260 bis 300 g/l. Der Probestab, bestehend aus Flange steel, ist hierbei bereits nach ½ tägiger Einwirkung der Belastung gebrochen.

Abb. 120 gibt die Ergebnisse der Versuche zwecks Feststellung des Einflusses der Art und Zusammensetzung der Werkstoffe

Abb. 118. Versuchseinrichtung von Parr, welche mit dem Laugenbehälter mittels der Flansche D verbunden war.

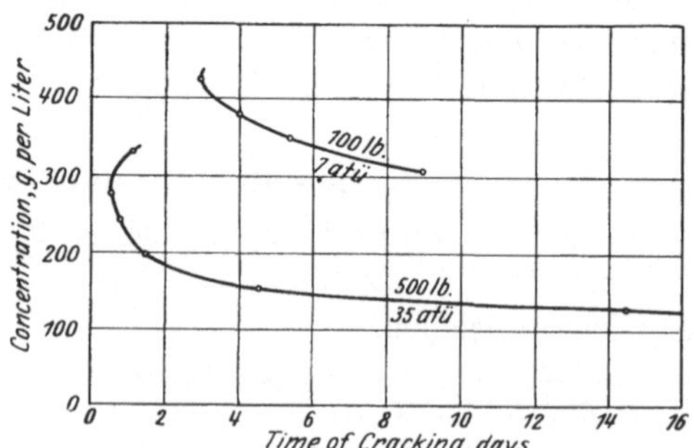

Abb. 119. Zusammenhang zwischen Laugengehalt und Belastungsdauer bis zum Bruch bei einer Belastung von 38 kg/mm² Zugfestigkeit des Werkstoffs 42,5 kg/mm².

wieder, welche unter 35 atü Dampfdruck bei einem Laugengehalt von rd. 300 g/l mit einer Anzahl verschiedener Werkstoffe erlangt worden sind. Die beiden deutschen Spezialstähle sind Izett-Material.

Aus der für die Zeit bis zum Bruch eingezeichneten Linie ist ersichtlich, daß der Bruch in der Regel zwischen 7 und 24 Stunden eintrat. Bei zwei Stahlsorten betrug die Belastungsdauer bis zu

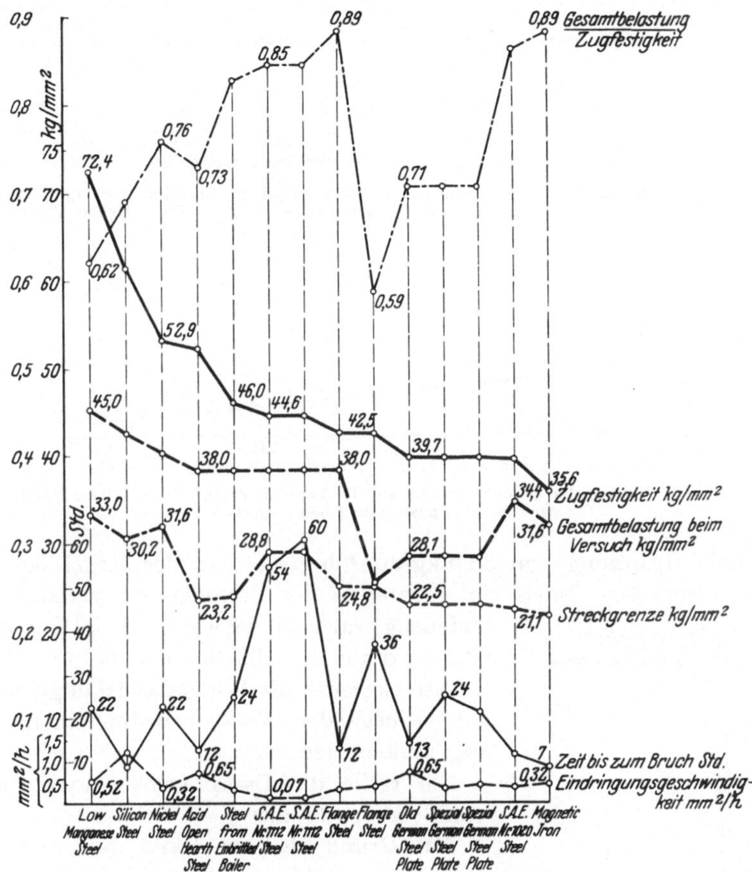

Abb. 120. Einfluß der Art und Zusammensetzung des Werkstoffes auf die Widerstandsfähigkeit in Lauge von rd. 300 g/l bei $p = 35$ atü nach Parr.

60 Stunden. Die Belastungsdauer von 36 Stunden bei einem der Probestäbe aus Flange steel steht im Zusammenhang damit, daß die Versuchsbelastung nur 0,56 der Zugfestigkeit betrug. (Vgl. den obersten Linienzug in Abb. 120.)

Eine Versuchsreihe über den Einfluß der Höhe der Versuchsbelastung lieferte die in Abb. 121 dargestellten Ergebnisse. Wie ersichtlich, fällt der Linienzug zunächst, soweit er sich auf das Spannungsgebiet von rd. 38,0 kg/mm² bis herunter zur Streckgrenze bezieht, sehr steil ab, was besagt, daß die Widerstandsfähigkeit in diesem Spannungsgebiet von geringer Dauer ist. Die nahe der Zugfestigkeit

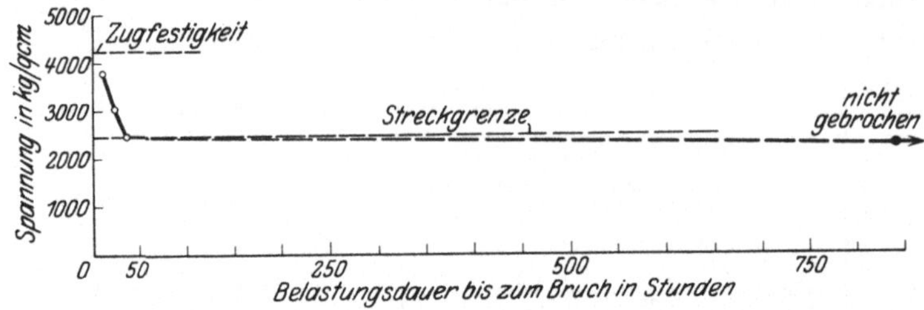

Abb. 121. Einfluß der Zugspannung auf die Belastungsdauer bis zum Bruch nach Parr. Laugengehalt 300 g/l, Dampfdruck 35 atü, Streckgrenze 24,8 kg/mm², Zugfestigkeit 42,5 kg/mm².

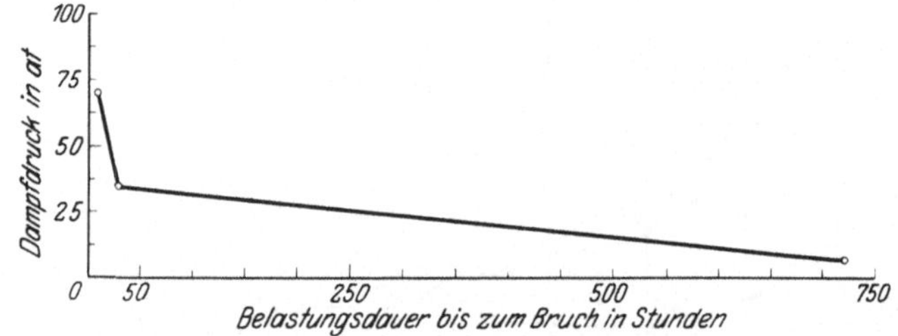

Abb. 122. Einfluß der Dampfspannung auf die Laugenbrüchigkeit bei 200 g/l NaOH nach Parr. Zugspannung nicht angegeben.

liegende Spannung von 38,0 kg/mm² herrschte in der Regel bei den Hauptversuchen. Nach Unterschreiten der Streckgrenze verläuft der Linienzug nur noch schwach geneigt zur Zeitachse, woraus zu schließen ist, daß unterhalb der Streckgrenze die Widerstandsfähigkeit bei den vorliegenden Versuchsbedingungen eine lang andauernde ist.

Die Höhe des Dampfdruckes wirkte sich gemäß Abb. 122 aus.

Auf Grund der an Hand seiner Beobachtungen gebildeten Auffassung über das Wesen der Laugensprödigkeit suchte Parr nach Vorbeugungsmitteln gegen dieselbe; er führte dabei Versuche aus mit Zusätzen von Chlornatrium, Natriumsulfat, Phosphor-, Gerb- und Essigsäure. Die Ergebnisse dieser Versuche sind in den Abb. 123 bis 127 veranschaulicht. Gemäß diesen Darstellungen versagte Chlornatrium vollständig. Mit Essigsäure war der Stab bei über 50 g/l Zusatz nach rd. 25 Tagen noch nicht gebrochen. Besonders

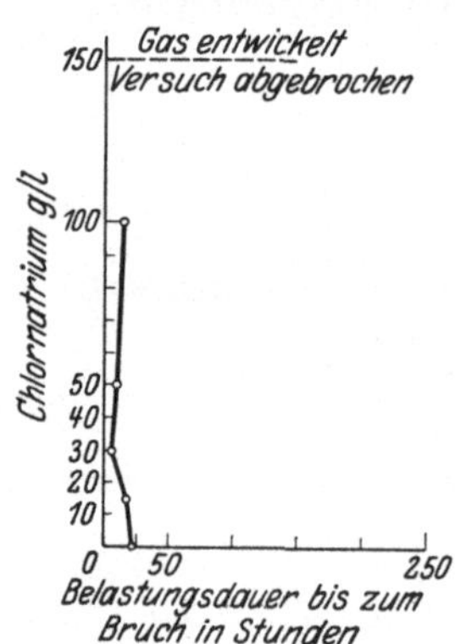

Abb. 123. Wirkung von Chlornatrium nach Parr. NaOH-Gehalt der Lösung 300 g/l. Zugspannung nicht angegeben.

günstig erscheinende Ergebnisse lieferten Natriumsulfat, Phosphor-
und Gerbsäure; dabei ist allerdings bezüglich Natriumsulfat zu beachten, daß bei den betreffenden Versuchen der NaOH-Gehalt nur

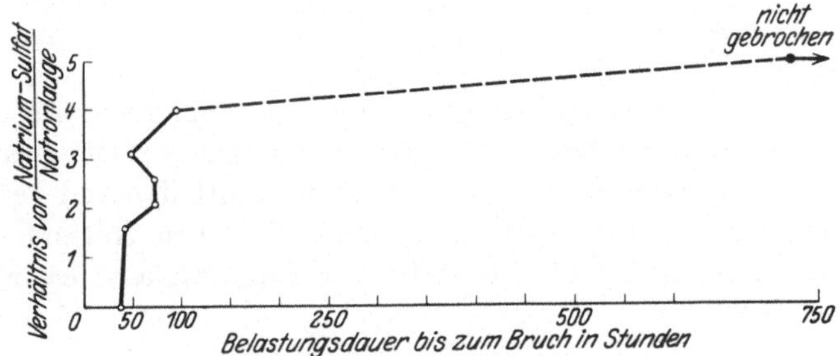

Abb. 124. Wirkung von Natriumsulfat nach Parr. NaOH-Gehalt der Lösung 120 bis 140 g/l.
Dampfdruck 35 atü, Zugspannung 35 kg/mm².

120 bis 140 g/l betrug. Weiterhin ist zu bemerken, daß die Zugspannung z. T. niedriger war als bei den Versuchen Abb. 119.

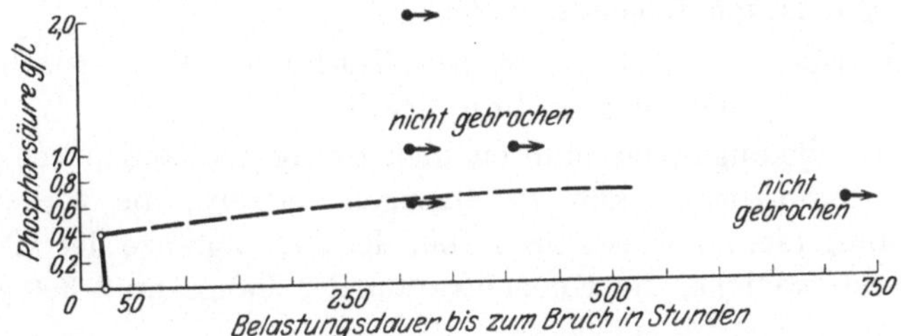

Abb. 125. Wirkung von Phosphorsäure nach Parr. NaOH-Gehalt der Lösung 280—285 g/l,
Dampfdruck 35 atü, Zugspannung 31,6 kg/mm².

Die Richtlinien, welche der amerikanische Ingenieurverein (A.S.M.E.)
für die Pflege von Dampfkesseln im Jahre 1926 herausgegeben hat,

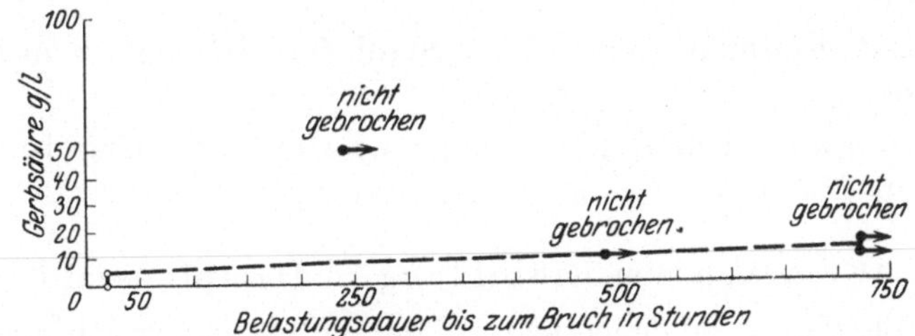

Abb. 126. Wirkung von Gerbsäure nach Parr. NaOH-Gehalt der Lösung 250 bis 290 g/l,
Zugspannung 31,6 kg/mm².

empfehlen, entsprechend den Ergebnissen der Parrschen Versuche als
Vorbeugungsmaßnahmen gegenüber den Laugeneinflüssen einen Zusatz
von Natriumsulfat in folgendem Verhältnis.

Betriebsdruck atü	Natrium- karbonat	Verhältnis zu	Natrium- sulfat
0/10	1	zu	1
10/18	1	zu	2
18 und darüber	1	zu	3

In bezug auf die Entwicklung der Brüche nahm Parr an, daß sich unter dem Einfluß der Lauge längs den Kornfugen fortschreitend Risse bilden und daß dadurch der tragende Querschnitt dauernd verkleinert wird. Der Bruch tritt ein, wenn in dem restlichen tragenden Querschnitt die Spannung auf die Höhe der Zugfestigkeit des Materials gewachsen ist.

2. Folgerungen Parrs aus seinen Versuchsergebnissen und sonstigen Beobachtungen.

Die in der Veröffentlichung von Parr und Straub enthaltenen Folgerungen lauten folgendermaßen.

a) Schlüsse, welche aus der früheren Veröffentlichung (Bulletin 155) wiedergegeben sind:

1. Zwei Bedingungen mußten gleichzeitig vorhanden sein, um in weichem Stahl Brüchigkeit zu erzeugen; erstens, die wirkende Beanspruchung (actual stress) muß über der Streckgrenze des Werkstoffs liegen, und zweitens, die Konzentration der Lauge muß 350 g/l überschreiten.

2. Andere im Kesselwasser vorkommende Salzlösungen als Ätznatron greifen den beanspruchten Werkstoff nicht an.

3. Reines Eisen bricht ebenso wie gewöhnliches Kesselblech; die Beigabe von Nickel bis zu 3,5% zum Stahl beugt der Rißbildung nicht vor.

4. Kaltverformung macht den Stahl für Brüchigkeit nicht empfindlicher.

b) Zusammenfassende Besprechung der Ergebnisse in Bulletin Nr. 177 vom 5. Juni 1928.

Ursachen der Rißbildung in Dampfkesseln.

Die Ergebnisse, zu denen man bei der Untersuchung von praktischen Fällen rissig gewordener Kessel und bei Versuchen im Laboratorium gelangt, können folgendermaßen zusammengefaßt werden.

1. In den untersuchten praktischen Fällen von Rißbildung war weder die Bauart noch die Werkstattarbeit für den Schaden verantwortlich.

2. Im Werkstoff der Kesselbleche konnten keine Fehler gefunden werden; die Eigenschaften erfüllten die Erfordernisse der Vorschriften vollständig.

3. Abgesehen von der Art des Speisewassers, welches verwendet wurde, war der Betrieb der Kessel zufriedenstellend.

4. In allen Fällen von rissig gewordenen Kesseln wurde eine alkalische Beschaffenheit des Kesselwassers mit einem geringen Sulfatgehalt gefunden.

5. Der einzige Stoff, welcher sich in diesen Kesselwässern vorfand und welcher bei beanspruchtem Stahl Brüchigwerden bewirken kann, ist Natriumhydroxyd.

6. Vermehrung des Sulfatgehaltes bewirkte sowohl bei Laboratoriumsversuchen als auch im Betrieb von Dampfanlagen eine Verringerung oder ein Aufhören des Brüchigwerdens.

7. Als Ergebnis der Versuche sind neue Mittel zur Vorbeugung gegen Brüchigwerden festgestellt worden.

Alle Feststellungen an Dampfanlagen zeigen, daß Risse mit interkristallinem Verlauf nur auftreten, wenn alkalisches Speisewasser mit niedrigem Sulfatgehalt benutzt wurde. Dieses Rissigwerden ist aufgehalten worden durch Erhöhung des Sulfatgehaltes oder durch Verringerung des Gehalts an Natriumhydroxyd. Anlagen, welche Jahre hindurch frei von Rißbildung waren, haben plötzlich die Schäden aufgewiesen, sobald alkalisches Wasser benutzt wurde. Die Versuchsergebnisse zeigen, daß Natriumhydroxyd der einzige chemische Stoff im Wasser ist, welcher diese Art Risse im beanspruchten Stahl verursacht. Die Wechselbeziehung dieser beobachteten Tatsachen beweist endgültig, daß das schädliche Mittel im Kessel das Natriumhydroxyd gewesen ist. Die einzigen Fragen, welche entstehen, sind: wie wirkt das Ätznatron in den Nähten? und wieso ist eine Anstrengung von einer Größe vorhanden, die ausreicht, um ·die Ätznatronwirkung eintreten zu lassen? Es kann nachgewiesen werden, daß Dampfkessel mit einem Sicherheitsfaktor von rund 5 eine berechnete Anstrengung von 7,7 bis 8,5 kg/mm² zwischen den Nietlöchern haben. Bei dieser Berechnung wird theoretisch angenommen, daß die Nietlöcher in einer Reihe liegen, daß die Spannung überall gleichmäßig ist und daß der Werkstoff homogen ist und überall die gleichen physikalischen Eigenschaften besitzt. Wird in Betracht gezogen, daß an der Kante eines Nietloches infolge der Unterbrechung im Blech die Spannung etwa das Dreifache der durchschnittlichen Spannung des Bleches beträgt, d. i. ungefähr 23,1 kg/mm², so befindet sich die Anstrengung angenähert in Höhe der Streckgrenze. Wenn man noch die Steigerung der Anstrengung berücksichtigt, welche durch die Tatsache herbeigeführt wird, daß die Löcher in Wirklichkeit nicht in einer geraden Linie liegen können, daß der Nietdruck geringe Formänderungen verursacht, daß das Verstemmen eine erhebliche Beanspruchung verursacht usw., so kann kein Zweifel sein, daß eine örtliche Anstrengung von der Größe der Streckgrenze besteht. Die in den Laboratoriumsversuchen verwendeten Proben bestehen aus Stahl, sie wurden unmittelbar auf Zug beansprucht.

Beim Nieten wird das Blech in der unmittelbaren Umgebung des Nietloches durch die Vergrößerung des Nietschaftquerschnittes mehr oder weniger beansprucht. Baumann stellt fest, daß sogar, wenn eine Nietkraft verwendet wird, die kaum genügt, um richtig ausgeprägte und abdichtungsfähige Nietköpfe zu erlangen, das Material der Bleche immer noch über die Streckgrenze beansprucht wird. Um dieses zu bewahrheiten, wurden Proben von Stahl mit kleinen Nieten, welche in Löcher in dem Stahl hineingezwängt worden waren, in eine Ätznatronlösung unter Dampfdruck gebracht. Als sie nach drei Tagen herausgenommen wurden, fand man kleine Risse, welche von den Rändern der Löcher ausstrahlten. Die einzige Dehnungskraft im Stahl war diejenige, welche durch die Wirkung der das Loch ausfüllenden Niete hervorgebracht worden war.

Bei manchen Kesseln ist ein Sicherheitsfaktor von nur 3½ benutzt worden, und doch hat die hohe daraus entstandene Beanspruchung allein kein Brüchigwerden hervorgerufen. Die verwendeten Sicherheitsfaktoren sind Resultate jahrelanger Erfahrung im Entwerfen und im Betrieb von Kesseln und auch in der Benutzung von Kesselblechen. Es liegen viele Beispiele für das Vorhandensein von Beanspruchungen der Kesselbleche vor, welche die Streckgrenze erreichen.

Die Resultate in Laboratorien zeigen, daß ein Gehalt von Ätznatron von rd. 60 g/l Lösung das Brüchigwerden eines Stückes beanspruchten Stahles verursacht. Es ist auch veranschaulicht worden, daß, wenn man die Lösung als dünne Schicht zwischen zwei Platten durchgehen läßt, sowohl die für das Brüchigwerden erforderliche Zeit als auch die notwendige Konzentration verringert werden. Die Tatsache, daß das Reißen in kürzerem Zeitraum vor sich geht, wenn man die Lösung zwischen zwei Platten hindurchgehen läßt, kann auf zweierlei Arten erklärt werden.

Die erste Erklärung ist, daß die Konzentration infolge mangelhafter Zirkulation und Reaktion des Stahles lokal verstärkt wird. Analysen, die man von dem Belag auf dem Eisen nach der Berührung mit dem Ätznatron machte, ergaben ihn als Fe_3O_4. Die Reaktion, um dieses zu erzeugen, ist zweifellos $3\,Fe + NaOH + 4\,H_2O = Fe_3O_4 + NaOH + 4\,H_2$. Das NaOH wirkt bloß als Beschleunigungsmittel, indem es die elektromotorische Kraft der Lösung in bezug auf den Stahl erhöht. Die einzigen Materialien, welche tatsächlich in Reaktion treten, sind Eisen und Wasser. Beim Verbrauch des Wassers konzentriert das Ätznatron in der Lösungsschicht und erhöht die Reaktion.

Die zweite Erklärung ist diejenige, daß eine dünne Lage der Flüssigkeit in unmittelbarer Berührung mit zwei Platten eine stärkere Aktivität besitzen wird als eine größere Menge der Lösung, welche ein Stück Stahl umgibt. Es ist nicht möglich die tatsächliche Konzentration in der Naht festzustellen. Baumann[1] hat gezeigt, daß eine Konzentration stattfinden kann in einer theoretisch konstruierten Naht, bei welcher eine Möglichkeit einer Ausbreitung vorlag, aber kein Durchsickern nach außen. Wenn die Diffusionsmöglichkeit verringert würde, entsprechend den tatsächlichen Kesselverhältnissen, so besteht kein Zweifel, daß eine viel höhere Konzentration erlangt wird, als Baumann feststellte. Berl[2] hat die Forschungsergebnisse über die Möglichkeit der Laugenkonzentration in Nähten veröffentlicht, ferner diejenigen über die Wirkung von Ätznatronlösungen auf Eisen bei hohen Drücken. Er fand, daß Ätznatronlösungen von ungefähr 200 Gramm pro Liter bei einer Pressung von 100 Atmosphären das Eisen rasch angreifen unter Entwicklung von Wasserstoff. Bei einem Gehalt an Ätznatron, wie er in Dampfkesseln normal ist, findet er nur eine geringe Wirkung auf Stahl. Hieraus schloß er, daß das Ätznatron konzentriert werden muß, bevor es die Kesselbleche angreift und machte Versuche, um festzustellen, ob die Lösungen in den kleinen Spalten der Nähte konzentrieren. Er verwendete Kapillarrohre, welche an einem Ende verschlossen und am offenen Ende mit größeren Röhren verbunden wurden. In die Rohre wurden Salzlösungen von ungefähr ein Gramm pro Liter eingebracht. Das Volumen der Lösung in dem Kapillarteil war außerordentlich klein im Verhältnis zu demjenigen in den größeren Rohren. Die Kapillarrohre wurden erhitzt und die Flüssigkeit auf diese Weise verdunstet. Die kleine Menge der Flüssigkeit in dem Kapillarrohr ließ beim Verdunsten eine kleine Menge von Salz an den Wänden zurück. Sobald das Kapillarrohr abgekühlt war, floß die Flüssigkeit aus dem größeren Rohre hinein. Nachdem das Erhitzen und Abkühlen öfters wiederholt worden war, konzentrierte sich die Lösung in dem Kapillarrohr langsam, während die Lösung in dem größeren Rohr, welches damit verbunden war, praktisch gleich blieb wie am Anfang. Durch dieses Verfahren ließ Berl die Lösungen in dem Kapillarrohr ihren Sättigungspunkt erreichen, mit darauffolgenden Niederschlägen des Salzes aus der Lösung, ohne eine Konzentration der Lösung in dem größeren Rohr zu erzeugen. Alsdann zeigte er

---

[1] Arch. f. Wärmewirtsch. 1926, S. 255 u. f.

[2] Berl, E., H. Staudinger und K. Plagge: Untersuchungen über die Einwirkung von Laugen und verschiedenen Salzen auf Eisen, Mitt. über Forscharb. H. 295. 1927.

weiter, daß die Nähte in Dampfkesseln zahlreiche Kapillarzwischenräume haben, in welchen die Lösungen auf diese Weise konzentriert werden können. Die Erhöhung und Erniedrigung des Dampfdruckes, das Erhitzen und Abkühlen des Kessels usw., alles das trägt dazu bei,

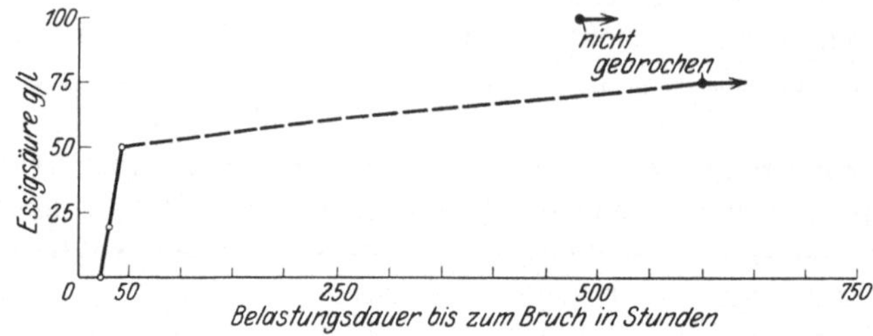

Abb. 127. Wirkung von Essigsäure nach Parr. NaOH-Gehalt der Lösung 280—290 g/l, Zugspannung 31,6 kg/mm².

eine langsame Konzentration in diesen Kapillarzwischenräumen zu begünstigen.

Bei diesen Versuchen wurde eine Diffusion auf ein Minimum beschränkt. Wenn außerdem noch die Lösung, entsprechend Ätznatronlösungen, auf den Stahl wirkt, so wird die chemische Reaktion selbst eine Steigerung der Konzentration hervorrufen, sobald es an ausreichender Zirkulation mangelt. Wenn eine kleine Undichtigkeit vorhanden ist, erhöht sich die Möglichkeit der Konzentration. Alle diese Erwägungen zeigen, daß eine Erhöhung der Konzentration innerhalb der Naht in einem Grade stattfinden kann, der ein Brüchigwerden verursacht. Abb. 128 zeigt die Punkte der möglichen Konzentration in stark vergrößerter Art. Abb. 129 gibt eine brüchig gewordene Naht mit entfernter Lasche wieder. Die Stellen,

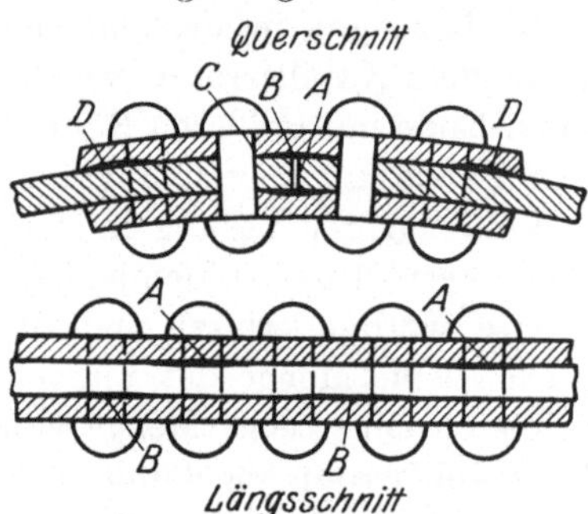

Abb. 128. Hohlräume in Nietverbindungen, in welchen nach Parr Anreicherung des NaOH-Gehaltes eintritt.

an welche die Lösung zwischen die Platten eingedrungen ist, sind deutlich sichtbar. Etwas von dem Niederschlag, den die Lösung zurückließ, ist noch auf den Platten.

Man lenkte kürzlich die Aufmerksamkeit einer großen Zentralkraftanlage auf diese Untersuchung. Die Anlage arbeitet mit einem Betriebsdruck von 16 atü und benutzt nur 8% mit Zeolit behandeltes Flußwasser. Das Verhältnis Natriumkarbonat zu Natriumsulfat war 6 : 1 statt ungefähr 1 : 3. Eine Prüfung des Kesselwassers zeigte, daß der Prozentsatz von Hydroxyd ungefähr das Dreifache von dem des Karbonates betrug, was den allgemeinen Bedingungen für Kessel mit diesem Druck und dieser Art Wasser entspricht. Bei der Besichtigung dieser Kessel zeigte sich, daß sich langsam ein schneeartiges Salz auf der Innenseite der Trommel an den Laschenkanten bildete. Nach Abkratzen bildete sich langsam wieder neues Salz. Untersuchung ergab, daß dieses Salz Natriumkarbonat war. Hiermit ist bewiesen, daß die Nähte zweifellos eine hochkonzentrierte Lösung von Hydroxyd enthielten, welches langsam heraussickerte und in Verbindung mit dem Kohlendioxyd der Luft das schneeähnliche Karbonat bildete. Es wurde berechnet, daß wenigstens 2 oder 3 Gramm dieses Stoffes von einem Teil der Naht von nur einem Fuß Länge entfernt wurden. Wurde die im Kessel erreichte höchste Konzentration in Betracht gezogen, so ergab sich, daß ungefähr 3 Liter Kesselwasser erforderlich sein würden, um diese Salzmenge abzugeben. Da der Kessel neu entworfen und noch nicht lange hergestellt worden war, ist es höchst unwahrscheinlich, daß diese Wassermenge in der Naht vorhanden war. Folglich besteht der einzige zu ziehende Schluß darin, daß die aus der Naht aussickernde Lösung viel mehr konzentriert war, als es im Kesselwasser jemals der Fall gewesen sein kann. Als der Kessel revidiert wurde, lagen noch keine Schäden vor, welche die Unkosten einer gründlichen Prüfung auf Laugenbrüchigkeit gerechtfertigt hätten. Der Kessel befindet sich unter strenger Überwachung weiter im Betrieb.

Die Erzeugung von interkristallinen Rissen in Stahl, welcher der Einwirkung von Ätznatronlösungen nicht ausgesetzt war, ist interessant und sollte nicht vergessen werden. Es ist bekannt, daß nichteisenhaltige Metalle unter gewissen Korrosions- und Beanspruchungsverhältnissen unter interkristalliner Korrosion versagen. Es ist nicht unverständlich, wenn angenommen wird, daß gewisse Beanspruchungs- und Korrosionszustände eine interkristalline Schwächung im Kesselblech herbeiführen können. Die Erhitzung von Stahl an der Luft bei hohen Temperaturen (Verbrennen) verursacht eine interkristalline Schwächung. Beanspruchter Stahl in Verbindung mit gewissen geschmolzenen Metallen versagt durch interkristalline Schwächung, eine Kesselplatte ist in den Nietnähten von Nitratverdampfern rissig geworden usw. Alle diese Fälle zeigen, daß diese Art von Brüchen auf verschiedene Weise durch Zerfressen oder Angreifen der Korngrenzen hervorgerufen werden kann.

Wenn nur das Vorkommen von interkristallinen Rissen in einem Kessel der einzige erhältliche Beweis wäre, würde es nicht richtig sein, daraus zu folgern, daß die Risse von dem Ätznatron herkämen, nur weil das Ätznatron derartige Risse im Stahl herbeiführt. Aber wenn in Hunderten von Fällen dieser Art von Brüchen, die in den Vereinigten Staaten vorgekommen sind, sich zeigt, daß der einzige gemeinsame

Umstand bei allen angegriffenen Kesseln die Gegenwart von Ätznatron im Kesselwasser bildet und wenn sich zeigt, daß Ätznatron allein von allen im Kesselwasser vorgefundenen Chemikalien den Stahl in dieser Weise rissig macht, ist es da nicht logisch, den Schluß zu ziehen, daß Ätznatron das zu den Rissen beitragende Mittel ist. Es ist ferner gezeigt worden, sowohl in Betriebsanlagen als auch in Laboratorien, daß das Brüchigwerden aufhört, sobald die Ätzwirkung durch die Gegenwart von Sulfaten verhindert wird.

Bevor die Anwesenheit von Ätznatron als endgültige Ursache für die Rißbildung angenommen wird und bevor geschlossen wird, daß alle natriumkarbonathaltigen Speisewasser ohne die Gegenwart der erforderlichen Menge von Sulfaten eine Behandlung erfahren sollten, um dem Brüchigwerden entgegenzuarbeiten, bleibt noch eine andere Frage zur Beantwortung übrig. Diese ist: „Warum waren manche Kessel mit alkalischem Wasser dieser Art jahrelang im Betrieb, ohne zu versagen?" Es wurde versucht in allen zugänglichen Anlagen, welche anscheinend erfolgreich unter diesen Verhältnissen arbeiten, nachzufragen. Der erste untersuchte Fall war der einer Kraftanlage, welche alkalisches Brunnenwasser benutzte. Die Kessel waren über 7 Jahre alt und arbeiteten mit einem Druck von rd. 12 atü. Analysen des Kesselwassers zeigten, daß das von A.S.M.E. empfohlene Verhältnis nicht vorhanden war. Das Hydroxyd bildete sich rasch in dem Kessel. Ein Grund, warum er nicht versagte, konnte nicht angegeben werden. Sechs Monate später fand man jedoch, daß die Dampfkessel dieser Anlage sehr brüchig geworden waren. Man muß hieraus mangels gegenteiligen Beweises schließen, daß alle Kessel, welche mit dieser Art von Speisewasser arbeiten, einerlei ob dieselbe natürlich ist oder infolge einer Behandlung des Wassers erzeugt wird, in erhöhter Gefahr des Brüchigwerdens schweben.

Vor kurzem wurden zwei Kesselanlagen untersucht, welche ein Speisewasser benutzten, das ungefähr 12 grains pro U.S. gallon Natriumkarbonat und kein schwefelsaures Salz enthielt. Diese Anlagen arbeiteten mit einem Druck von rd. 9 atü. Der Prozentsatz von Natriumkarbonat in dem Kesselwasser war immer wenigstens dreimal, und in vielen Fällen zehn- und fünfzehnmal so groß wie derjenige von Hydroxyd. Der einzige mögliche Schluß in diesen Fällen war, daß eine Zersetzung des Karbonats verzögert worden war und sich daher nie so viel Hydroxyd bildete, daß dieses schädlich sein konnte.

Wenn alle zur Untersuchung überlassenen Beweismittel zusammengefaßt und in Wechselbeziehung mit den Ergebnissen der Laboratoriumsforschung gebracht werden, so erscheint es klar, daß das Brüchigwerden sich auf alle Fälle bezieht, bei welchen Wasser mit hohem Gehalt an Natriumkarbonat und sehr geringem Sulfatgehalt verwendet wurde.

Verfahren zur Verhinderung des Brüchigwerdens.

Dem Brüchigwerden kann anscheinend Einhalt getan werden durch die folgenden Methoden:

1. Die Beseitigung hoher örtlicher Anstrengungen,
2. Die Beseitigung von Stellen in den Nietnähten, an welchen die Lauge Konzentrationsmöglichkeit besitzt.
3. Geeignete Behandlung des Speisewassers.

Die vollständige Vermeidung von örtlich hohen Beanspruchungen des Werkstoffes kann vielleicht in Zukunft erreicht werden, aber solche Stellen kommen natürlich bei allen Kesseln vor, die bis jetzt gemacht wurden; dies liegt in der Bauart, an der Konstruktion und am Betrieb. Es ist bereits in den letzten Jahren viel in der Richtung der Herstellung von Nähten, welche gut anliegen, getan worden; ferner durch Einführung der geradlinigen Lage der Nietlöcher, der Benutzung von bearbeiteten Nieten, der Kontrolle des Nietdrucks usw. Diese Verbesserungen erstreben alle eine Verminderung örtlicher Anstrengungen; aber so lange noch Vernietungen ausgeführt werden, werden sicherlich auch hohe Anstrengungen vorkommen. Natürlich trägt schlechte Werkstattarbeit zum Auftreten hoher örtlicher Beanspruchungen bei, und es sollten alle möglichen Mittel ergriffen werden, welche geeignet sind, die Beanspruchungen des Werkstoffs so zu verringern als es die Herstellung von dichten brauchbaren Nähten zuläßt.

Die Beseitigung von Stellen der Naht mit hoher Anstrengung wird bei neuen Kesseln für höheren Druck bis zu einem gewissen Grad bereits dadurch erreicht, daß das Anliegen der Bleche mit fast unglaublicher Genauigkeit herbeigeführt wird. Die Verwendung von Innenabdichtungen durch neu entwickelte Dichtungsmaschinen und das Offenlassen der Außenkanten gestatten das Auffinden einer Undichtigkeit und verringern die Möglichkeit der Laugenkonzentration in den Nähten.

Verbesserte Bauart und Konstruktion der Kessel werden zweifellos viel dazu beitragen, die Möglichkeit des Brüchigwerdens zu vermindern, doch sind sie augenblicklich nur für Kessel bei höherem Druck und bei größeren Anlagen anwendbar. Bei kleineren Kesseln und solchen für niedrigen Druck verursachen die Achtsamkeit und die sorgfältige Arbeit, die für die Herstellung dieser verbesserten Nähte notwendig ist, zu große Kosten. Außerdem müßte der Kesselbesitzer, welcher ein Wasser benützt, welches nicht stark brüchig macht, Vorbeugungsmaßnahmen bezahlen, die nur für Anlagen notwendig sind, in welchen die Möglichkeit des Brüchigwerdens besteht. Ein anderer Umstand, welcher berücksichtigt werden muß, ist, daß die Kessel, welche jetzt im Gebrauch sind, nicht ausgewechselt werden können, sondern die ganze für dieselben vorgesehene Zeit in Betrieb bleiben müssen. Das einzige, was zum Schutz alter Kessel und zur Sicherung neuer Kessel getan werden kann, ist eine Behandlung des Speisewassers derart, daß die brüchigmachende Wirkung des Ätznatrons aufgehoben wird.

Die richtige Behandlung hängt gänzlich von der Art des Speisewassers und dem Dampfdruck ab. Wenn ein natürliches Natriumkarbonat-Wasser benützt wird und der Sulfatgehalt gering ist, kann das Wasser durch Sulfatzusatz das A.S.M.E.-Sulfatverhältnis erreichen. Wenn Klärungsbehälter vorhanden sind, kann eine Kalkbehandlung mit darauffolgendem kontrolliertem Zusatz von Aluminiumsulfat, Eisensulfat oder Schwefelsäure verwendet werden. Die Verwendung von Sulfaten oder Schwefelsäure sollte nur unter Beratung mit einem Chemiker unternommen werden, welcher mit diesem Zweig der Wasserbehandlung vertraut ist, auch sollte durch häufige Analysen die Richtigkeit der Behandlung des Wassers nachgeprüft werden. Wenn das Wasser Natriumkarbonat als Folge von Soda- oder Zeolitbehandlung enthält, so kann ebenfalls die Sulfatbehandlung vorgenommen werden.

Eine Vorrichtung um Schwefelsäure in fortlaufender Weise hinzuzufügen, ist erhältlich und kann mit verhältnismäßig geringen Kosten eingebaut werden.

Bei höherem Dampfdruck ist es, wenn Kalziumsalze im Kessel sind, schwer, das Sulfatverhältnis aufrecht zu erhalten, ohne einen Belag von Kesselstein zu verursachen; auch bei kleinen Niederdruckanlagen, wo eine Aufsicht von erfahrenen Chemikern fehlt, kann die Sulfatbehandlung nicht ohne weiteres vorgenommen werden. Bei Anlagen dieser Art ist die Benutzung von phosphorsauren oder gerbsauren Salzen zu empfehlen. Zur Erzielung einer Wirkung muß hinreichend Phosphat genommen werden, einerseits zur Reaktion mit den Kalzium- und Magnesiumsalzen, andererseits damit eine genügende Menge zur Bildung eines bestimmten Verhältnisses mit dem Natriumkarbonat zurückbleibt. Ebenso muß genug gerbsaures Salz verwendet werden, damit noch ein Überschuß im Kessel zurückbleibt. Jeder chemische Stoff hat sein eigenes besonderes Feld und sollte nur nach Beratung durch einen Fachmann der Wasserbehandlung verwendet werden.

Für Verdampfer, bei welchen alkalisches Wasser benutzt wird, war die Verwendung von Phosphat sehr vorteilhaft. Die Beträge, welche hinzuzufügen waren, sind verhältnismäßig klein. Das Phosphat beseitigt die Härte und hält den Kessel frei von Kesselstein.

Mechanik des Brüchigwerdens im Laboratorium.

Die im Laboratorium erzielten Ergebnisse stimmen mit den im Bulletin Nr. 155 zum Ausdruck gebrachten Gedanken überein. Stahl hat eine bestimmte elektromotorische Kraft in bezug auf Ätznatron. Wenn diese elektromotorische Kraft genügend hoch ist, wird das Eisen unter Entwicklung von Wasserstoff und der Bildung eines Belags von Fe_3O_4 (magnetisches Oxyd) angegriffen. Die elektromotorische Kraft des Stahls, welcher mit diesem Oxyd überzogen ist, ist niedrig in bezug auf die Natronlösung, aber das frische Metall unter dem Belag hat eine hohe elektromotorische Kraft gegenüber der Lösung, ein Zustand, welche ein Durchdringen begünstigt. Bei dem unter Spannung befindlichen Stahl sind die Kornfugen stark beansprucht, ein Zustand, welcher sich zu den bereits gesteigerten chemisch aktiven Eigenschaften gesellt und ein Durchdringen an diesen Punkten beschleunigt.

Daß das Rissigwerden das Ergebnis einer elektromotorischen Kraft zwischen Stahl und Lösung ist, haben die verschiedenartigen Versuche gezeigt. Erstens: eine Erhöhung der Temperatur verursacht eine Zunahme der elektromotorischen Kraft zwischen Metall und Lösung und verringert folglich die notwendige Konzentration. Zweitens: irgendein Salz, welches diese elektromotorische Kraft zu zerstören pflegt, wie z. B. chromsaures Salz, verhindert sofort nach Zugabe das Rissigwerden. Drittens: Wenn die Konzentration erhöht wird, so wird Wasserstoff frei erzeugt und das Rissigwerden hört auf, da die Wirkung wegen zu hoher elektromotorischer Kraft, welche einen allgemeinen Angriff begünstigt, keine auswählende mehr ist. Viertens: Das Zeitverhältnis kann geändert werden, wenn ein Behälter benutzt wird, von dem der Oxydbelag entfernt worden ist, wodurch die elektromotorische Kraft des Probestückes in bezug auf den Behälter gewechselt wird.

Aus den Angaben, welche erhältlich waren, ergibt sich die folgende kurzgefaßte und zweifellos unvollständige Erklärung für die besondere Art der Rißbildung.

Das Wesentlichste ist eine Lösung, welche eine elektromotorische Kraft in bezug auf Stahl besitzt, die gerade genügt, um die Reaktion zu begünstigen.

$$3\ Fe + 4\ OH = Fe_3O_4 + 4\ H\ .$$

Die elektromotorische Kraft darf nicht höher sein, als notwendig, um diese Reaktion bei der dabei in Betracht kommenden Temperatur zu beginnen. Wenn sich das Metall in ungespanntem Zustand befindet, bildet sich ein dünner fester Überzug von Oxyd, welcher langsam unter Bildung einer dickeren Schicht durchdrungen wird, und gegebenenfalls das ganze Metall in Oxyd verwandelt. Der Angriff ist ziemlich gleichmäßig und durchdringt das Metall an allen Punkten gleichmäßig. Wenn das Metall unter diesen Verhältnissen einer hinreichenden mechanischen Beanspruchung unterworfen wird, dann werden die Kornfugen besonders in Mitleidenschaft gezogen, erstens durch die erhöhte chemische Wirkung, welche die dort infolge der Spannung gesteigerte Energie hervorruft, und zweitens durch eine erhöhte elektromotorische Kraft, die an diesen Punkten bei hoher Beanspruchung erzeugt wird. Wenn die elektromotorische Kraft gerade ausreicht, die Wirkung auf das Metall zu begünstigen, so wird diese geringe Verstärkung genügen, um an den Korngrenzen ein viel schnelleres Durchdringen zu begünstigen. Die entstehenden Stoffe, d. s. Fe_3O_4 und H_2, haben beide die Neigung weiteres Durchdringen zu begünstigen. Williams und Homerberg haben bereits darauf hingewiesen, daß kathodischer Wasserstoff in die feinen Kapillaren an den Korngrenzen eindringt und etwaige Oxyde unter Bildung von Wasser und unter Volumenzunahme reduziert und auf diese Weise die Spannung an den Korngrenzen erhöht. Dieses Produkt der chemischen Vorgänge verstopft die Spalten nicht und verhindert auch nicht eine weitere chemische Wirkung, aber infolge seines elektromotorischen Kraftverhältnisses zur Lösung und des auf der Innenseite frischen Metalls wirkt es als anreizendes Mittel und erhöht die Wirkung an diesen Punkten.

Wenn die elektromotorische Kraft hoch ist, z. B. wenn sie durch die Wirkung einer Säure auf ein Metall erzeugt wird, ist die Entstehung von H_2 allgemein und irgendein geringer Unterschied in der Wirkung zwischen den Körnern und ihren Fugen ist nicht zu beachten infolge des Übermaßes durch die Säure erzeugter elektromotorischer Kraft. Wenn eine zu konzentrierte kaustische Lösung bei höheren Temperaturen verwendet wird, wird das Versuchsstück gewöhnlich zerfressen und wird sogar unter Spannung nicht rissig werden. Hierbei ist der Angriff so allgemein und lebhaft gewesen, daß der Einfluß der kleinen Korngrenze verloren geht.

Der hemmende Einfluß von schwefelsaurem Natrium ist auf dieser Basis leicht erklärlich. Das Salz, welches herauskristallisiert, bildet eine gesättigte Lösung auf der unmittelbaren Oberfläche des Metalls, verringert die elektromotorische Kraft des Metalls und verhindert die weitere Wirkung. Es ist keine verstopfende Wirkung, wie manche meinten, wodurch die Lösung ferngehalten wird. Das Salz spielt die Rolle einer Pufferlösung und verringert die elektromotorische Kraft. Jede oxydierende Lösung, wie chromsaures Salz, wird diese Wirkung hervorbringen. Die Phosphate, Azetate und gerbsauren Salze wirken alle als Puffer und halten die elektromotorische Kraft zu niedrig, als daß eine Wirkung eintreten könnte.

Gegenstände für weitere Forschungen.

Es bleibt noch viel zu tun übrig in der Auffindung neuer Hemmungsmittel und im Studium der Anwendung der Hemmungsmittel bei der Kesselwasserbehandlung. Ein weiteres Studium des Rissigwerdens von Kesselblechen unter wiederholter Beanspruchung und kaustischem Angriff würde Anhaltspunkte liefern, ob die Spannung bei der der Angriff beginnt, bis unter die Streckgrenze verringert werden kann.

Ein eingehendes Studium der wirklichen Mechanik des Brüchigwerdens ist notwendig, um die Reaktion zu verstehen, welche zwischen dem beanspruchten Metall und der kaustischen Lösung stattfindet.

Zusammenfassung der Schlußfolgerungen.

Die allgemeinen Folgerungen, welche aus den erlangten Ergebnissen der Untersuchung gezogen werden können, seien folgendermaßen zusammengefaßt:

1. Sprödigkeit in Kesselblechen wird verursacht durch die vereinigte Wirkung von Beanspruchung und chemischem Angriff. Die Anstrengungen hängen mit der Konstruktion und dem Betrieb der Kessel zusammen, während der chemische Angriff durch die Anwesenheit von Natriumhydroxyd im Kesselwasser verursacht wird.

2. Gewisse Verfahren der Wasserbehandlung neigen zur Verwandlung irgendeines unschädlichen Wassers in die für die Erzeugung kaustischer Sprödigkeit kennzeichnende Art.

3. Die Anwesenheit von Natriumsulfat im Speisewasser erzeugt eine Neigung zur Verzögerung der sprödmachenden Wirkung von Natriumkarbonat haltigem Speisewasser; bei geeignetem Verhältnis wird dieselbe gänzlich beseitigt.

4. Die Anwesenheit von phosphor-, gerb-, chrom-, essigsauren Salzen wird demnach die Erzeugung der kaustischen Sprödigkeit hemmen, wenn diese Salze sich in geeigneten Mengen im Kesselwasser befinden.

5. Verfahren über die Einführung dieser eindämmenden Mittel sind ausgearbeitet und in großen Kesselanlagen in Verwendung.

6. Es fand sich kein für Kesselbleche geeigneter Stahl, welcher gegen die sprödmachende Wirkung von kaustischer Soda widerstandsfähig ist.

3. Nachprüfung der Parrschen Versuche.

In bezug auf die Ergebnisse der umfangreichen und mit großer Hingebung von Parr und Straub ausgeführten Versuche und die aus denselben gezogenen Folgerungen ist folgendes zu bemerken.

Es wurde die Frage aufgeworfen, ob die Grundlage der Parrschen Versuche die hinsichtlich der Rißbildung gezogenen Folgerungen rechtfertigt. Zur Beantwortung dieser Frage war es notwendig, eine Anzahl der Versuche zu wiederholen, um vor allem klarzustellen, ob nicht einige Punkte der Versuchsanordnung, gegen welche Bedenken vorlagen, von Einfluß auf die Versuchsergebnisse waren. Diese Bedenken bezogen sich u. a. auf das folgende. Es erschien zweifelhaft, ob die Größe der Kraft der Feder F, Abb. 118, richtig zur Wirkung gelangte, da die Übertragung auf den Probestab mittels einer Zugstange erfolgte, welche im Deckel des Versuchsbehälters abgedichtet war. In der Dichtungsreibung wurde eine Fehlerquelle vermutet.

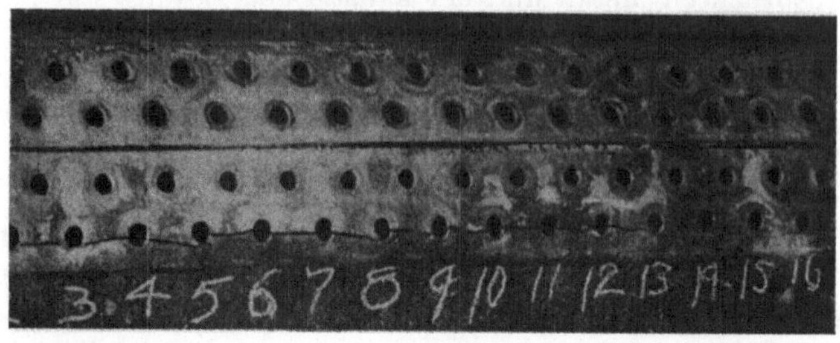

Abb. 129. Dampfkesselnietnaht, welche nach Parr wegen Laugenanreicherung gerissen ist. Die weißen Stellen stellen nach Parr NaOH-haltige Niederschläge dar.

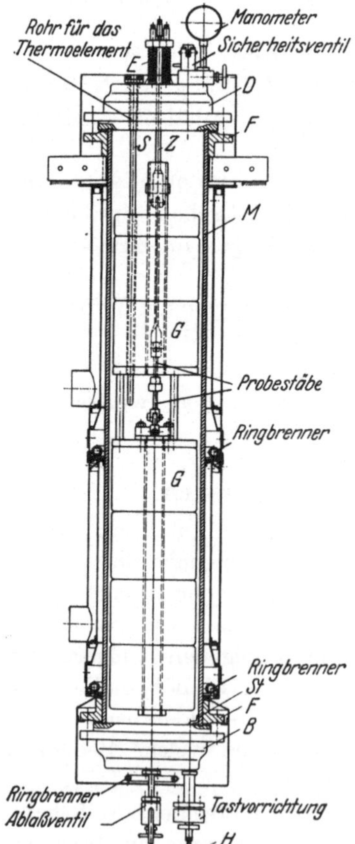

Abb. 130. Einrichtung für Laugenversuche des Verfassers.

Ein weiterer Einwand bestand darin, daß sich durch die elektrische Heizung des Laugenbehälters Einflüsse des elektrischen Stroms geltend gemacht haben könnten.

Bei den hiernach durchgeführten Versuchen wurde die in Abb. 130 dargestellte Versuchseinrichtung benutzt. Hierbei befanden sich die beiden jeweils gleichzeitig eingebauten Probestäbe ungefähr in halber Höhe des Versuchskessels und demgemäß in erheblicher Entfernung von dem Spiegel der Lauge. Die Belastung erfolgte unmittelbar durch Gewichte G, G. Die Heizung erfolgte mit Gas. Eine eingehende Beschreibung der Versuchseinrichtung und der Versuchsergebnisse befindet sich an den in der Fußbemerkung angegebenen Stellen[1].

In Abb. 131 sind neben den Parrschen Ergebnissen für 35 atü Dampfdruck die in Stuttgart erlangten Versuchsergebnisse über den Einfluß des

---

[1] Ulrich, M.: Amerikanische Versuche über „Embrittlement of boiler plate" und deutsche Vergleichsversuche. Praktische Bedeutung der Ergebnisse. — Z. d. Bayer. Rev.-Ver. 1930, Heft 2 u. f. — Mittl. d. Ver. d. Großkesselbesitzer, H. 25.

Laugengehaltes auf die Widerstandsfähigkeit durch den kräftigen Linienzug dargestellt. Die bis zum Bruch der Stäbe verstrichenen Belastungszeiten sind in Stuttgart um 160 bis 380% größer ermittelt

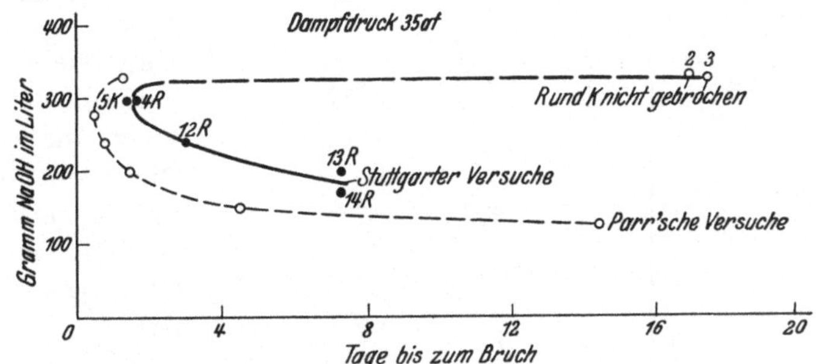

Abb. 131. Vergleich der Ergebnisse der Parrschen und der Stuttgarter Versuche. Dampfdruck 35 atü, Zugspannung rd. 36 bis 38 kg/mm².

worden, doch ist dieser Unterschied zunächst nicht von großer Bedeutung. Als ungünstigste Laugenkonzentration erwies sich ebenfalls 300 g/l.

Ganz bedeutende Unterschiede sind aber durch Änderung der Oberflächenbeschaffenheit der Probestäbe herbeigeführt worden.

Die Parrschen Probestäbe scheinen lediglich mit der Hobelmaschine, auf jeden Fall aber in gröberer Weise als die Stuttgarter Stäbe bearbeitet worden zu sein. Die letzteren waren geschlichtet und mit Schmirgelpapier abgezogen, außerdem waren sie zur Ermittlung der Dehnung mit Körner- und Strichmarken versehen worden. Ihr Bruch erfolgte in der Regel an einer solchen Marke. Es wurden daher zwei weitere Versuchsreihen durchgeführt, und zwar

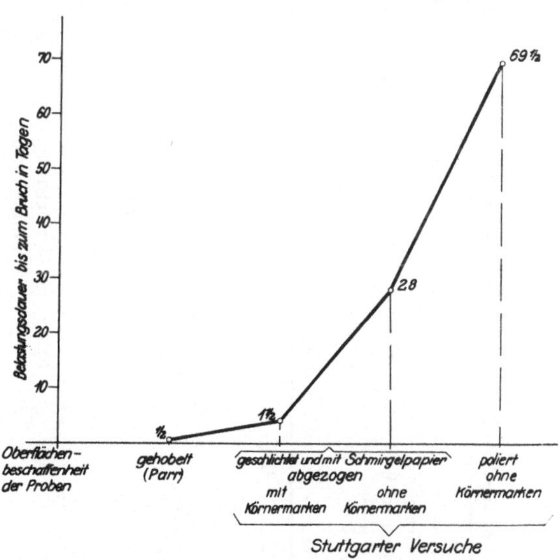

Abb. 132. Einfluß der Oberflächenbeschaffenheit der Proben auf die Belastungsdauer. Laugengehalt rd. 285 g/l, Dampfdruck 35 atü, Zugspannung rd. 37 kg/mm², Werkstoff Flange steel von rd. 45 kg/mm² Festigkeit.

1 Reihe mit geschlichteten und mit Schmirgelleinwand abgezogenen Probestäben ohne Strich- und Körnermarken,

1 Reihe mit polierten Probestäben.

Der Einfluß, welchen die Oberflächenbeschaffenheit gemäß

Gegenüberstellung von Versuchsergebnissen mit „Izett-Stahl" und „Flange-Steel".

Werkstoff	Izett					Flange-Steel				
Beschaffenheit der Staboberfläche	Versuchsbeanspruchung		Belastungsdauer	Verhalten des Stabes	Dehnung in %	Versuchsbeanspruchung		Belastungsdauer	Verhalten des Stabes	Dehnung in %
	$\dfrac{\sigma}{K_{z\,20}}$	$\dfrac{\sigma}{K_{z\,250}}$	Tage			$\dfrac{\sigma}{K_{z\,20}}$	$\dfrac{\sigma}{K_{z\,250}}$	Tage		
geschlichtet, geschmirgelt, mit Körnermarken	0,82	0,88	20	nicht gebrochen	7,5	0,80	0,68	1½	gebrochen	4,2
geschlichtet, geschmirgelt, ohne Körnermarken	0,85	0,92	56	nicht gebrochen	10,5	0,83	0,71	28	gebrochen	9,5
poliert ohne Körnermarken	0,9	0,97	(52)[1]	örtlich eingeschnürt	20	0,78	0,66	69½	gebrochen	6,5

[1] Die tatsächliche Belastungsdauer ist bei diesem Stab wegen Versuchsstörungen nicht mit Sicherheit anzugeben.

den Versuchsergebnissen ausübte, ist in Abb. 132 zeichnerisch veranschaulicht. Wie ersichtlich, wurde die Belastungsdauer durch bessere Oberflächenbeschaffenheit ganz bedeutend — bis auf das 140fache — verlängert.

Weitere Versuche mit Izettmaterial zeigten das aus der Gegenüberstellung (S. 136) hervorgehende Verhalten. Auch hier zeigt sich der Einfluß der Oberflächenbeschaffenheit. Überdies weist hiernach das Izettmaterial erheblich längere Belastungszeiten auf als Flange steel.

Bei Versuchen mit Wasser ohne Lauge — Dampfdruck 35 atü, Belastung der Probestäbe 38 kg/mm² — zeigten sich nach 31 Tagen keinerlei Anrisse. Die Stäbe waren auf der Oberfläche geschlichtet und geschmirgelt.

In bezug auf die Beschaffenheit der geprüften Stäbe ist folgendes zu bemerken.

Auf der Oberfläche sämtlicher Stäbe haftete eine dünne dunkelblaugrau gefärbte Schicht.

Der Bruch der Stäbe, an denen zur Ermittlung der Verlängerung Strich- bzw. Körnermarken angebracht worden waren, ging von einer solchen Marke aus.

Beim Absuchen der Oberfläche der Stäbe unter Zuhilfenahme von optischen Mitteln sind zunächst nur in der Nähe des Bruches einige feine Risse beobachtet worden, welche zum Teil von Körnermarken, zum Teil von den Längskanten der Stäbe ausgingen. Nach Abschleifen und Polieren der Staboberfläche traten jedoch an jeder Körnermarke feine Anrisse zutage, und zwar sowohl in dem gebrochenen Stab als in dem gleichzeitig eingebaut gewesenen Stab (Bruderstab). Die Abb. 133 und 134 zeigen den Verlauf der Risse in der Staboberfläche im polierten und im geätzten

Abb. 133. Risse an Körnermarken. Staboberfläche nach dem Versuch poliert. V = 140.

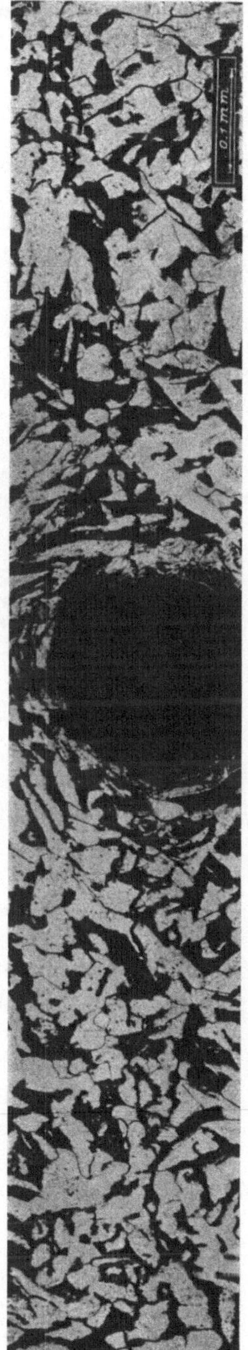

Abb. 134. Risse an Körnermarken. Staboberfläche nach dem Versuch poliert und geätzt. V = 140.

Zustand derselben. Wie ersichtlich, verlaufen die Risse ausgehend von Körnermarken senkrecht zur Stabachse. Aus Abb. 134 geht hervor, daß der Riß vielfach die Körner durchquert, zum großen Teil aber auch den Kornfugen folgt.

Außer den Rissen an den Körnermarken fanden sich vereinzelt von den Stabkanten ausgehende feine Risse.

Die größte Tiefenerstreckung der Anbrüche an den Marken und an den Stabkanten beträgt bis rd. 0,4 mm.

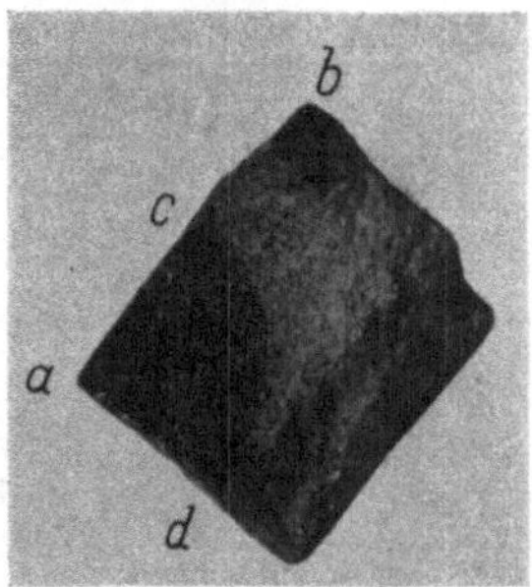

Abb. 135. Bruchfläche eines Stabes ohne Strich- und Körnermarken (2. Versuchsreihe).

An der Bruchstelle deutete die Bruchflächenbeschaffenheit darauf hin, daß sich der vor dem endgültigen Bruch auftretende Anbruch bis auf eine Tiefe von rd. 3 mm entwickelt hatte.

Abb. 135 zeigt die Bruchfläche eines Stabes, welcher auf der Oberfläche keine Marken aufwies. Der Bruch begann in den Ecken a und b und setzte sich zunächst ohne Einschnürung der Bruchränder ins Innere bis cd fort. Hiernach ist der übrige Teil unter deutlich ausgeprägter Einschnürung und damit verbundener Dehnung gebrochen.

Abb. 136. Drei Seitenflächen eines Stabes ohne Strich- und Körnermarken (2. Versuchsreihe, vgl. auch Abb. 135). Die Seitenflächen wurden nach dem Versuch poliert.

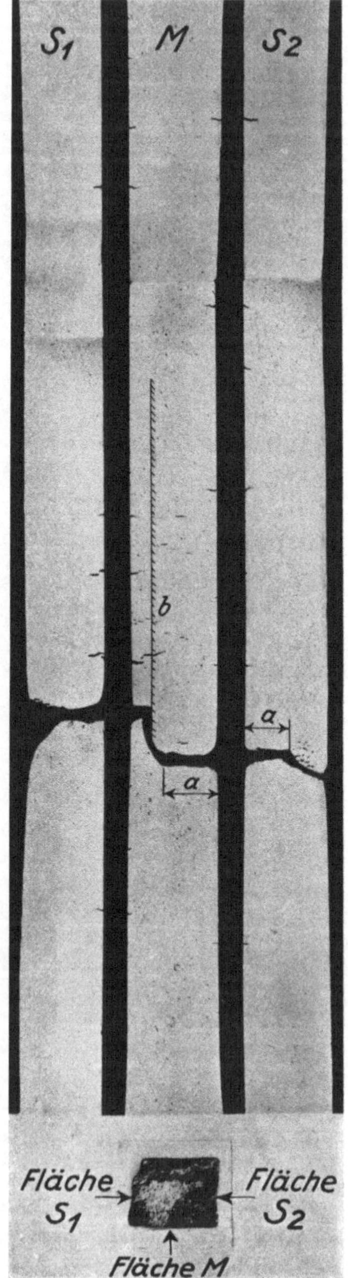

Die Abb. 136 zeigt drei Seitenflächen des gebrochenen Stabes Abb. 135, und zwar verläuft die in der Mitte abgebildete Fläche M parallel zur Walzhaut des Bleches. Die zu beiden Seiten derselben wiedergegebenen Flächen S_1 und S_2 sind die anschließenden Seiten-

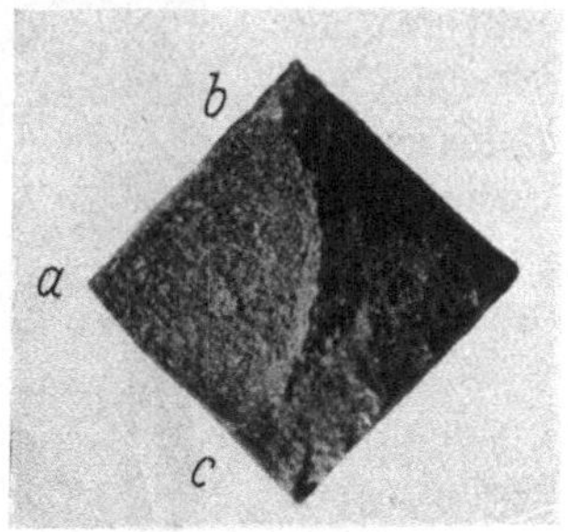 

Abb. 137. Bruchfläche eines vor der Prüfung polierten Stabes (3. Versuchsreihe).

flächen. Wie ersichtlich treten in der Fläche M außerhalb des Bruches eine ganze Schar feiner Anbrüche auf, und zwar sowohl an den Kanten als auch in der vollen Fläche. In den Seitenflächen S_1 und S_2 sind nur an einer der Kanten kurze Anbrüche vorhanden. In der vollen Seitenfläche wurden keine Anbrüche beobachtet.

Aus der Abb. 136 geht deutlich hervor, daß sich an der Bruchstelle der Anbruch auf das Gebiet a, a von rd. 3 bis 5 mm Länge entwickelt hatte, während die übrigen Anbrüche eine viel geringere Erstreckung besitzen.

An dem Bruderstab waren bei der stattgehabten mikroskopischen Untersuchung keine Risse zu beobachten.

Von der Versuchsreihe, bei welcher die Oberfläche der Proben poliert worden ist, ist die Bruchfläche des gebrochenen Stabes in Abb. 137 dargestellt. Der Bruch erstreckte sich zunächst ohne Einschnürung auf das Gebiet $a\,b\,c$. Hernach ist der Stab unter Einschnürung durchgebrochen. Die Verformung in der Umgebung der Bruchstelle infolge der Einschnü-

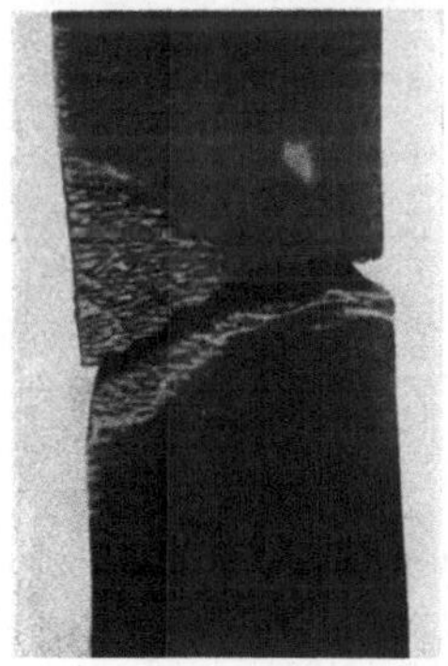

Abb. 138a. Abblättern des Belages an der Bruchstelle des Stabes Abb. 137 infolge Verformung in der linken Hälfte. Der rechts liegende Teil entspricht dem Anbruch $a\,b\,c$ ohne Verformung.

rung kam auf der Staboberfläche durch Abblättern des Belages zum Ausdruck, wie die Abb. 138a und b deutlich erkennen lassen. Aus Abb. 138a geht überdies auch deutlich hervor, daß in dem rechts liegenden Teil die Bruchränder nicht eingezogen sind, während in dem links liegenden Teil eine Einschnürung stattgefunden hat. Dementsprechend erstreckt sich das Abblättern des Belages nur auf die links liegende Hälfte.

Eine der nach der Prüfung polierten Seitenflächen des gebrochenen Stabes ist in Abb. 139 wiedergegeben. Die dunkleren Punkte unterhalb des Bruchquerschnittes sind größtenteils Reste des Oberflächenbelags, welche beim nachträglichen Polieren des Stabes nicht beseitigt worden sind. In diesem Gebiet befinden sich vereinzelte, sehr feine Anrisse, welche von den nichtmetallischen Einschlüssen ausgehen. Im übrigen waren in dem Stab keine Risse festzustellen.

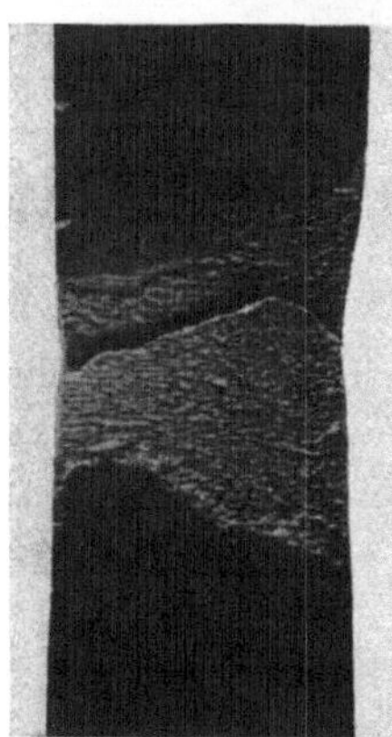

Abb. 138 b. Abblättern des Belages im verformten Gebiet des Stabes Abb. 137.

Ein gleichzeitig eingebaut gewesener Stab ist in Abb. 140 wiedergegeben. Derselbe weist bei E eine schmale Einschnürung auf; der Belag ist dabei mehr oder weniger abgeblättert. Der Stab war hiernach nahe daran, in der bei gewöhnlichen Zugversuchen ohne Laugenwirkung üblichen Weise zu brechen, d. h. ohne daß ein Anriß dazu Veranlassung gegeben hätte. Die metallographische Untersuchung eines Längsschnitts an dieser Stelle ergab, daß Anrisse nicht vorhanden waren; auch fanden sich sonst keine Risse in dem Stab.

Bei eingehender mikroskopischer Untersuchung der Oberfläche der geprüften Izettstäbe war nirgends ein Anbruch oder ein Anriß zu beobachten. Hieraus geht hervor, daß bei keinem der Stäbe ein Eindringen von Lauge längs den Kornfugen und demgemäß ein Eindringen von Rissen stattgefunden haben kann, welche den tragenden Querschnitt verringern.

Abb. 139. Seitenfläche eines vor der Prüfung polierten Stabes (3. Versuchsreihe). Die Seitenfläche wurde nach dem Versuch wieder poliert.

4. Erörterung der Parrschen und der Stuttgarter Versuchsergebnisse und der Parrschen Folgerungen.

Den Erörterungen über die Zulässigkeit der Nutzanwendung der Versuchsergebnisse zu einer Erklärung der Rißbildung von Laugenkochern und insbesondere von Dampfkesseln durch „caustic embrittlement" — „Laugensprödigkeit" sei vorausgeschickt, daß natürlich keineswegs der Umstand der zerstörenden Wirkung der Lauge auf das Eisen in Zweifel gezogen werden soll; es fehlt uns aber das Maß des Einflusses der Lauge bei der Rißbildung.

Die beiden Forscher haben sich auf Grund der Ergebnisse ihrer Versuche endgültig der zuerst von Baumann aufgestellten Behauptung angeschlossen, wonach die Lauge erst bei Beanspruchungen über der Streckgrenze gefährlich werden kann. Der Laugenfrage ist hiernach bereits zu beiden Seiten des Ozeans ein erheblicher Teil der Bedeutung genommen, welche sie nach Maßgabe der früheren Auffassung besaß. Gemäß der letzteren bedrohte die Laugensprödigkeit alle Kessel mit alkalischem Wasser ohne Rücksicht auf die Beanspruchungsverhältnisse. Sie hätte dementsprechend eine Gefahr von katastrophalem Ausmaß dargestellt.

Die Ergebnisse der Parrschen und der Stuttgarter Vergleichsversuche zeigen, soweit sie sich auf Flange Steel und Natronlauge beziehen, eine sehr gute Übereinstimmung.

Eine Abweichung besteht lediglich darin, daß die Risse sich nicht in der von Parr angenommenen Gleichförmigkeit und der von ihm rechnungsmäßig ermittelten Geschwindigkeit entwickelt haben.

Die Geschwindigkeit der Entwicklung des Bruches errechnet Parr mittels der Gleichung

$$T = \frac{f - \dfrac{P}{K_z}}{t}.$$

Hierin bedeutet

T = Eindringungsgeschwindigkeit der Risse in Quadratzoll/Stunde, bzw. mm²/Stunde,

f = ursprünglicher Querschnitt des Zugstabes, Quadratzoll, bzw. mm²,

K_z = Zugfestigkeit bei gewöhnlicher Temperatur, Pfund/Quadratzoll, bzw. kg/mm²,

P = Belastung beim Versuch, Pfund bzw. kg,

t = Belastungsdauer bis zum Bruch, Stunden.

Diese Gleichung besagt, daß der Bruch eintritt, wenn von dem ursprünglichen Querschnitt f durch die Rißbildung nur noch ein tragender Querschnitt f_1 vorhanden ist, von der Größe

$$f_1 \cdot K_z = \text{Versuchsbelastung } P.$$

Wird beispielsweise der Stab aus Flange Steel herangezogen, welcher gemäß Abb. 120 nach 12 Stunden brach, so ergibt sich folgendes Bild:

$$\text{Ursprünglicher Stabquerschnitt } f \ \ldots \ldots \text{ rd. } 32 \text{ mm}^2,$$
$$\text{Zugfestigkeit } K_z \text{ bei Raumtemperatur} \ldots \ldots 42,5 \text{ kg/mm}^2,$$
$$\text{Versuchsbelastung } P \text{ rd. } 1230 \text{ kg} = \ldots \ldots 38 \text{ kg/mm}^2.$$

Da der Stab unter der Versuchsbelastung brach, folgert Parr, daß sich der ursprüngliche Stabquerschnitt von 32 mm² durch Rißbildung verringert hat, und zwar auf einen Querschnitt

$$f_1 = \frac{P}{K_z} \text{ also } f_1 = 1230 : 42,5 = 28,9 \text{ mm}^2.$$

Die Verringerung des Querschnitts beträgt also $32,0 - 28,9 = 3,1$ mm²; bei der von Parr gemachten Annahme, daß die Rißbildung während der Belastungsdauer sich stetig entwickelte, ergibt sich bei der vorliegenden Belastungsdauer von 12 Stunden eine Rißbildungsgeschwindigkeit von 0,26 mm²/Stunde.

Diese Geschwindigkeit entspricht, wie aus Abb. 120 hervorgeht, derjenigen Geschwindigkeit, welche Parr mittels der oben angegebenen Gleichung errechnete.

Bei dem beschriebenen, von Parr eingeschlagenen Weg zur Ermittlung der Rißbildungsgeschwindigkeit auf Grund der angegebenen Gleichung sind folgende Umstände unberücksichtigt geblieben.

1. Die Versuchsbelastung von 1230 kg = 38,0 kg/mm² ruft bereits eine Verlängerung der Meßlänge um rd. 4% und eine entsprechende Verminderung des Stabquerschnitts durch Verformung von rd. 3 mm² hervor. Von dem gemäß der Gleichung errechneten, von Rissen durchsetzten Teil des Querschnittes würde also ein Betrag von 3 mm² nicht auf Bruchentwicklung, sondern auf Verformung entfallen.

2. Die Zugfestigkeit bei 35 atü, d. i. bei rd. 250⁰ C ist eine andere als bei Raumtemperatur, sie dürfte im vorliegenden Fall nicht 42,5 kg/mm², sondern rd. 50 kg/mm² betragen; die Zugrundelegung der Zahl 42,5 kg/mm² ist also unrichtig. Durch Einsetzung der maßgebenden Zahl von rd. 50 kg/mm² würde sich die Eindringungsgeschwindigkeit der Risse größer ergeben.

3. Außer dem unter Ziffer 2 behandelten Umstand spielt in noch weitergehendem Maße die folgende Beobachtung herein. In einer im Zusammenhang mit anderen Untersuchungen von mir ausgeführten Versuchsreihe besaßen die Probestäbe aus gleichem Werkstoff die aus den Abb. 141a bis c hervorgehende Gestalt; der maßgebende Querschnitt war bei allen Stäben gleich groß, und zwar bei Stab Abb. 141a auf die ganze Länge, bei den Stäben Abb. 141b und c im Kerbengrund. Die rißartig feine Kerbe des Stabes Abb. 141c wurde erzeugt, indem ein Probestab zunächst auf der Drehbank mit V-förmiger Kerbe ver-

sehen und hernach in rotwarmem Zustand in axialer Richtung gedrückt
wurde. Die Probestäbe lieferten folgende Bruchbelastungswerte:

Stab Abb. 141a . . . . 68 kg/mm²,
Stab Abb. 141b . . . . 98 kg/mm²,
Stab Abb. 141c . . . . 125 kg/mm².

Hiernach beträgt bei gleichem Querschnitt die Zugfestigkeit beim
scharf gekerbten Stab 85% mehr als beim glatten Stab. Ein Stab, in
welchen gemäß der Parrschen Auf-
fassung von allen Seiten Risse eingedrungen sind, ist aber nichts anderes
als ein scharf gekerbter Stab.

Durch Berücksichtigung dieser Erscheinungen in der Parrschen Gleichung würde sich eine bedeutend weitergehende Rißentwicklung ergeben,
und zwar etwa von folgender Größe.

Die Zugfestigkeit erhöht sich

1. infolge der Temperatur von 42,5
auf rd. 50,0 kg/mm²,

2. infolge der Hemmung der Querschnittsverminderung durch die kerbenförmige Rißbildung um rd. 85%, d. i.
auf rd. 90 kg/mm².

Die Versuchs- und Bruchbelastung
betrug rd. 1230 kg.

Der einer Festigkeit von 90 kg/mm²
entsprechende Bruch-Querschnitt wäre

also $\frac{1230}{90} =$ rd. 13 mm² gegenüber ursprünglich 29 mm². Der Querschnitt
mußte demnach durch die Risse um

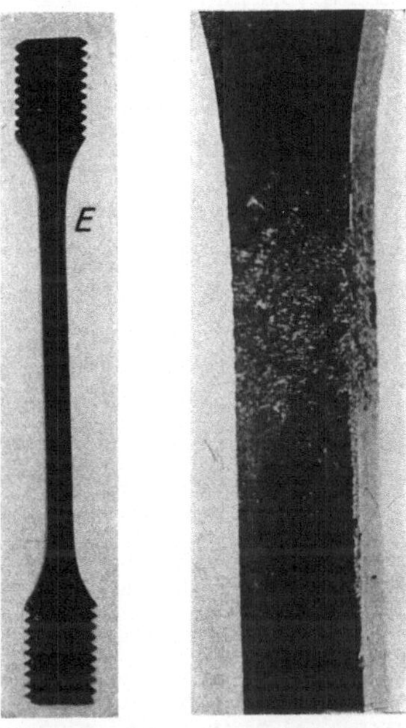

Abb. 140. Bruderstab zu Abb. 137 bis 139;
schwache Einschnürung mit Abblätte-
rung des Belages bei E. Stelle E rechts
vergrößert.

29 — 13 = 16 mm², also um mehr als die Hälfte verringert worden sein.
Die Parrsche Gleichung liefert aber infolge Nichtberücksichtigung
der beschriebenen Einflüsse von Temperatur- und Kerbwirkung der
Risse anstatt 16 mm² Anbruchfläche nur rd. 3 mm².

Mit den vorstehenden unter Ziffer 3 enthaltenen Betrachtungen
decken sich beispielsweise die Ergebnisse der Stäbe durchaus, deren
Bruchquerschnitte in den Abb. 135 und 137 wiedergegeben sind.

Der körnige zuerst angerissene Teil der Bruchfläche umfaßt etwa
⅓ des Querschnittes, also etwa 10 mm², der übrige Teil, welcher zum
Schluß noch trug, ist demnach etwa $f_1 = 20$ mm² groß, die auf den
letzteren bezogene Bruchbelastung beträgt also

$$\frac{P}{f_1} = \frac{1230}{20} = 61 \text{ kg/mm}^2,$$

das sind rd. 50% mehr als die Zugfestigkeit bei Raumtemperatur. Dabei ist zu beachten, daß die tatsächliche Anbruchentwicklung keiner allseitigen, sondern nur einer einseitigen Kerbe entspricht, so daß auf der nicht angerissenen Staboberfläche die Ausbildung der Querschnittsverminderung nicht gehemmt war.

Hiernach hat sich der Anbruch an der Bruchstelle auf ein Gebiet erstreckt (10 mm²), welches viel größer ist als das von Parr unterstellte (3,1 mm²).

Die Größe des restlichen noch tragenden Querschnitts von rd. 20 mm² und die Versuchsbruchbelastung sowie die Zugfestigkeit des Werkstoffes bei der Versuchstemperatur stehen in sehr guter Übereinstimmung, wenn, wie vorstehend erläutert, die wirksamen mechanischen Einflüsse berücksichtigt werden. Mit anderen Worten: zur Herbeiführung des Bruches durch die Versuchsbelastung ist ein Anbruch von der festgestellten Größe (rd. 10 mm)² erforderlich. Die metallographische Untersuchung ergab aber, daß ein Anbruch von dieser Größe nur an der Bruchstelle vorhanden war. Im übrigen Teil der Stablänge waren wohl zum Teil Anbrüche vorhanden; sie erstreckten sich jedoch nur auf ein viel kleineres Querschnittsgebiet.

Bei den Stäben mit Körnermarken erreichen diese kleinen Anbrüche eine Tiefe von höchstens 0,4 mm, sie gingen sowohl im gebrochenen Stab als auch im gleichzeitig eingebaut gewesenen Bruderstab in der Regel jeweils von den Körnermarken aus; vgl. die Abb. 133 und 134.

Bei den Stäben ohne Körnermarken befanden sich die Risse jeweils auf einer der Seitenflächen des gebrochenen Stabes, welche parallel zur Walzhaut lagen, und zwar (vgl. Abb. 136) sowohl in der vollen Seitenfläche als an den Ecken. In der ersteren erstrecken sie sich in der Tiefe auf höchstens 0,3 bis 0,5 mm. In dem gleichzeitig eingebaut gewesenen Bruderstab hingegen sind überhaupt keine Anbrüche aufgetreten.

Bei den polierten Probestäben sind in dem gebrochenen Stab außerhalb der Bruchstelle nur vereinzelt ganz kurze Anrisse entstanden. Im übrigen Teil des Stabes und in dem Bruderstab sind keine Anrisse beobachtet worden.

Gemäß diesen Ergebnissen ist also die Lauge nicht an zahlreichen Stellen gleichzeitig fortschreitend längs den Kornfugen von allen Seiten her in den Stab eingedrungen, im Gegenteil bei den Stäben ohne Körnermarken und bei den polierten Proben sind jeweils bei den Bruderstäben überhaupt keine Risse aufgetreten.

Bemerkenswert ist, daß bei den Stäben mit Körnermarken die feinen Anbrüche jeweils von den Marken ausgingen und daß im allgemeinen auch die Neigung zu beobachten war, daß die Anbrüche sich an den Kanten, ferner an nichtmetallischen Einlagerungen entwickelten, also an Stellen, an welchen die Oberfläche mehr oder weniger verletzt, verquetscht oder gelockert war.

Die Anbruchentwicklung der Zugstäbe steht aber nicht allein im Widerspruch mit der Parrschen Vorstellung, sondern auch mit dem allgemeinen Bild von Laugenrissen in Konstruktionsteilen, wobei die Risse in der Regel scharenweise auftreten und weitgehend verzweigt sind. Dieses praktische Bild der Laugenrisse hat sich aber eingestellt bei anders gearteten, in der Materialprüfungsanstalt der Technischen Hochschule Stuttgart durchgeführten Versuchen[1]. Bei diesen wurden bügelförmige Körper gemäß Abb. 142 auf Biegung beansprucht, und zwar bei Anstrengungen unter und über der Streckgrenze. Die letzteren lagen zum Teil in ähnlicher Höhe wie bei den Parrschen Versuchen. Die durch die Belastungen über der Streckgrenze hervorgerufene Rißbildung ist in den Abb. 143 bis 145 veranschaulicht. Die in großer Zahl aufgetretenen Risse sind ziemlich gleichmäßig auf das beanspruchte Gebiet verteilt und folgen bei gleichmäßiger Tiefenerstreckung in weitgehender Verzweigung den Kornfugen. Die Rißbildung trat zunächst nur bei Anstrengungen oberhalb der Streckgrenze ein. Es wurde aber in der Veröffentlichung auf Grund von Versuchsbeobachtungen ausgedrückt, daß die Rißbildung in erheblichem

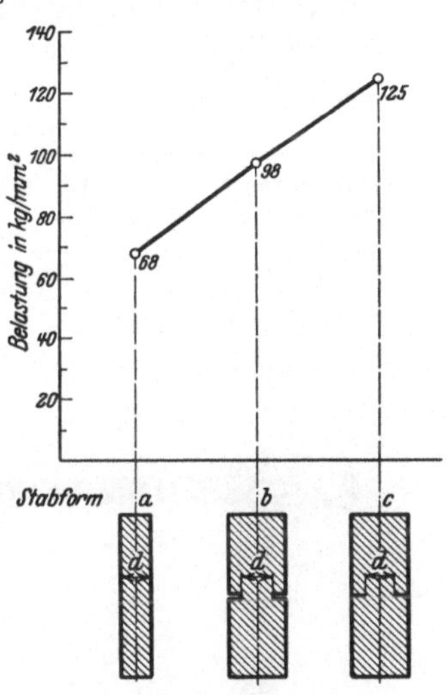

Abb. 141. Einfluß verschiedenartiger Kerben auf die Bruchbelastung.

Maße eine Zeitfrage ist und daß daher auch noch bei Anstrengungen in einem gewissen Bereich unterhalb der Streckgrenze bei sehr langer Dauer das Auftreten von Rissen zu gewärtigen ist.

Diese Bügelversuche schlossen überdies noch die Möglichkeit in sich, die Wirkung von Eigenspannungen (durch Kaltverformung usw.) von den Betriebsbeanspruchungen getrennt zu beobachten.

Nebenbei sei erwähnt, daß bei den Bügelversuchen auch die Wirkung der Warmbehandlung des Materials verfolgt worden ist, und zwar durch 2 Versuchsreihen, bei welchen der gleiche Werkstoff im einen

---

[1] Ulrich: Versuche über den Einfluß von Lauge auf verschiedene Werkstoffe. Mitt. d. VGB., H. 17.

Fall geglüht, im anderen Fall vergütet vorlag. Die Festigkeitseigenschaften waren:

	Streckgrenze	Zugfestigkeit
im geglühten Zustand	25,1	45,8 kg/mm²
im vergüteten Zustand	30,5	51,6 kg/mm²

Gemäß den Beobachtungen, welche zum Zeitpunkt der Veröffentlichung der Versuche vorlagen, war von dem vergüteten Material eine erhebliche Überlegenheit zu erwarten. Diese Beobachtungen stehen aber im Widerspruch mit den folgenden Parrschen Ergebnissen von Zugversuchen unter 35 atü und einer Laugenkonzentration von 300 g/l.

Zustand des geprüften Werkstoffs (Flange steel)	Streck-grenze kg/mm²	Zugfestig-keit K_z kg/mm²	Versuchs-belastung P kg/mm²	Belastungs-dauer bis zum Bruch Stunden	Eindrin-gungsge-schwindig-keit mm²/Stunde	$\dfrac{P}{K_z}$
Unbehandelt	24,8	42,5	38	12	0,26	0,89
„Spheroidized"	35,6	43,0	38	12	0,26	0,88
„Sorbitic"	37,3	48,2	41	14	0,32	0,86
„Sorbitic"	37,3	48,2	34	28	0,32	0,71

Wenn hiernach bei den Zugversuchen die Bruchentwicklung weder der von Parr unterstellten noch der üblichen praktisch sich einstellenden entspricht, so ist weiterhin noch das 'Folgende von grundsätzlicher Bedeutung.

Bei den Stuttgarter Vergleichsversuchen ist die Belastungszeit bis zum Bruch, wenn auch nicht viel, so doch durchweg, etwas größer als bei den Parrschen Versuchen, was zunächst belanglos erschien. Die an den Stäben gemachten Wahrnehmungen ließen jedoch erwarten, daß eine sorgfältigere

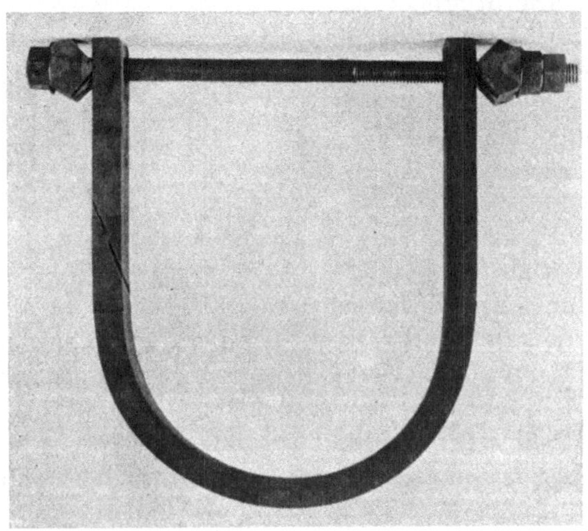

Abb. 142. Bügel für Laugenversuche. Bei einem Teil der Bügel war zur Aufrechterhaltung der Spannkraft mit der Schraube eine Feder verbunden.

Beschaffenheit der Oberfläche eine erhebliche Vergrößerung der möglichen Belastungszeit zur Folge hat. Diese Erwartung wurde durchaus erfüllt (vgl. Abb. 132). Rückblickend läßt sich auch der kleine Unterschied zwischen den Parrschen und den Stuttgarter Versuchen erklären. Die Parrschen Stäbe waren augenscheinlich in gröberer Weise bearbeitet als die Stuttgarter Stäbe, wodurch die Oberfläche in weitergehendem Maße aufgerauht und verquetscht wurde als durch die Körnermarken der ersten Stuttgarter Versuchsreihe.

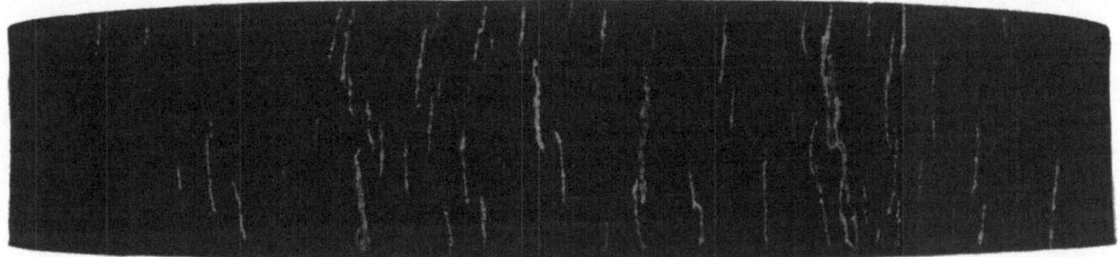

Abb. 143. Laugenrisse in der Außenfläche bügelförmiger Körper.

Offenbar wird u. a. durch die weniger glatte Beschaffenheit der Oberfläche die chemische Angriffsmöglichkeit erhöht; dabei darf aber folgendes nicht übersehen werden: die Probestäbe sind bei den wirksam gewesenen Versuchsbelastungen um rd. 4 bis 9% gereckt worden, das bedeutet, beispielsweise bei den polierten Stäben, daß die sorgfältig hergestellte Oberfläche gleich bei Versuchsbeginn mehr oder weniger

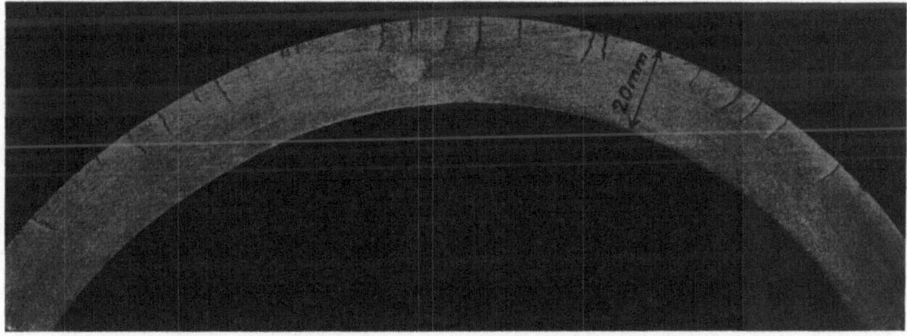

Abb. 144. Laugenrisse in einer Seitenfläche bügelförmiger Körper.

zerstört wurde, es kann also nicht ohne weiteres gesagt werden, daß Kornfugen, welche beim Polieren vielleicht durch Überschiebung des Materials überdeckt oder verstopft worden sind, diesen Schutz auch während der Versuche besessen haben; mit der durch die Versuchsbelastung stattgehabten Stabreckung dürfte auch die Zugänglichkeit der Kornfugen für chemische Angriffe wieder erhöht worden sein. Die bei den polierten Stäben erlangte längere Belastungszeit ist also nicht ohne weiteres allein durch verringerte chemische Angriffsmöglichkeiten zu erklären.

Hierzu kommt noch, daß der bei den Versuchsreihen mit Stäben ohne Körnermarken und mit polierten Stäben jeweils neben dem gebrochenen Stab gleichzeitig eingebaut gewesene gleichartige Bruderstab keinerlei Anrisse zeigt. Dieser Bruderstab unterlag jeweils über die ganze Versuchsdauer der gesamten Versuchsbelastung. Es hat an demselben hiernach keinerlei tiefergehender Angriff längs den Kornfugen durch die Lauge stattgefunden.

Eine weitere, und zwar ganz erhebliche Abweichung von den Parrschen Ergebnissen lieferten die Stuttgarter Zugversuche mit Izett-Material. Während Parr gemäß Abb. 120 für die daselbst mit Special German Steel Plate bezeichneten Werkstoffe, welche gemäß einer anderen Stelle der Parrschen Veröffentlichungen Izett-Material darstellen, das gleiche ungünstige Verhalten gegenüber Laugenwirkung fand (Belastungsdauer bis zum Bruch 1 Tag), brachten die Stuttgarter Ergebnisse eine ganz erhebliche Überlegenheit des Izett-Materials zum Ausdruck. Von den in Stuttgart untersuchten Izettstäben ist während der langen Belastungsdauer von 20 bzw. 56 Tagen keiner gebrochen, während bei den Stäben aus Flange Steel unter gleichen Verhältnissen der Bruch nach 1½ bzw. 28 Tagen eintrat.

In bezug auf die Versuche von Parr über Vorbeugungsmittel gegen „Laugensprödigkeit" ist folgendes zu bemerken:

Die Parrschen Versuche, aus welchen der Schluß gezogen wurde, daß Natriumsulfat usw. die Wirkung der Natronlauge ausschließen, erstreckt sich gemäß den vorliegenden Angaben auf 30 Tage, dabei ist teilweise der NaOH-Gehalt oder die Zugspannung geringer als bei den Hauptversuchen, Abb. 119. Im Hinblick darauf, daß bei den Stuttgarter Versuchen allein die Änderung der Oberflächenbeschaffenheit eine Verlängerung der Belastungsdauer bis zum Bruch bei Flange steel auf rd. 70 Tage zur Folge hatte, und daß in Abweichung von den Parrschen Ergebnissen das Izett-Material nach 20 bzw. 56 Tagen noch nicht gebrochen war, erscheint die Versuchsgrundlage bei einer Versuchsdauer im vorliegenden Rahmen nicht ausreichend zuverlässig, um die Möglichkeit eines abschließenden Urteils über die Wirksamkeit der Zusätze erwarten zu lassen.

5. Allgemeine Betrachtungen über die Zusammenhänge bei der Rißbildung nebst praktischen Beobachtungsbeispielen aus Kesselbetrieben.

Die Abb. 146 zeigt die Spannungdehnungslinie, welche für das bei den Stuttgarter Versuchen verwendete amerikanische Material „Flange steel" bei Raumtemperatur und bei rd. 250⁰ C Versuchstemperatur erlangt wurde. Dieses Material dürfte ähnliche Eigenschaften besitzen wie der von Parr benützte Flange steel. Die bei den Laugenversuchen gewählte Anstrengung ist in Abb. 146 durch die wagrechte Linie σ_L—σ_L gekennzeichnet. Wie ersichtlich liegt die Laugenversuchsbelastung σ_L ganz erheblich über der Streckgrenze σ_s. Bezogen auf die Raumtemperatur

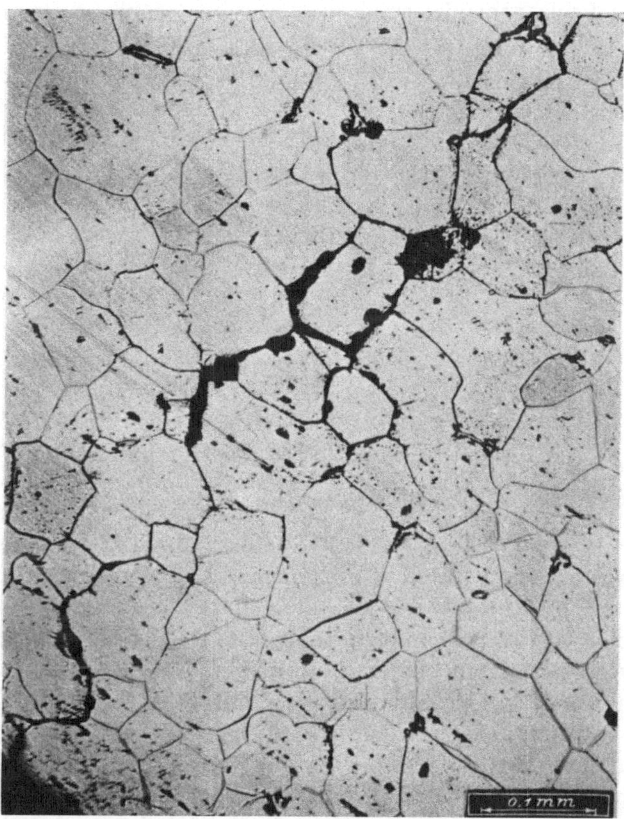

Abb. 145. Den Kornfugen folgender Riß aus Abb. 143. V = 150.

liegt die Versuchsspannung σ_L nicht mehr weit von der Zugfestigkeit entfernt.

Dem Gebiet der Spannung σ_L entspricht bereits eine Dehnung von etwa 4%.

Eine Formänderung in dieser Größe ist bei einem Konstruktionsteil gleichbedeutend mit einer Zerstörung.

Von der betriebsmäßigen Auswirkung einer derart hohen Beanspruchung gibt die Darstellung der Ergebnisse von Schwingungsversuchen Abb. 147 ein anschauliches Bild. In derselben sind zu den Anstrengungen als senkrechten Abszissen die Schwingungen als wagrechte

Ordinaten aufgetragen, welche von Zug- bzw. Biegeproben bis zum Bruch ausgehalten wurden. Die senkrechte Linie $L—L$ entspricht verhältnismäßig der Spannung, welche bei den Laugenversuchen geherrscht hat. Die Zahl der Lastwechsel bis zum Bruch ist bei dieser Spannung sehr gering, sie beträgt schätzungsweise nur rd. 100000. Ist also die Belastung keine ruhende, sondern eine schwingende, so ist bei dieser Spannung allein durch die Wirkung von Schwingungen sehr frühzeitig ein Bruch zu erwarten. Der Zeitpunkt des Eintritts des Bruches wird hinausgeschoben, wenn die Spannungsschwingungen nicht zwischen 0 und einem Höchstwert, sondern zwischen zwei nicht weit voneinander entfernten Grenzwerten pendeln.

Hiernach erzeugt die bei den Parrschen Hauptversuchen angewandte Belastung eine weit über dem praktisch in Betracht kommenden Spannungsgebiet liegende Anstrengung. Dieselbe bewirkt bereits eine Reckung von rd. 4%; sie führt gemäß den Ergebnissen von Schwingungsversuchen schon bei geringer Lastwechselzahl zum Bruch.

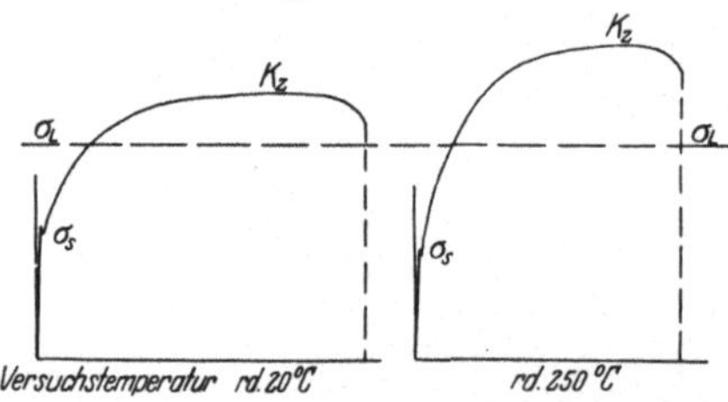

Abb. 146. Spannungsdehnungslinie von Flange steel bei 20° und bei 250° C Versuchstemperatur.

Es ist nun denkbar, daß die Wirkung der Lauge, deren Gefährlichkeit unter den bei den Hauptversuchen herrschenden Verhältnissen und für den hierbei verwendeten Werkstoff erwiesen ist, unter andern Umständen an Bedeutung verlieren kann. Daß dies bereits bei einem Spezialwerkstoff (Izett) der Fall ist, lehren die Stuttgarter Versuche. Überdies deuten Versuchsbeobachtungen darauf hin, daß dies auch bei Warmbehandlung des Werkstoffes (Vergütung) zu erwarten ist. Es kommt daher unter anderem noch in Betracht, ob bei niederen Beanspruchungsverhältnissen, insbesondere bei solchen, welche als zulässig anzusehen sind, der Laugeneinfluß noch eine praktische Bedeutung besitzt. Bei Betrachtungen in dieser Richtung besteht, sofern ein Werkstoff vorliegt, bei welchem ein Eindringen längs den Kornfugen in Betracht zu ziehen ist, die Frage: Mit welcher Geschwindigkeit dringt bei den üblichen zulässigen Anstrengungsverhältnissen die Kornfugenzerstörung von der Oberfläche aus ins Innere?

Ist der Angriff der Kornfugen nur ein oberflächlicher, derart, daß an der Oberfläche nur feine Kerben von geringer Tiefenerstreckung entstehen, so liegen Oberflächenverletzungen vor, wie sie bei Konstruktionsteilen die Regel sind.

Im amerikanischen Kraftwagenbau wurde zuerst in einem früher in Deutschland nicht üblichen Umfang zwecks Verringerung der Herstellungskosten die Maßnahme getroffen, daß die Konstruktionsteile nur an Sitz- oder Lagerstellen eine sorgfältige Bearbeitung erfuhren. Im übrigen bleiben die Teile entweder roh oder sie werden höchstens grob überschruppt. Die letzteren Stellen weisen demnach grobe Drehriefen auf. Die rohen Stellen können die mannigfaltigsten Oberflächenverletzungen besitzen. Beispielsweise finden sich bei Gesenkschmiedestücken und bei Warmzieh- oder Preßteilen mehr oder weniger tief gehende Zundereinschlüsse, durch welche vielfach die Oberfläche kerbenartig verletzt wird. In der Abb. 148 sind solche Einschlüsse wiedergegeben.

Trotz dieser Oberflächenbeschaffenheit halten aber die betreffenden Konstruktionsteile bei normalen Betriebsverhältnissen, welche eine angemessene Begrenzung der Anstrengung in sich schließen, befriedigend lange.

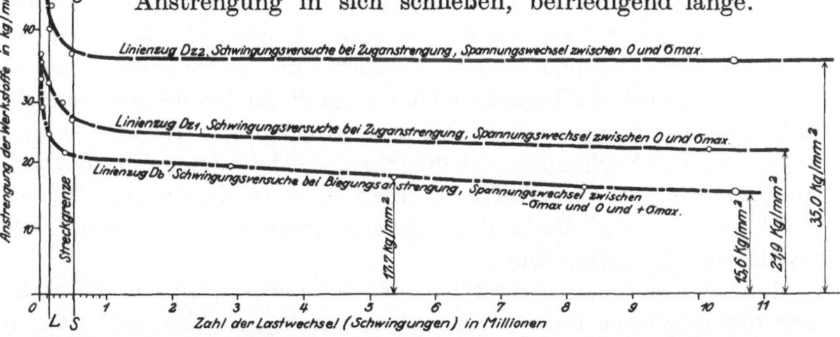

Abb. 147. Ergebnisse von Schwingungsversuchen bei Zug- und Biegungsanstrengung. Die Linie *L—L* kennzeichnet die von Parr angewandte hohe Beanspruchung.

Treten aber außergewöhnliche Anstrengungen auf, so zeigen die täglich anfallenden Beispiele, daß der Beginn eines Dauerbruches durch Drehriefen, kerbenartige Verletzungen, kerbenförmige nichtmetallische Einschlüsse u. dgl. eingeleitet wird.

Beim Vorhandensein der beschriebenen Oberflächenbeschaffenheit an Probestäben, insbesondere von Schwingungsversuchen würde die Schwingungsfestigkeit bzw. die Schwingungszahl bis zum Bruch ganz bedeutend heruntergedrückt.

Probestäbe mit Oberflächenverletzungen werden bei Schwingungsversuchen unter Spannungen, die unterhalb der Schwingungsfestigkeit, beispielsweise in Höhe der üblichen „zulässigen" Anstrengung liegen, eine sehr lange Laufdauer aufweisen und vielfach überhaupt nicht zum Bruch kommen.

Aus diesen Betrachtungen schält sich heraus, daß die Parrschen Versuche zwar den Nachweis einer Gefährlichkeit der Lauge erbringen, ihr Maß gilt aber nur für die gewählten Versuchsbedingungen, deren Beanspruchungsverhältnisse weit über den praktisch üblichen liegen, in einem Gebiet, in welchem, wie die Stuttgarter Versuche erweisen, mit der Art der Oberflächenbeschaffenheit eine gewaltige Streuung verbunden ist.

Nach vergleichbaren Vorgängen ist es wahrscheinlich, daß die Momente, welche bei der übermäßigen Versuchsbeanspruchung drastische Auswirkungen zeigen, bei den praktisch als normal anzusehenden Anstrengungen mehr oder weniger belanglos sind.

Liegen übrigens die Beanspruchungen oberhalb der Schwingungsfestigkeit, so bedarf es auch ohne Lauge nur einer ausreichenden Zahl und Größe von Schwingungen, um Risse unabwendbar hervorzurufen.

Die Bestrebungen der Kesselhersteller zielen auf Grund der in den letzten Jahren gemachten Beobachtungen und erlangten Erkenntnisse darauf hin, die im Kessel auftretenden Anstrengungen durch konstruktive und herstellungstechnische Maßnahmen und durch sorgfältige Auswahl des Werkstoffes auf das Maß zu bringen, welches sich dem im allgemeinen Maschinenbau üblichen nähert. Bei älteren Dampfkesseln treten aber je nach der Bauart und der Sorgfalt der Herstellung Betriebsbeanspruchungen auf, welche bis zur Streckgrenze reichen können. Wenn trotz des Vorhandenseins derartiger Anstrengungen die Betriebsdauer solcher Kessel eine befriedigende war, so ist dies zunächst darauf zurückzuführen, daß die Zahl der Belastungswechsel bei Dampfkesseln verhältnismäßig gering ist[1].

Hohe Beanspruchungen schließen aber unabwendbar eine Beschränkung der möglichen Lastwechselzahlen in sich (vgl. Abb. 147). Besteht nun die Möglichkeit, daß auf solche übermäßig beanspruchte Stellen eine hochlaugenhaltige Lösung einwirkt, so ist bei vorhandener Empfindlichkeit des vorhandenen Werkstoffes gegenüber Laugeneinflüssen damit zu rechnen, daß der Rißbildung, welche schon durch die Anstrengungsverhältnisse begünstigt wird, durch Laugeneinflüsse noch Vorschub geleistet wird. Inwieweit die Entstehung von hochlaugenhaltigen Lösungen bei Dampfkesseln möglich ist, ist ein Umstand, der mehr auf Hypothesen und mehr auf Folgerungen aus Versuchen, deren Grundlagen von den Verhältnissen im Kessel abweichen, beruht, als auf einwandfreier Feststellung an praktischen Beispielen. Aber auch wenn die Möglichkeit einer Laugenanreicherung unangezweifelt bleiben soll, so hängt sie doch von einem Zusammentreffen verschiedener Umstände ab, welches mehr oder weniger als Zufälligkeit zu bezeichnen ist, insbesondere bei Kesseln, welche einigermaßen sachgemäß gebaut sind.

Als Beleg für das Gesagte seien im folgenden einige praktische Beispiele angeführt.

---

[1] Vgl. hierzu auch Abschnitt VIII.

Der erste Fall bezieht sich auf einen im Jahre 1902 für 4½ atü hergestellten Zweiflammrohrkessel von der aus Abb. 149 hervorgehenden Bauart und Größe. In diesem Kessel wurde vor dem Kriege Kalilauge eingedampft. Anschließend daran wurde der Kessel 7 Jahre lang zum Eindampfen von Natronlauge bei 2 bis 2½ atü verwendet. Während der ganzen Zeit waren an dem Kessel keinerlei Schäden aufgetreten. Auch bei der stattgehabten nachträglichen Untersuchung sind keine Beobachtungen gemacht worden, welche auf die Anwesenheit von Rissen hindeuteten.

Der zweite Fall ist von besonderem Interesse deshalb, weil er sich auf Dampfkessel bezieht, bei welchen die Voraussetzungen für die Laugenwirkung besonders günstige waren. Es handelt sich um 7 Zwei-

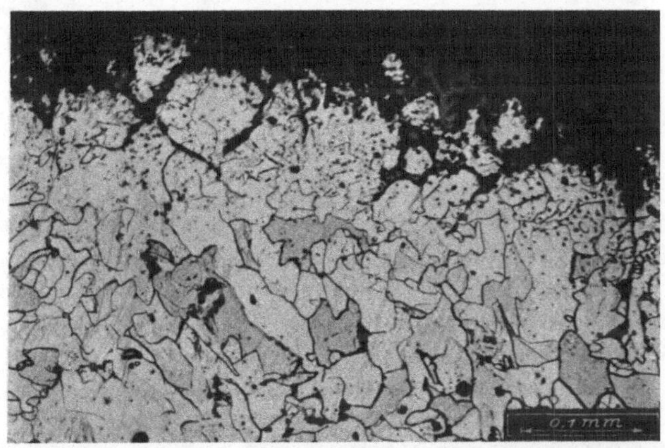

Abb. 148. Kerbenartige Zundereinschlüsse an der rohen Oberfläche von Schmiedestücken.

flammrohrdampfkessel von 6 bis 8 atü Betriebsdruck, welche Ende des vorigen und zu Anfang dieses Jahrhunderts gebaut worden sind. In bezug auf die Ausführung der rissig gewordenen beiden Kessel ist folgendes zu bemerken.

Die Risse machten sich zunächst vorwiegend in Rundnähten bemerkbar. Bei einer der rissigen Rundnähte ist einer der Schüsse bei der Herstellung unzweifelhaft im Durchmesser um mindestens 10 mm zu groß gewesen und wurde daher konisch eingezogen.

Die Nietlöcher sind durch Stanzen erzeugt worden und haben teilweise mehr oder weniger starkes, teilweise einseitiges Aufreiben oder Aufbohren erfahren. Das Gefüge war stellenweise grobkörnig. Zwischen den in der Nietverbindung aneinanderliegenden Blechrändern befanden sich Zwischenräume, welche durch kräftiges Bearbeiten der Stemmkanten geschlossen worden waren. Der Kessel wurde mit dem Kondensat des Heizdampfes von Laugeneindampfapparaten gespeist. Dieses

Kondensat enthielt vielfach NaOH und NaCl infolge Undichtheit der Laugeneindampfapparate, und zwar bis zu 2 bis 3 g/l. In der Regel wurde bei einem Gehalt von 1,0 g/l das Kesselwasser durch solches mit geringem Laugengehalt oder vollständig reines Kondensat ersetzt.

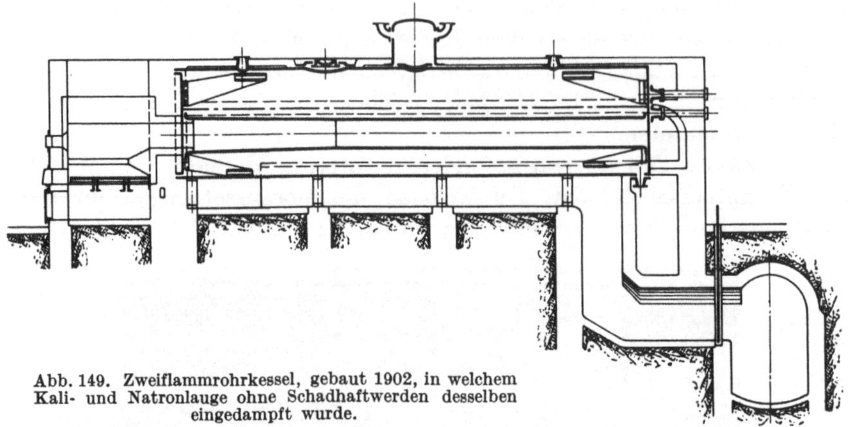

Abb. 149. Zweiflammrohrkessel, gebaut 1902, in welchem Kali- und Natronlauge ohne Schadhaftwerden desselben eingedampft wurde.

Trotz dieser für die Anreicherung von Lauge in Fugen usw. ganz außerordentlich günstigen Verhältnisse haben die Kessel eine Betriebsdauer von 25 bis 30 Jahren erreicht, bis sich Risse einstellten, welche Veranlassung zur Ausbesserung bildeten. Diese Risse besaßen den aus Abb. 150 ersichtlichen Verlauf. Sie folgten, wie die Abb. 151 und 152 zeigen, durchaus den Kornfugen. Der letztere Umstand wäre gemäß

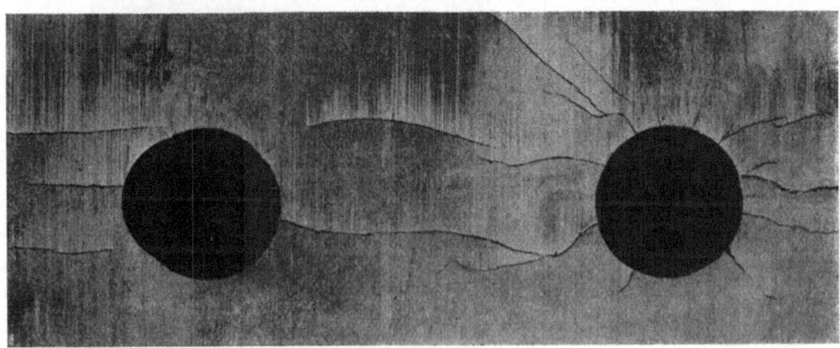

Abb. 150. Risse in der Rundnaht eines Dampfkessels.

der Parrschen Auffassung ein Beweis dafür, daß die Risse durch Laugenwirkung hervorgerufen worden sind. Im Hinblick darauf, daß das Material der Kesselmäntel, wie oben beschrieben, bei der Herstellung eine schlechte Behandlung erfuhr und daß ferner die Kessel ein Alter von 25 bis 30 Jahren erreicht haben, ist der mechanischen „Ermüdung“ des Materials zum mindesten eine mit ausschlaggebende Beteiligung an der Ursache der Rißbildung zuzusprechen.

Der Laugenwirkung dürfte hier erst in zweiter Linie eine Bedeutung zukommen. Dabei wäre noch die schwer zu erlangende Kenntnis darüber wünschenswert, ob die unterstellte Laugenanreicherung gleich bei Inbetriebnahme des Kessels begonnen hat oder ob sie erst später einsetzen konnte. Auf jeden Fall beweist das Beispiel, daß bei Verhältnissen, welche nach der Laugenhypothese besonders günstige Voraussetzungen für Laugenanreicherungen aufweisen, doch eine sehr lange Betriebsdauer vorhanden war und daß demgemäß ein reichliches Maß von Zufälligkeiten für eine Laugenwirkung hereinspielen müßte.

Wertvolle Beispiele hinsichtlich der Laugenfrage stellen auch die in Abschnitt VI besprochenen Anlagen von 18 Kesseln mit 13 atü, 14 Kesseln mit 20 atü und 5 Kesseln mit 34 atü dar.

Die 13-atü-Kessel wurden bis zum Jahre 1909 mit nicht gereinig-

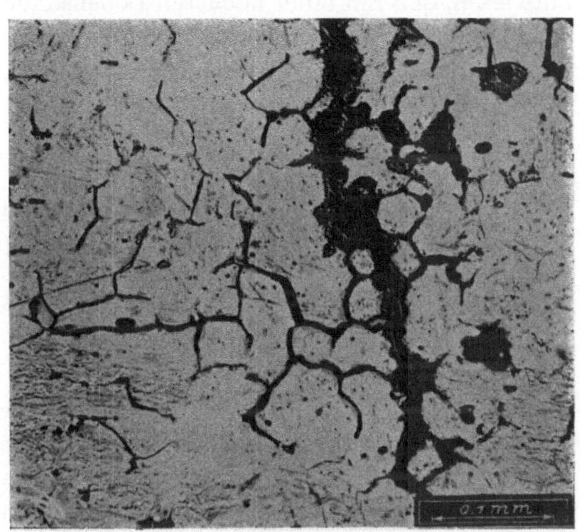

Abb. 151. Risse aus Abb. 150, Verlauf längs den Kornfugen. V = 150.

tem Rohwasser gespeist; von 1909 bis 1920 wurde lediglich mit Kalksoda gereinigt. In Anbetracht der besonders gelagerten Verhältnisse war der Sodazusatz ein besonders hoher; es entfielen z. B. auf 12 Kessel und je einen Tag 500 kg Soda und 75 kg Kalk; das Wasser wies 80 deutsche Härtegrade auf und war etwas sulfathaltig. Vom Jahre 1920 ab fand ein Rückführverfahren Anwendung; das Speisewasser bestand hierbei aus dem Kondensat, dem Ablaßwasser und Zusatzwasser. Die beiden letzteren wurden mit Ätznatron gereinigt; das Sulfatverhältnis betrug großenteils 1 : 3.

Mit Einsetzen der Wasserreinigung wurden die Kessel undicht, was aber nur auf die Beseitigung der abdichtenden Wirkung des Kesselsteins zurückzuführen ist. Nach stattgehabtem Verstemmen traten keine außergewöhnlichen Undichtigkeiten mehr auf.

Die in Abb. 116, Abschnitt VI auf die Kessel von 13 atü bezüglichen Schaulinien bringen keinen Einfluß der Wasserbehandlung zum Ausdruck. Vielmehr geht aus ihnen, insbesondere auch aus der Ähnlichkeit des Verlaufs der Linien für Nietlochrisse mit demjenigen der Linie für Krempenrisse hervor, daß die mechanische Dauerbeanspruchung für die Ursache der Rißbildung ausschlaggebend war. In den Kesselbodenkrempen bietet sich doch zweifellos keine Gelegenheit zu der Entwicklung gefährlicher Konzentration der Lauge wie sie von Parr geschildert wird.

Bei den Kesseln mit 20 atü, welche schon nach 4 Betriebsjahren anfingen rissig zu werden und daraufhin in so rascher Folge Schäden aufwiesen, daß mit einer höchsten Lebensdauer von nur 11 bis 15 Jahren gerechnet werden kann, war nach Angabe von Anfang an das Verhältnis Ätznatron zu Glaubersalz ungefähr 1 : 2.

Bei den 34-atü-Kesseln sind die ungünstigen mechanischen Beanspruchungsverhältnisse einwandfrei durch die angestellten Untersuchungen nachgewiesen worden.

Als weitere Beispiele für die Bedeutung der mechanischen Beanspruchungsverhältnisse bei der Entstehung der Risse seien die folgenden mitgeteilt.

In einem Kraftwerk, welches das amerikanische Laugenverhältnis seit seiner Bekanntgabe eingeführt hatte, wurden folgende Beobachtungen gemacht. Das Werk besitzt zwei Kesselbatterien ähnlicher Bauart, jedoch verschiedener Herkunft. Die Wasserverhältnisse sind bei beiden Batterien dieselben. Während bei der einen der beiden Batterien sich keine nennenswerten Schäden zeigten, sind bei der anderen solche schon sehr früh aufgetreten. Bei einem der Kessel, welcher im Jahre 1923 hergestellt wurde, sind bereits nach 14 Monaten Betriebszeit Nietlochrisse festgestellt worden; bei einem zweiten Kessel nach 24 Monaten. Im Laufe der nächsten drei Betriebsjahre durchsetzten die Risse die Stege derart, daß eine gründliche Reparatur vorgenommen werden mußte. Nach der Reparatur, welche keine konstruktive Änderung zwecks Verringerung der Beanspruchungsverhältnisse in sich schloß, setzte wieder Rißbildung ein. In bezug auf das Speisewasser gibt die betreffende Betriebsleitung an: „Das Speisewasser besteht zu 96 bis 97% aus reinem Kondensat und zu 4 bis 3% aus chemisch aufbereitetem Flußwasser. Die Wasserreinigung arbeitet nach dem Kalk-Soda-Verfahren mit Schlammrückführung. Durch die letztere haben wir es in der Hand, den Härtegrad des im Kessel befindlichen Wassers durch mehr oder weniger starkes Ablassen günstig zu beeinflussen. Der Kesselinhalt wird mehrmals in der Woche auf seine Zusammensetzung hin im chemischen Laboratorium genau untersucht und danach die Wasserreinigungsanlage betrieben. Seit September 1925 haben wir Glaubersalz dem Speisewasser beigegeben und dafür gesorgt, daß die kaustische Härte in allen Kesseln sich etwa in dem Verhältnis 1 : 3 bewegt.

Trotz der getroffenen Maßnahmen hat die Rißbildung einen Umfang angenommen, daß die Kessel der einen Batterie vor kurzem endgültig außer Betrieb gesetzt worden sind."

Dieser Fall zeigt besonders anschaulich, daß beim Vorhandensein ungünstiger Beanspruchungsverhältnisse diese die ausschlaggebende Ursache der Rißbildung sind und daß letztere unabwendbar fortschreitet und immer wieder einsetzt, wenn die Beanspruchungsverhältnisse nicht geändert werden. Die Einführung und die sorgfältige Einhaltung der amerikanischen Laugenverhältnisse konnten die Kessel nicht retten. Die Lauge spielte also hinsichtlich der Rißbildung so gut wie keine Rolle, was überdies aus dem Verhalten der Kessel der zweiten Batterie hervorgeht.

Zum Schluß sei noch die abzehrende Wirkung der Lauge kurz gestreift. In den Mänteln der Stuttgarter Versuchskessel sind in Höhe der Ringbrenner Abzehrungen sowohl in großen Flächen als auch in Gestalt von zahlreichen kleinen Löchern aufgetreten; wie sie aus Abb. 153 und 154 deutlich hervorgehen.

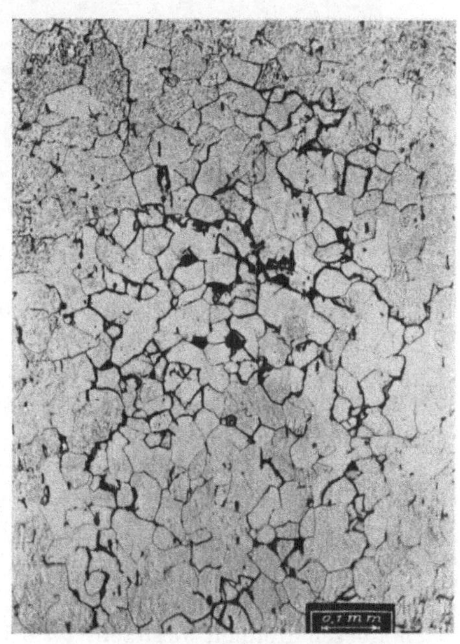

Abb. 152. Risse aus Abb. 150, Verlauf längs den Kornfugen. V = 75.

In diesen Abbildungen tritt die flächenweise Abzehrung neben den örtlich vorhandenen Löchern anschaulich in Erscheinung. Bemerkenswert ist außerdem, daß die Abzehrung zum Teil in Zusammenhang mit den auf der Rohrinnenseite vorhanden gewesenen Riefen zu stehen scheint, vgl. insbesondere Abb. 153. In bezug auf diesen Zusammenhang stehen zwei Vermutungen offen. Einerseits kann die Werkstoffbeschaffenheit an den Riefen eine andere sein als außerhalb derselben. Andererseits besteht die Möglichkeit, daß die Riefen eine andere Oberflächenbeschaffenheit besaßen als das übrige Rohrmaterial. Endlich können an den Riefen die Strömungsverhältnisse der infolge der Erwärmung aufsteigenden Lauge andere gewesen sein, als an den übrigen Stellen. Ferner können Gasbläschen haften geblieben sein. Dabei ist noch im Auge zu behalten, daß die Abzehrung jeweils am unteren Ende

Abb. 153. Anfressungen im Mantel des Versuchskessels Abb. 130.

beider Gewichtssätze lag, an welchen der freie Rohrquerschnitt eine plötzliche Verengung besitzt.

Diese thermischen und mechanischen Verhältnisse lassen es an sich verständlich erscheinen, daß ein entstandener Belag immer wieder zur Beseitigung gelangt.

6. Zusammenfassung.

1. Die Ergebnisse der Parrschen Versuche und der Stuttgarter Vergleichsversuche zeigen, soweit sie sich auf Natronlauge und auf Probestäbe aus Flange Steel beziehen, welche die bei Probestäben übliche Oberflächenbeschaffenheit besitzen, gute Übereinstimmung (vgl. Abb. 131).

2. Der Bruch erfolgte bei den Stäben von üblicher Oberflächenbeschaffenheit jeweils an einer Strich- oder Körnermarke, nachdem ein tiefgehender Anbruch vorausgegangen war. Außer dem letzteren fanden sich an jeder Körnermarke feine Anrisse, jedoch von nur geringer Tiefenerstreckung (Abb. 133 und 134). Solche Anrisse traten auch in dem jeweils gleichzeitig eingebaut gewesenen Bruderstab auf. Vereinzelt waren auch die Stabkanten angebrochen.

3. Stäbe ohne Körnermarken brachen erst nach 28 Tagen, während die Stäbe mit Körnermarken nach 1½ Tagen gebrochen waren (Abb. 132).

4. Dem Bruch der Stäbe Ziff. 3. ging ein Anbruch voraus, welcher sich auf etwa $^1/_3$ der Bruchfläche erstreckte (Abb. 135). Außerhalb der Bruchstelle fand sich im gebrochenen Stab noch eine Schar sehr feiner Anrisse von sehr geringer Tiefenerstreckung (Abb. 136).

Am Bruderstab, welcher über die ganze Versuchsdauer die volle

Belastung trug, waren bei mikroskopischer Untersuchung keine Anrisse zu beobachten.

5. Polierte (mit Polierrot von Hand abgezogen) Stäbe brachen erst nach rd. 70 Tagen (Abb. 132).

6. An der Bruchstelle der Stäbe Ziff. 5. war zunächst ein Anbruch von etwa $\frac{1}{3}$ des gesamten Querschnitts eingetreten (Abb. 137).

Außerhalb der Bruchstelle fanden sich nur in der Umgebung der letzteren einige sehr feine und ganz kurze Risse (Abb. 139).

In dem Bruderstab, welcher über die ganze Versuchsdauer die volle Belastung trug, waren bei mikroskopischer Untersuchung keine Risse zu beobachten; dabei zeigte derselbe den Beginn einer örtlichen Einschnürung, wie sie bei Zugversuchen den Bruch einleiten (Abb. 140). Auch an dieser Stelle konnten keine Risse festgestellt werden.

7. Die von Parr über die Eindringungsgeschwindigkeit der Risse aufgestellte Gleichung trifft die bei den Proben herrschenden Verhältnisse nicht. Die Entwicklung der Risse erfolgt nicht gemäß der bei Aufstellung der Gleichung gemachten Annahme, daß die Risse gleichmäßig verteilt auftreten und stetig von außen nach innen fortschreiten. Der Anbruch an der Bruchstelle besitzt eine viel größere Ausdehnung als die außerhalb derselben aufgetretenen Anrisse. Bei den Bruderstäben der 2. und 3. Versuchsreihe Ziff. 3. und 5. sind überhaupt keine Anrisse aufgetreten.

Bei Aufstellung der Gleichung betreffend die Eindringungsgeschwindigkeit sind überdies einige Gesichtspunkte nicht berücksichtigt worden, welche sich auf die Zusammenhänge zwischen Bruchbelastung, Art und Größe des Bruchquerschnitts, sowie Versuchstemperatur beziehen.

8. Verminderung der Versuchsbelastung, welche bei den Hauptversuchen in Höhe von 38 kg/mm², d. i. rd. 0,8 K_z, lag, bewirkte Verlängerung der Widerstandsfähigkeit der Stäbe aus Flange Steel.

9. Izett-Material, welches gemäß den Parrschen Versuchen nach rd. 1 Tag gebrochen ist (Abb. 120), also keine günstigeren Eigenschaften als Flange Steel aufwies, zeigte bei den Stuttgarter Versuchen eine bedeutende Überlegenheit. Die Izettstäbe waren nach 20 Tagen noch nicht gebrochen, während bei den entsprechenden Flange Steel-Stäben nach 1½ Tagen der Bruch eintrat. Stäbe ohne Körnermarken brachen bei Flange Steel nach 28 Tagen, Izettstäbe waren nach 56 Tagen noch nicht gebrochen.

Bei der mikroskopischen Untersuchung der Izettstäbe wurden keine Risse beobachtet.

10. Die von Parr über die Wirkung von Vorbeugungsmitteln gegen „Laugensprödigkeit“ ausgeführten Versuche (Abb. 123 bis 127), wurden nicht nachgeprüft. Die Belastungsdauer bei diesen Versuchen betrug 30 Tage. Bei den Parrschen Hauptversuchen mit Lauge von 300 g/l ergab sich ein ziemlich gleichmäßig schlechtes Verhalten aller Stäbe (Abb. 120), wonach fast ausnahmslos unter einer Spannung zwischen

28 und 38 kg/mm² ein Bruch nach etwa 1 Tag Belastungszeit eintrat. Die Änderung der Oberflächenbeschaffenheit liefert aber bei den Stuttgarter Versuchen bereits eine Steigerung der Belastungszeit bis auf rd. 70 Tage; außerdem sind die Izettstäbe nach 20 bzw. 56 Tagen noch nicht gebrochen gewesen. Die hiernach in Stuttgart im Zusammenhang mit der Oberflächen- und Werkstoffbeschaffenheit festgestellte Streuung deutet darauf hin, daß die Zuverlässigkeit der Wirkung der Vorbeugungsmittel nur in einem weit größeren Zeitraum als 30 Tage festgestellt werden kann. Solche Versuche lagen aber außerhalb des Rahmens der hier zur Verfügung stehenden Mittel. Bis zum Vorliegen solcher Versuche wird aber die dauernde Zuverlässigkeit der Vorbeugungsmittel mit Vorsicht zu beurteilen sein.

11. Bei Versuchen in Wasser ohne Lauge sind nach 31 Tagen unter 35 atü und 38 kg/mm² Spannung keine Risse beobachtet worden, woraus im Vergleich mit den Laugenversuchen mit Flange Steel die Gefährlichkeit der Lauge unter den Verhältnissen, welche bei den Versuchen herrschten, erwiesen ist.

12. Bei Biegungsversuchen mit Bügeln gemäß Abb. 142, welche in der Materialprüfungsanstalt Stuttgart durchgeführt und über welche in den Mitteilungen der Vereinigung der Großkesselbesitzer berichtet worden ist, war das Wesen der entstandenen Risse ein anderes als bei den vorliegenden Zugversuchen. Die Risse traten (Abb. 143 und 144) in ziemlich gleichmäßiger Verteilung auf und erstreckten sich (Abb. 145) größtenteils unter weitgehender Verzweigung gleichmäßig weit ins Innere, in ähnlicher Weise wie dies unter gleichförmiger Beanspruchung in praktischen Fällen zu beobachten ist.

13. Die Ergebnisse der unter Ziff. 12. erwähnten Versuche deuten, soweit sie zur Zeit ihrer Bekanntgabe abgeschlossen waren, darauf hin, daß die Entwicklung der Laugenrisse in ausschlaggebendem Maße eine Zeitfrage darstellt, so daß es nicht unwahrscheinlich ist, daß auch noch bei Anstrengungen Risse auftreten können, welche unterhalb der bisher festgestellten Grenze liegen. Hierbei ist zu beachten, daß diese Grenze noch weit oberhalb der Schwingungsfestigkeit liegt. Beim Auftreten von Schwingungen führt eine über der Schwingungsfestigkeit liegende Spannung nach einer bestimmten Anzahl von Schwingungen unabwendbar zum Bruch (Abb. 147). Die Parrschen Hauptversuche bewegen sich aber in einem Spannungsgebiet, das zwischen Streckgrenze und Zugfestigkeit liegt (Abb. 146) und in welchem bereits Formänderungen von rd. 4% auftreten. Solche Verformungen kommen aber praktisch bereits einer Zerstörung gleich. Beim Auftreten von Schwingungen ist in diesen Spannungsgebieten nur eine ganz geringe Lebensdauer zu erwarten (Abb. 147).

Das unter dieser Ziffer einleitend Gesagte, wonach praktische Folgerungen nur aus Versuchen mit sehr langer Zeitdauer gezogen werden können, ist besonders im Auge zu behalten.

14. Bei den unter Ziff. 12 erwähnten Versuchen traten auch Anzeichen dafür in Erscheinung, daß durch geeignete Warmbehandlung (Vergütung) eines Werkstoffes dessen Widerstandsfähigkeit gegenüber Lauge erhöht wird. Parr fand für vergütetes Material keine besseren Eigenschaften. Seine vergüteten Stäbe brachen unter der üblichen Versuchsbelastung von 34 bis 41 kg/mm² nach 12 bis 28 Stunden (Zusammenstellung S. 146).

15. Es ist denkbar und auch zum Teil aus den Versuchsergebnissen zu schließen, daß die Wirkung der Lauge, deren Gefährlichkeit unter den bei den Hauptversuchen herrschenden Verhältnissen und für den

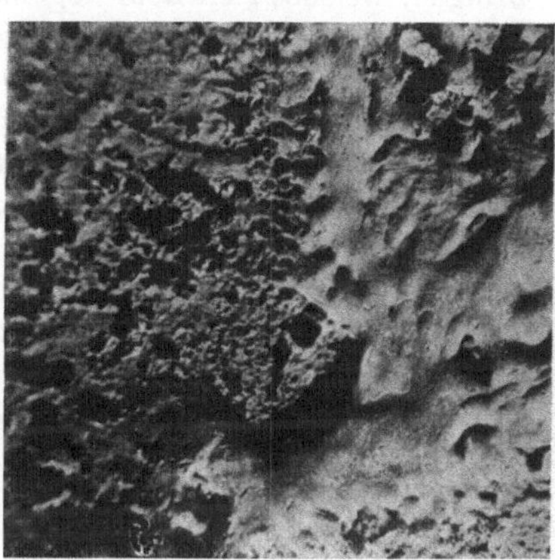

Abb. 154. Stereoskopisches Teilbild aus Abb. 153.

hierbei verwendeten Werkstoff erwiesen ist, unter anderen Umständen an Bedeutung verlieren kann.

Bereits aus dem Vorstehenden geht hervor, daß durch Warmbehandlung (Vergüten) oder durch metallurgische Maßnahmen (Izettmaterial) günstigere Ergebnisse zu erwarten sind. Bei diesen Maßnahmen dürfte insbesondere einer Beeinflussung der Art und der Verteilung der Verunreinigungen eine ausschlaggebende Bedeutung zukommen.

Auch eine Beseitigung des Zunders an hoch beanspruchten Stellen erscheint zweckmäßig.

In mechanischer Hinsicht ist von Belang die Höhe der Spannung; bei zulässiger Höhe derselben dürften geringfügige Anfressungen der Kornfugen sich wohl nicht anders auswirken als Oberflächenverletzungen, wie sie vielfach vorkommen (Bearbeitungsriefen, kerbenartige nichtmetallische Einschlüsse an der Oberfläche u. dgl. Abb. 148). Scharfe Kanten sind tunlichst zu vermeiden.

Inwieweit Maßnahmen auf elektrolytischem Gebiet Erfolg versprechen, wäre durch besondere Versuche festzustellen.

16. Die schädliche Wirkung der Lauge in Dampfkesseln setzt neben der erforderlichen Höhe der Anstrengung die Entstehung einer hoch laugenhaltigen Lösung voraus. Eine solche hängt aber gemäß den bezüglichen Hypothesen und den mehr oder weniger von praktischen Verhältnissen abweichenden Versuchen von dem zufälligen Zusammentreffen verschiedener Umstände ab. Ein Bild hiervon geben die oben erwähnten Beispiele. Diese zeigen aber auch, daß beim Vorhandensein hoher Anstrengungen den letzteren eine ausschlaggebende Bedeutung zukommt. Der Kesselbau trägt diesen Erkenntnissen dadurch Rechnung, daß er darauf hinzielt, die Anstrengungen in Dampfkesseln auf das Maß zu bringen, welches sich dem allgemein im Maschinenbau üblichen nähert.

Beim Vorhandensein von Kesseln verschiedener Bauart in jeweils demselben Betriebe zeigt sich in der Regel, daß bei gleichen Betriebsverhältnissen, insbesondere bei jeweils gleicher Speisewasserbeschaffenheit, immer nur Kessel bestimmter Bauart Risse bekommen. In den Kesseln verschiedener Bauart müßte beim Vorhandensein von Längsnietnähten usw. die Gelegenheit zur Entstehung einer Laugenanreicherung grundsätzlich gleichmäßig geboten sein. Wenn nun aber, wie gesagt, in der Regel nur Kessel bestimmter Bauart rissig werden, während Kessel anderer Bauart in den gleichen Anlagen rißfrei bleiben, so kann unmöglich eine Laugenkonzentration die primäre Ursache der Rißbildung sein. Vielmehr lassen sich diese Umstände nur so erklären, daß bei bestimmten Kesseltypen die mechanischen oder die diesen gleich zu stellenden thermischen Beanspruchungen eben zu hoch sind. Mit diesen hohen Beanspruchungen der Nietnähte ist aber bereits eine Begünstigung der Entstehung von Undichtheiten verknüpft, ebenso wird der Rißbildung Vorschub geleistet. Wenn also überhaupt eine Laugenanreicherung infolge Undichtheit in Betracht zu ziehen ist, so könnte sie höchstens in zweiter Linie in Frage kommen, da für die Entstehung der Undichtheiten, bei einigermaßen sachgemäßer Ausführung, verhältnismäßig hohe Beanspruchungen Voraussetzung sind.

17. Parr sieht einen den Kornfugen folgenden Verlauf von Rissen als Kennzeichen dafür an, daß bei der Rißbildung Laugeneinflüsse mitspielten. Bei Untersuchung eines Kesselschadens aus neuester Zeit fanden sich auf der Feuerseite der Untertrommel im vollen Blech Risse, welche den Kornfugen in genau gleicher Weise folgten wie die Risse Abb. 145. Diese Beobachtung deutet darauf hin, daß Kornfugenrisse auch durch thermische Einflüsse hervorgerufen werden können.

Zum Schluß sei noch folgende Bemerkung gestattet.

Die Versuche von Parr und Straub stehen hinsichtlich ihrer großzügigen Anlage und auch hinsichtlich der Bedeutung ihrer Ergebnisse zum Zeitpunkt ihrer Veröffentlichung mit an erster Stelle. Sie stellen eine bahnbrechende Forschungsleistung dar und haben nicht allein wertvolle Anregungen zu weiteren Forschungsarbeiten, unter anderen auch zu der vorliegenden, gegeben, sondern lieferten auch Versuchsgrundlagen, auf welchen diese Forschungsarbeiten weiter bauen konnten. Wenn hierbei neue Erkenntnisse zutage gefördert wurden, so folgt dieser Umstand lediglich einem Entwicklungsgesetz, welches auch Erkenntnisse in sich schließen kann, die mit den früheren nicht im Einklang stehen. Der Wert der früheren Versuche wird hierdurch keineswegs beeinträchtigt, da diese neuen Erkenntnisse auf dem durch die früheren Versuche bereits beackerten Boden gewachsen sind. Die vorstehenden Versuche können daher auch nur Anspruch darauf machen, einen Beitrag zu bilden. Einer Vergrößerung dieses Beitrages waren vorläufig durch die zur Verfügung stehenden Mittel Grenzen gesetzt.

Vom weiteren Ausbau der gesamten geleisteten Arbeit ist letzten Endes eine Klarstellung zum Nutzen der ausführenden Technik zu erwarten.

X. Zusammenfassendes Schlußwort mit Erörterungen über das Wesen und die Bauart von Hochdruckanlagen bis 224 at.

Abb. 155 zeigt den Querschnitt durch die Nietnaht eines Dampfkessels, welcher im Jahre 1896 gebaut und in einem Elektrizitätswerk einer Großstadt in Betrieb war. Die Nietverbindung ist ein Schulbeispiel für Ausführungsmängel; sie weist dieselben in ganz besonders

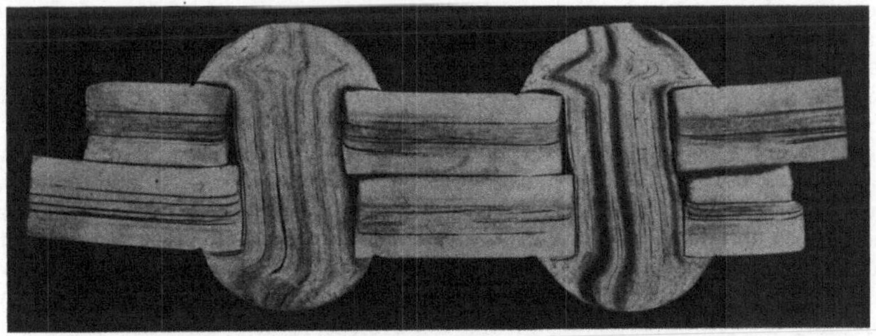

Abb. 155. Überlappungsnietung mit gestanzten und vom Nietenmaterial nicht ausgefüllten Nietlöchern sowie versetzten, nicht satt aufsitzenden Nietköpfen.

ausgeprägtem Maße auf. Die Nietlöcher sind gestanzt; zwischen den Blechenden sind große Zwischenräume, welche an den Blechstirnseiten durch kräftiges Verstemmen verschlossen wurden; die Blechenden sind nicht entsprechend dem Durchmesser des Schusses gekrümmt, sondern angenähert gerade. Die Nietlöcher werden von den Nietschäften nicht ausgefüllt; die Nietköpfe sitzen teilweise einseitig; zwischen ihrer Sitzfläche und der Blechoberfläche bestehen Zwischenräume.

Trotz dieser Mängel war der Kessel lange Jahre in Betrieb. Der Grund, warum die Nietnähte trotz der ungünstigen Beanspruchungsverhältnisse und trotz der Mißhandlung des Blechmaterials nicht gerissen sind, liegt darin, daß mit dem Dampfdruck von 10 atü unter den herrschenden Konstruktions- und Betriebsverhältnissen nur verhältnismäßig geringe Beanspruchungen verbunden waren.

Mit Steigerung des Dampfdruckes auf 12 bis 15 atü nahmen naturgemäß die Anstrengungen des Materials zu. Diesem Umstand wurde wohl durch einige Ausführungsverbesserungen, wie Bohren der Nietlöcher an Stelle des Stanzens derselben u. a. Rechnung getragen. Zu außergewöhnlichen Maßnahmen führte jedoch diese Steigerung der Dampfdrücke nicht, da die Zahl der Schadenfälle keine beunruhigende war und deshalb auch keine Veranlassung zur Einführung verteuernder Herstellungsverfahren vorlag. Die gleichen Umstände erklären, daß die zahlreichen Untersuchungen von schadhaft gewordenem Kesselmaterial[1],

---

[1] Diese Arbeiten entstammten zu einem großen Teil den staatlichen Materialprüfungsanstalten. Die Einlieferung der schadhaften Stücke erfolgte vielfach auf Veranlassung der Dampfkesselüberwachungsvereine. Für die Kosten der Untersuchungen wurden teils vom Verein deutscher Ingenieure, teils von den Verbänden der Überwachungsvereine (Zentralverband der Preußischen Dampfkessel-Überwachungsvereine, Internationaler Verband der Dampfkessel-Überwachungsvereine, Allgemeiner Verband der Deutschen Dampfkessel-Überwachungsvereine) Geldmittel zur Verfügung gestellt. Die Vereinigung der Großkesselbesitzer ist seit ihrer Gründung bestrebt, möglichst jeden Schadenfall der eingehenden Untersuchung nach allen Gesichtspunkten zu unterwerfen. Bei den Werkstoffuntersuchungen haben sich die Materialprüfungsanstalten sofort nach dem Auftauchen der Möglichkeit der Heranziehung des Mikroskopes für die Untersuchung von Metallen auch dieses Mittels bedient, um Anhaltspunkte und Aufschlüsse über die Ursache der Kesselschäden im Zusammenhang mit den Werkstoffeigenschaften zu erlangen. Neuerdings werden auch Röntgenuntersuchungen herangezogen. Die Werkstoffuntersuchung erfordert nicht allein die Beurteilungsfähigkeit der Versuchszahlen, der Werkstoff-Sachverständige muß vielmehr voll und ganz vertraut sein mit den Prüfungsverfahren, mit den Werkstoffeigenschaften an sich und der Art und dem Maß der verschiedenartigen Einflüsse auf diese Eigenschaften, mit den metallographischen Arbeitsverfahren usw. Fehler bei der Untersuchungsdurchführung können zu verhängnisvollen Folgerungen führen. Bei der Ausarbeitung der Veröffentlichungen und der Abfassung der Untersuchungsberichte ist dem Umstand Rechnung zu tragen, daß sich die Werkstofforschung zu einem Spezialgebiet entwickelt hat, das manchen Ingenieuren mehr oder weniger fernliegt. Dies war und ist heute noch insbesondere in bezug auf Metallographie der Fall. Die letztere stellt trotz der grundlegenden Bedeutung, welche die Werkstoffeigenschaften und die Kenntnisse vom Gefügeaufbau heute für den Konstrukteur und für den Betriebsingenieur besitzen, noch kein Pflichtfach des Lehrplans der Technischen Hochschulen dar. Es war und ist daher notwendig, daß die Berichte und die Veröffentlichungen die beobachteten Erscheinungen nicht etwa nur kurz erwähnen, sondern dieselben, soweit irgend möglich, im Lichtbild festhalten,

ferner die Untersuchungen über die Anstrengungsverhältnisse von Kesselelementen und über die Einflüsse der Herstellungsverfahren auf die Werkstoffeigenschaften großenteils keine praktische Auswertung gefunden hatten.

Die weitere Steigerung des Dampfdruckes um nur wenige Atmosphären rief die umfangreichen Schäden hervor, welche, wie in der Einleitung (Abschnitt I) erwähnt, die Kesselbesitzer veranlaßten, die Klärung der Ursache der Rißbildung in großzügiger Weise in die Wege zu leiten.

Neben eingehenden Aussprachen mit den für die einzelnen Teilfragen zuständigen Mitarbeitern und Sammlung der vorhandenen Erfahrungen und wissenschaftlichen Erkenntnisse wurden umfangreiche Untersuchungen ausgeführt. Ein besonderes Verdienst um die Förderung der Klarstellung erwarb sich die Firma I. G. Farbenindustrie Aktiengesellschaft dadurch, daß sie die Ergebnisse der außerordentlich umfangreichen eigenen und in ihrem Auftrag ausgeführten Untersuchungen zur Verfügung stellte und außerdem den Leitern zweier ihrer größten Kraftwerke, den Herren Dr.-Ing. Oberingenieur Guilleaume und Oberingenieur Quack die Möglichkeit boten als Vorsitzende der Vereinigung der Großkesselbesitzer mit ihren reichen Erfahrungen der Förderung der Arbeiten zu dienen.

Die hauptsächlichsten der mit den Werkstoff-Fragen zusammenhängenden Auswirkungen der gemeinsamen Arbeit der Kesselbesitzer,

---

erstens zur urkundlichen Festlegung und zweitens, um an Hand der Lichtbilder das Beobachtete möglichst eingehend beschreiben zu können, damit der Leser, welcher dem Fachgebiet Werkstoffkunde im allgemeinen und Metallographie im besonderen ferner steht, nicht darauf angewiesen ist, die Schlußfolgerungen ohne weiteres zu glauben, sondern sich von der Richtigkeit derselben einen möglichst weitgehenden überzeugenden Eindruck verschaffen kann. Bei der Art der Wiedergabe von Mängeln muß aber der Gesichtspunkt beachtet werden, daß der Leser keinen übertriebenen Eindruck von den Verhältnissen erlangt. Dieser Gefahr ist dadurch vorzubeugen, daß stärkere Vergrößerungen lediglich zur Verdeutlichung von Erscheinungen angewandt werden, welche in den Berichten auch in Abbildungen kleineren Maßstabes gegeben sind, in sogenannten Übersichtsbildern, welche die Proportionen sinnfällig zum Ausdruck bringen. Die Prüfungsberichte der Materialprüfungsanstalten sollen und können aber nur ein auf den Werkstoff bezüglicher Beitrag für die Klärung eines Schadenfalles sein. Ebenso wie die Gerichte zur Klarstellung eines Falles sich einer Anzahl der verschiedensten Spezialsachverständigen bedienen, sind zur Klarstellung der Ursachen eines Kesselschadens die verschiedenen in Betracht kommenden Einflüsse, wie Konstruktion, Werkstoff, Herstellung, Betrieb jeweils von zuständigen Sachverständigen zu untersuchen. Erst aus dem Gesamtbild, welches sich aus den Gutachten der einzelnen Spezialsachverständigen ergibt, ist eine erschöpfende Klarstellung zu erwarten. Für diese Gesamtbeurteilung und auch für die Konstruktions-, Herstellungs- und Betriebsfragen stehen u. a. in Deutschland in ganz besonderem Maße langjährig tätig gewesene Ingenieure der Dampfkessel-Überwachungsvereine mit ihren eigenen und den in ihren Vereinen angesammelten reichen Erfahrungen zur Verfügung.

Kesselüberwachungsvereine, Werkstofferzeuger, Kesselhersteller, Betriebsfachleute und Vertreter der Wissenschaft bestanden im folgenden.

1. Die zur Verwendung gelangenden Werkstoffe und Kesselteile werden Abnahmeuntersuchungen unterworfen; dabei wird dem Glühzustand besondere Aufmerksamkeit geschenkt. Zur Nachprüfung des letzteren wurde die Kerbschlagprobe eingeführt.

2. Bei der Ausführung der Kaltbearbeitung (Anrichten der Blechenden, Biegen von Rohren usw.) wurde darauf hingewirkt, daß der Werkstoff durch Verwendung verbesserter Einrichtungen weniger ungünstig verformt wird und daß die Berührungsflächen der zu verbindenden Teile gleichmäßig und satt aneinanderliegen und zum Teil vom Zunder befreit werden.

3. Zur Vermeidung ungünstiger Kaltverformung wurde der Nietdruck auf das Maß begrenzt, welches eine Ausfüllung der Nietlöcher, zweckentsprechende Gestalt und Anlage der Nietköpfe gewährleistet, ohne daß die letzteren in das Blech eingedrückt werden oder Aufweitungen der Nietlöcher oder Verbiegungen der Stege zwischen den Nietlöchern usw. eintreten.

4. Die Vorsichtsmaßnahmen Ziff. 2 und 3 erfolgten insbesondere mit Rücksicht auf die Erkenntnis, daß kaltverformter Werkstoff an sich im Laufe der Zeit spröder wird und daß diese Sprödigkeit, Altern genannt, unter dem Einfluß der im Kesselbetrieb in der Regel auftretenden Temperaturen sehr rasch herbeigeführt wird.

5. Die Erkenntnis Ziff. 4 gab die erfolgreiche Anregung zur Herstellung alterungsunempfindlicher Werkstoffe: Izettmaterial der Firma Fried. Krupp A.-G. Essen.

6. Zur Ausscheidung der Gefahr der Alterung, soweit sie mit dem Rollen der Bleche, Anbiegen der Blechenden, Herstellung der Nietnähte der Schüsse zusammenhängt, brachten die Stahlwerke Trommeln ohne Nietnähte heraus, und zwar solche, welche aus mittels Wassergas geschweißten Blechen bestehen und solche, welche aus einem Block geschmiedet wurden. Die Böden werden durch Kümpeln der Trommelenden erzeugt. Nach der Herstellung werden die Trommeln im Ganzen ausgeglüht.

Die Voraussetzungen für die Alterung fehlen hier, abgesehen von den Einwalzstellen, vollständig; wird ein alterungsunempfindlicher Werkstoff verwendet, so wird auch an den Einwalzstellen der Rohre die Alterungsgefahr beseitigt.

7. Die Beobachtung besonders ungünstigen Verhaltens von Blechen mit niederer Festigkeit (34 kg/mm²) veranlaßten die Festlegung der Mindestfestigkeit auf 35 kg/mm²; außerdem fanden in zunehmendem Maße „harte" Bleche Verwendung.

8. Den ungünstigen Einflüssen, welche Temperaturwechsel, Wärme-

stauungen, sowie Wärmewirkungen allgemeiner Art ausüben können, wurde durch konstruktive Maßnahmen Rechnung getragen. Die Kesseltrommeln wurden durch Einmauerung der unmittelbaren Einwirkung der Heizgase entzogen; die Speisewasserführung wurde derart gewählt, daß keine örtliche Abkühlung herbeigeführt wird.

9. Rißbildungen, welche auf Überanstrengung des Materials („Ermüdung") zurückgeführt werden konnten, wurden auf konstruktivem Wege u. a. durch elastische Gestaltung der Kesselteile und Verbindungen mit Erfolg bekämpft.

10. Rohrbrüchen wurde nach Möglichkeit vorgebeugt durch sorgfältige Abnahme der Rohre und Anwendung von Verfahren (Kochsche Ringprobe, Ringzugprobe[1], Bearbeitung der Blöcke[2], Beizen der Knüppel sowie der Rohre[2]), bei welchen Rohrmängel sinnfällig in Erscheinung treten.

Die Entstehung groben Korns infolge Rekristallisation wird durch sorgfältige Überwachung der Glühbehandlung vermieden.

11. Die mit steigenden Drücken und bei großen Lastwechselzahlen (feuerlose Lokomotiven) häufig aufgetretenen Krempenrisse in den Kesselböden sind durch Einführung von Böden mit größeren Krempungshalbmessern beseitigt worden.

12. Eine eingehende Behandlung wurde der Frage der „kaustischen Sprödigkeit" des Kesselwerkstoffs gewidmet, womit die Frage der Speisewasserpflege verbunden ist.

Durch die vorstehend skizzierten aus den gewonnenen Erkenntnissen herausgewachsenen Maßnahmen wurde den bei der Steigerung des Dampfdruckes um wenige Atmosphären aufgetretenen Rißbildungserscheinungen vorgebeugt. Die Erkenntnisse ermöglichen aber auch die Auswahl der von Fall zu Fall erforderlichen Maßnahmen nach wirtschaftlichen Gesichtspunkten zu treffen. Ferner lieferten die Erkenntnisse wertvolle Grundlagen für die weitere Entwicklung des Dampfkesselwesens in Deutschland, bei welcher die Drücke sprunghaft auf 34, 60, 100, 120 und 224 atü anstiegen.

Wenn einerseits die aufgetretene Rißbildungsepidemie den Kesselbesitzern schwere Schäden zufügte, so entstanden andererseits den Werkstoff- und Kesselherstellern durch die Erfüllung der Forderungen, welche aus den Forschungsarbeiten über die Klarstellung der Ursache der Kesselschäden resultierten, gewaltige Kosten. Das verständnisvolle Eingehen auf diese Forderungen seitens der Werkstoff- und Kesselhersteller wirkte sich in mehrfacher Hinsicht über Erwarten günstig aus:

a) die für den Kesselbesitzer an Wichtigkeit neben der Wirtschaftlichkeit stehende und dieselbe beeinflussende Sicherheit der Kessel erreichte auch bei den Kesseln mit höheren Drücken das wünschenswerte Maß,

---

[1] Ulrich: Neue Erfahrungen bei Abnahmeversuchen, Mitt. d. VGB. Nr. 15.
[2] Ulrich: Rohre für Hochdruckkessel, Mitt. d. VGB., H. 22.

b) der deutsche Kesselbau und die einschlägige Werkstofferzeugung erreichten führende Höhe.

Die in der Einleitung (Abschnitt I) enthaltene Zusammenstellung zeigt, daß Deutschland in der praktischen Ausnutzung des Hochdruckdampfes eine hervorstechende Rolle spielt. Dieser Umstand steht in ursächlichem Zusammenhang mit den deutschen wirtschaftlichen Nöten, welche die Schaffung und Ausnützung von die Unkosten verbilligenden, technischen Fortschritten dringend erheischen. Das mit der erstmaligen Ausführung verknüpfte Risiko wurde im Hinblick auf die zu erwartenden Vorteile getragen.

Die verschiedenen Konstrukteure von Hochdruckkesseln suchen die Werkstoffschwierigkeiten in verschiedener Weise zu bewältigen. Die einen streben die Beibehaltung von unlegiertem Stahl an und vermeiden durch geeignete Konstruktion des Kessels und seiner Teile schädigende Herstellungs- und Betriebseinwirkungen. Die andern bedienen sich legierter Werkstoffe und erwarten von der Ausnützung der Überlegenheit der Eigenschaften der letzteren die günstigste Lösung der letzten Endes ausschlaggebenden Preis- und Wirtschaftlichkeitsfrage.

Zur Erlangung eines Einblickes in die Bauart und das Wesen der Hochdruckanlagen bis 224 atü sind im nachstehenden Angaben über einige der hauptsächlichsten Systeme gemacht.

1. „Atmos-Kessel“.

Dieser Dampferzeuger ist eine Erfindung des schwedischen Ingenieurs Blomquist. Die alleinige Lizenzvertretung besitzt die Société Alsacienne de Constructions Mécaniques in Mülhausen im Elsaß mit Ausnahme für die skandinavischen Länder, für welche die Aktiebolaget Atmos in Stockholm Lizenzbesitzerin ist.

Der Dampfdruck kann 80 bis 130 kg/cm² betragen.

Abb. 156 zeigt eine Darstellung eines Kessels für 100 atü. Derselbe besitzt keine Trommel, er besteht nur aus Rohren. Die Erzeugung des Dampfes erfolgt in den in Abb. 156 mit RR bezeichneten Rohrsystemen, von welchen eines in Abb. 157 wiedergegeben ist. Diese Rohrsysteme, genannt „Rotors à cage d'écureuil“ — Rotoren nach Eichhörnchenkäfigart — werden durch elektrischen Antrieb in Umdrehung versetzt, und zwar mit einer Geschwindigkeit von 15 bis 20 Umdrehungen in der Minute. Die Drehbewegung der Rohrsysteme hat den Zweck ununterbrochenen Wasser- und Dampfumlauf zu sichern und gleichmäßige Verteilung der Dampferzeugung auf sämtliche Rohre herbeizuführen.

Die normale Dampferzeugung beträgt nach Angabe 300 kg/m²/Std. Jede Rotoreinheit kann bis zu 15000 kg/Stunde Dampf erzeugen. Für einen Kessel von beispielsweise 90000 kg Dampflieferung würden demnach 6 Rotoren angeordnet.

Zum Hinweis auf etwaige Ungleichförmigkeiten der Erwärmung

der Rotorrohre im Betriebe, beispielsweise durch Kesselsteinbildung, sind Dilatometer angeordnet. Die Kesselrohre sind gerade und besitzen

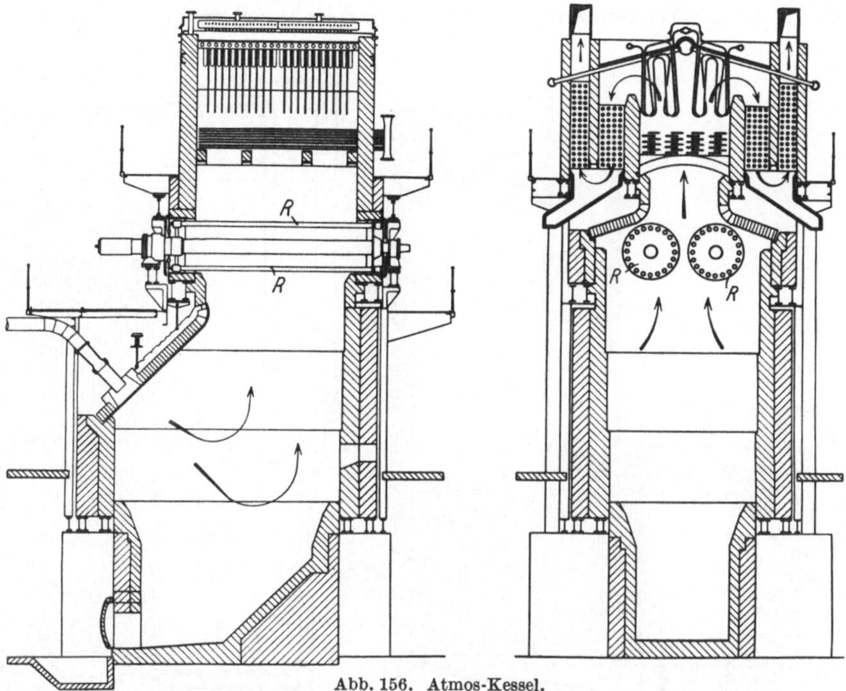

Abb. 156. Atmos-Kessel.

mehr als 50 mm lichte Weite; zur Besichtigung und Reinigung sind dieselben mit Verschlüssen versehen.

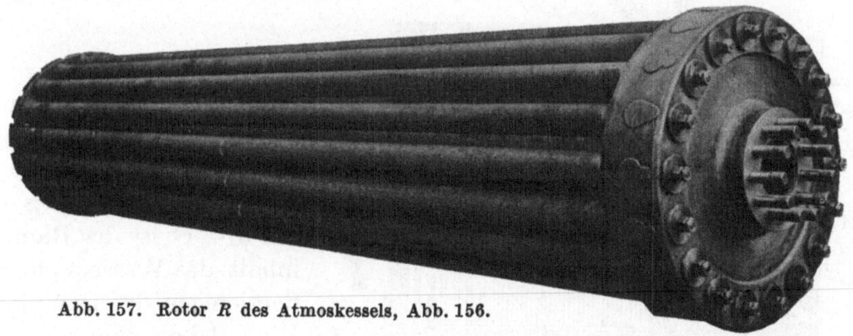

Abb. 157. Rotor R des Atmoskessels, Abb. 156.

Im Hinblick auf die leicht zu bewerkstelligende Reinigung der Rohre soll nach Ansicht der Kesselherstellerin die an sich empfehlenswerte Verwendung destillierten Wassers nicht unbedingt erforderlich sein. Eine gute industrielle Wasserreinigung sei ausreichend.

Als Werkstoff wird gewöhnlicher guter Stahl verwendet.

Die Überhitzung beträgt 400 bis 420° C.

2. „Benson-Dampferzeuger".

Der Benson-Dampferzeuger besitzt keine Trommel; er besteht nur aus Rohren. Das Speisewasser wird in das Rohrsystem hineingepumpt

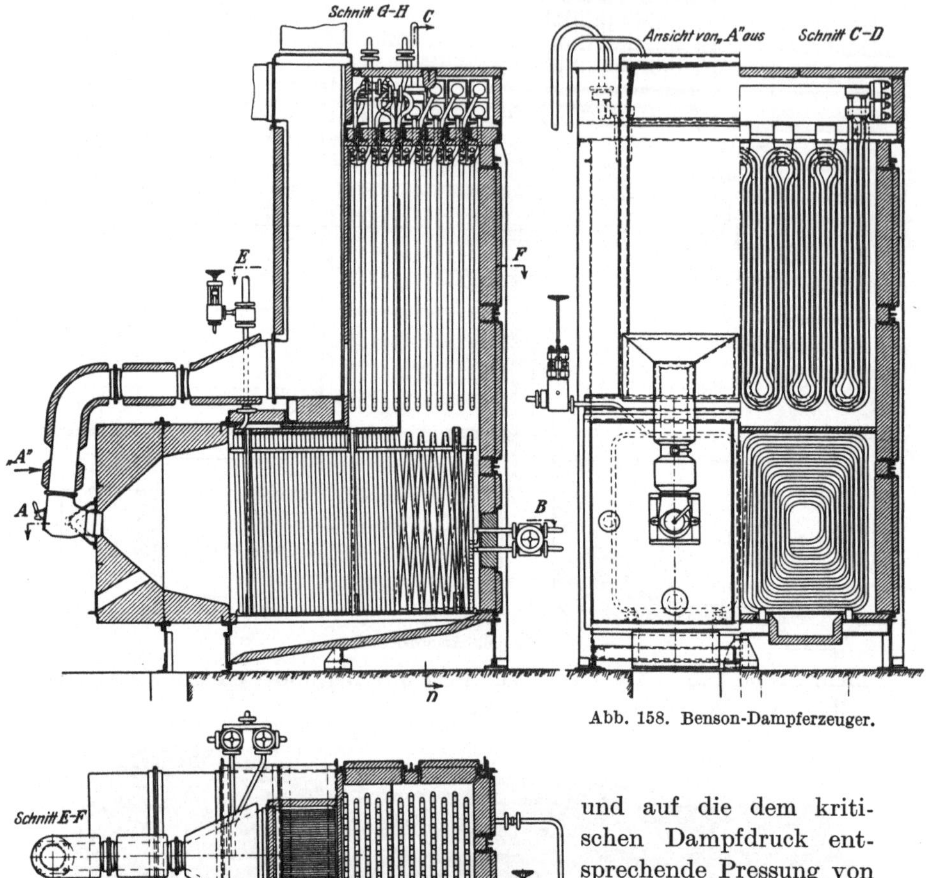

Abb. 158. Benson-Dampferzeuger.

und auf die dem kritischen Dampfdruck entsprechende Pressung von rd. 225 at gebracht. Bei Erwärmung des Wassers auf 374⁰ C ist der Rauminhalt des Wassers gleich demjenigen des Dampfes. Die Überhitzung des Dampfes erfolgt in der Fortsetzung des Rohrsystems, in welchem der Dampf erzeugt wird. Eine Ausführung des Benson-Dampferzeugers ist in Abb. 158[1] dargestellt.

---

[1] Aus Gleichmann, H.: Das Benson-Verfahren zur Erzeugung höchstgespannten Dampfes, Z. V. d. I. 1928, S. 1037.

3. „Borsig-Hochdruck-Steilrohrkessel".

In Abb. 159 ist ein Ausführungsbeispiel für 466 m² Heizfläche, 120 atü Betriebsdruck mit Überhitzer für 475⁰ C dargestellt.

Angaben über den Kessel: Die normale Dauerlast soll 34 t/h, die Höchstleistung 40 t/h betragen. Die Bauart entspricht der normalen. Die Kessel arbeiten mit Rauchgasvorwärmern für das Speisewasser und mit Luftvorwärmern. Auf den Treppenrosten wird Rohbraunkohle verfeuert. Für Sonderfälle sind Kohlenstaubzusatzbrenner vorgesehen.

Verwendete Werkstoffe:

Kesseltrommeln . . .	5%iger Nickelstahl,
Dampfsammler . . .	1½ bis 2%iger Nickelstahl,
Überhitzersammler. .	1½ bis 2%iger Nickelstahl,
Vorwärmersammler .	Flußstahl, Sorte II,
Kesselrohre	Izettstahl, Sorte II,
Überhitzerrohre . . .	Izettstahl, Sorte II,
Vorwärmerrohre . . .	Flußstahl, Sorte I,
Verbindungsrohre . .	Flußstahl Sorte IV.

4. „Humboldt-Steilrohrkessel".

Der Kessel wird gebaut für alle Sorten von Feuerungen und ist bis zu Größen von 2000 m² Heizfläche ausgeführt worden. Die Abb. 160 veranschaulicht eine Ausführung für Kohlenstaubfeuerung. Die Rückwand der Kohlenstaubkammer wird durch das vordere Rohrbündel gebildet, während der hintere Teil der Kammerseitenwände durch Rohrsysteme gekühlt ist, welche an den Wasserkreis des Kessels angeschlossen sind. Der übrige Teil der Brennkammerwände wird durch Luft gekühlt, die Kühlluft gelangt als Sekundärluft zur Verwendung. Diese Kammer ist für verhältnismäßig magere Kohle ausgebildet. Bei gasreichen Kohlen wird das Röhrenkühlsystem vergrößert, so daß in Sonderfällen die gesamte Brennkammer einschließlich Decke mit wassergekühlten Rohren ausgekleidet ist.

Zur Granulierung der Schlacke ist der untere Teil der Brennkammer durch einen aus Rohren bestehenden Schlacken-Granulierrost vorhangartig abgetrennt. Der Granulierrost ist an den Wasserkreislauf des Kessels angeschlossen.

Für den Humboldt-Steilrohrkessel selbst ist die Längslage der Oberkessel in Richtung des Wasserkreislaufes kennzeichnend. Hierdurch sollen die Widerstände, die beim Ein- und Austritt an den sonst notwendigen Verbindungsrohren auftreten, vermieden werden. Da das Volumen der Dampfblasen bei den hohen Drücken ganz bedeutend geringer wird, so ist auch die Auftriebskraft des im vorderen Rohrbündel aufsteigenden Dampfwassergemisches eine wesentlich geringere als bei niedrigen Drücken. Mit Rücksicht auf die herrschenden hohen Temperaturen ist für Höchstdruckkessel ein ungehemmter Wasser-

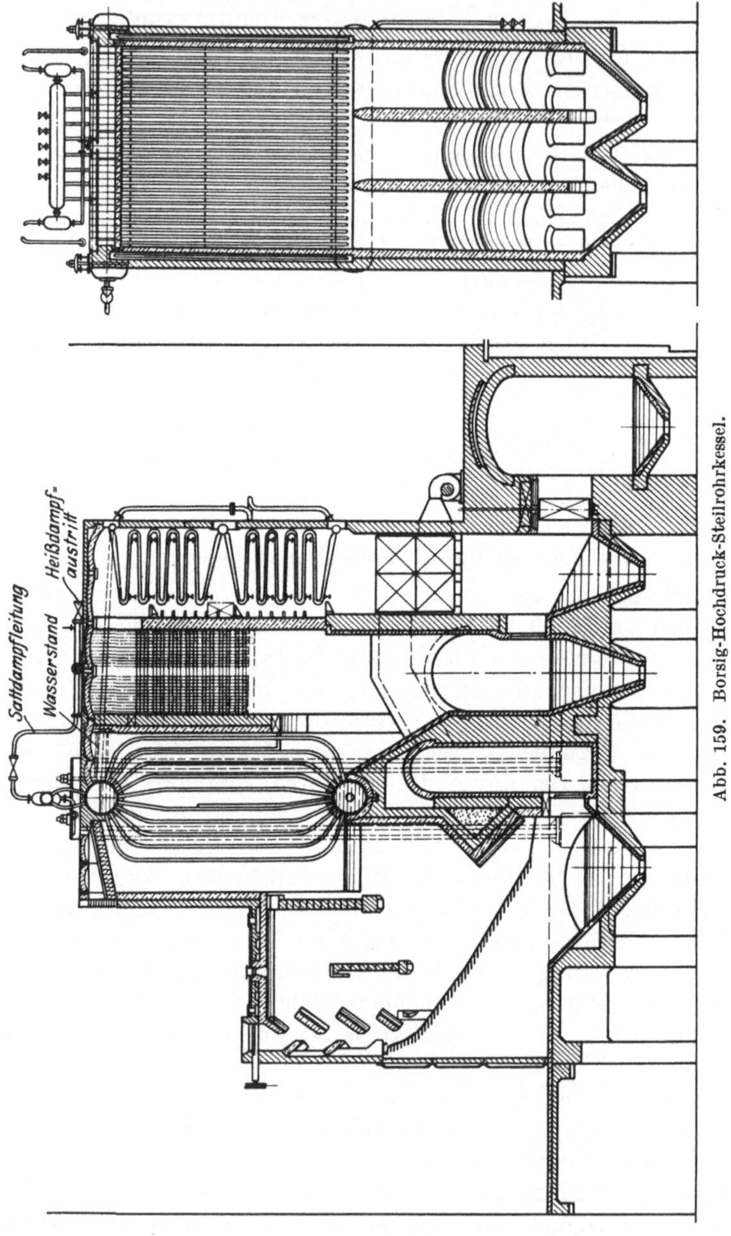

Abb. 159. Borsig-Hochdruck-Steilrohrkessel.

umlauf von Wichtigkeit. Zur Erzeugung eines möglichst großen Auf-
triebes wird der Abstand zwischen der Ober- und Untertrommel tunlichst groß gewählt. Bei dem 100-atü-Kessel beträgt der Abstand
zwischen den beiden Trommeln 12 m.

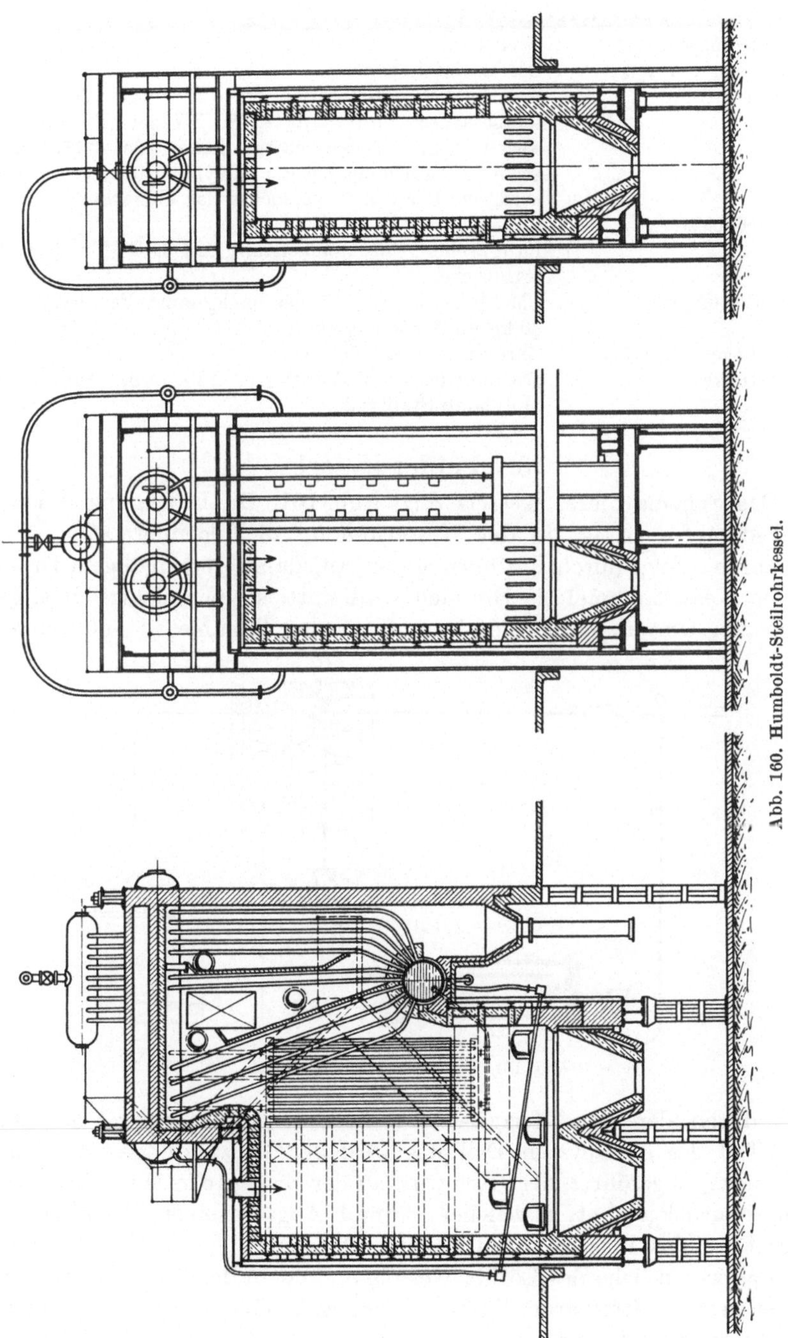

Abb. 160. Humboldt-Steilrohrkessel.

Verwendete Werkstoffe für 100 atü-Kessel:

Kesseltrommeln . . . . . Nickelstahl,

Siederohre . . . . SM-Material, Sorte I,

Überhitzerrohre . . . . ursprünglich SM-Material, Sorte I, soweit Wandungstemperaturen unterhalb 420⁰, 3%iger Nickelstahl, soweit Wandungstemperatur höher als 420⁰. Eine zweite Ausführung, bei der Molybdänstahl verwendet wird, wird zur Zeit versuchsweise eingebaut.

Sammelkästen . . . . . Nickelstahl für SM-Rohre, Kruppscher Chromnickelstahl E F D E für Nickelstahlrohre,

Dampfleitungen . . . . SM-Flußstahl mit 55 bis 65 kg/mm² Festigkeit bei 30 kg/mm² Streckgrenze,

Faltenbogenrohre . . . . Chromnickelstahl E F D E,

Formstücke. . . . . . . geschmiedeter hochwertiger SM-Stahl, zum Teil Molybdän-Stahlguß.

5. „Löffler-Kessel".

Das Schema dieses Kessels zeigt Abb. 161. Die Erzeugung des Betriebsdampfes erfolgt in der Kesseltrommel A folgendermaßen. Das Anfahren erfolgt durch Einführung von Hilfsdampf mit mäßigem Druck in die Kesseltrommel A. Hernach wird mittels einer elektrisch angetriebenen Umwälzpumpe der Dampf aus der Trommel A entnommen

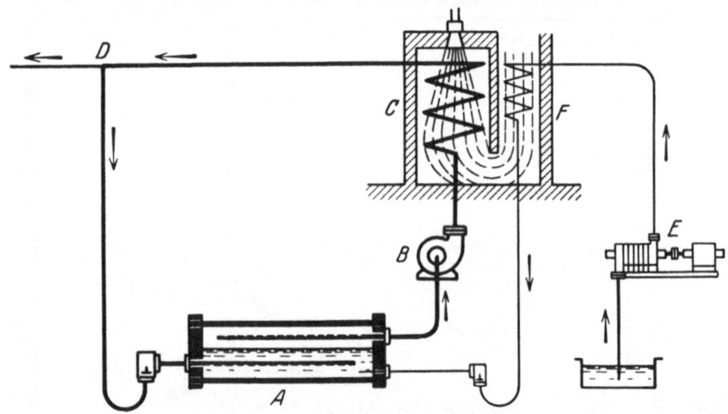

Abb. 161. Schema des Löffler-Kessels.

und durch den von Heizgasen bestrichenen Überhitzer C gepreßt. Ein Teil des überhitzten Dampfes wird der Verwendungsstelle (Turbine usw.) zugeführt; der Rest wird an der Zweigstelle D in die Trommel A zurückgeleitet, in welcher er durch Abgabe seiner Überhitzungswärme an das Wasser neuen Sattdampf erzeugt.

Das wesentliche des Löffler-Kessels besteht in der Zwangsströmung, sowie in der mittelbaren Dampferzeugung in einem vom Feuer nicht berührten Kesselorgan.

Das von der Pumpe E gelieferte Speisewasser gelangt über den Vorwärmer F in die Trommel A.

Als Vorteile werden u. a. angeführt:

Beherrschung der Strömungs- und Wärmevorgänge sowie der Spannungen in den Überhitzerrohren bei hohen Drücken und Temperaturen unter Verwendung gewöhnlicher, harter Siemens-Martin-Stahlrohre,

Gleichbleiben und Unabhängigkeit der Überhitzungstemperaturen auch bei großen Belastungsschwankungen,

Kein Wärmestau in den Rohrwandungen infolge der Zwangsströmung,

Trockener und reiner Dampf,

Hohe Anpassungsfähigkeit an Belastungsschwankungen durch die Zwangsbeherrschung mittels der Umwälzpumpe und den Wegfall wärmespeichernder Schamottemassen,

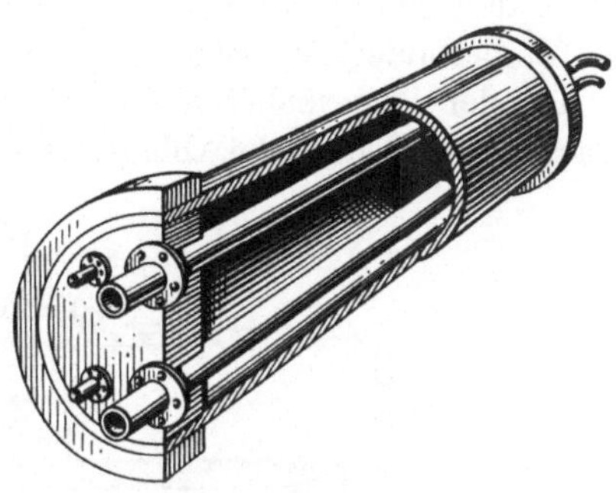

Abb. 162. Kesseltrommel des Löffler-Kessels.

Möglichkeit der Herstellung der Kesseltrommel aus gewöhnlichem Stahl, da sie außerhalb des Feuers liegt und ihre Spannungen die durch Druck und Temperatur gegebenen Grenzen nicht überschreiten,

Anordnungsmöglichkeit der Trommel an beliebiger Stelle ohne jedes Gerüst.

Die Ausführung der Kesseltrommel geht aus Abb. 162 hervor.

6. „Schmidtscher Hochdruckkessel".

Abb. 163 zeigt das Schema eines solchen Kessels. In der Trommel a wird der Betriebsdampf erzeugt. Die Heizung der Trommel a erfolgt mittelbar durch gesättigten Dampf, welcher in die in die Kesseltrommel a eingebauten Heizelemente h eingeleitet wird. Die letzteren bilden einen Teil des geschlossenen Rohrsystems i, f, g. Die Erzeugung des Heizdampfes aus dem in diesem Rohrsystem vorhandenen destillierten Wasser findet folgendermaßen statt. Das Wasser kommt in dem dargestellten Beispiel eines 60-atü-Kessels mit etwa 80 bis 100° C aus den Rohrschlangen i, durchströmt den Rauchgasvorwärmer f und gelangt auf 200 bis 230° C erhitzt in die dem Feuer ausgesetzten Rohrschlangen g. In der Sammelkammer d wird das mitgenommene Wasser abgeschieden. Der Heizdampf steigt mit etwa 300° C nach oben und gelangt in die Heizelemente h, um dort das in der Trommel a vorhandene Kesselwasser zu verdampfen. Nach Abgabe seiner Wärme an das Kesselwasser gelangt das Kondensat des Heizdampfes in die Rohrschlange i und wärmt dort das Speisewasser im Behälter b vor. Der Druck im

Heizsystem stellt sich selbsttätig auf etwa 25 bis 40 at über dem Betriebsdruck ein.

Das Speisewasser zur Erzeugung des Betriebsdampfes wird aus
dem Behälter *b* mit 220⁰ C zur Kesseltrommel geleitet. Der aus diesem
Speisewasser in der Kesseltrommel *a* erzeugte Betriebsdampf geht
durch den Überhitzer *c*.

Als besondere Vorzüge dieser Kesselkonstruktion werden angegeben:

In den feuerbeheizten Rohren zirkuliert immer dasselbe reine
Wasser, so daß keinerlei Ablagerungen und Korrosionen entstehen können.

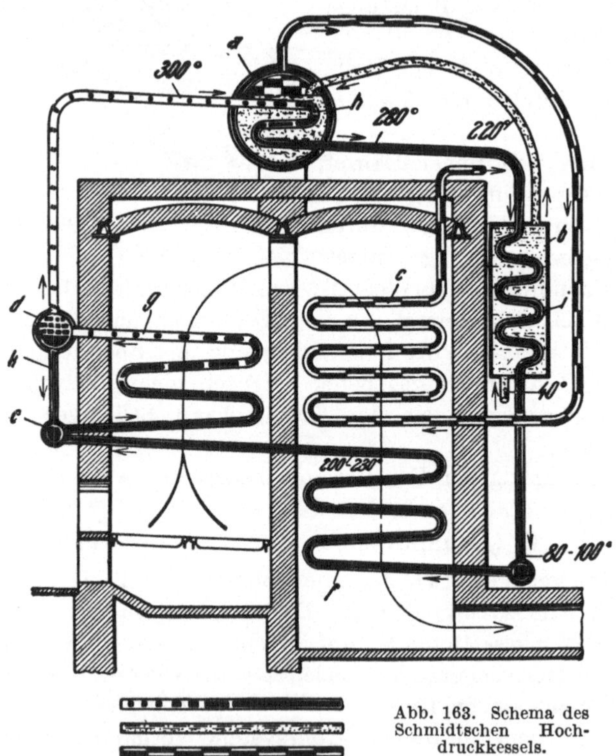

Abb. 163. Schema des
Schmidtschen Hoch-
druckkessels.

Sämtliche Dichtungsstellen liegen außerhalb des Mauerwerks, weshalb Undichtigkeiten sofort bemerkt werden können.

Die Kesseltrommel liegt vollkommen außerhalb der Heizgase, so
daß ungünstige Wärmespannungen vermieden werden.

Die Teile, welche die Trommelwände durchsetzen, sind zur Vermeidung
von Alterungserscheinungen nicht eingewalzt, sondern eingeschraubt.

Der Wasserumlauf erfolgt selbsttätig und sicher ohne Umlaufpumpe.

Der Kessel ist explosionssicher; zur Speisung kann jedes beliebige
Speisewasser verwendet werden.

Schrifttum.

Annales des Mines, deuxième série, Paris 1828, S. 513.

A. S. M. E. (American Society of Mechanical Engineers), Boiler Construction Code, Standard rules for the construction of stationary steam boilers, herausgegeben von The Boiler Code Committee.

A. S. M. E., Boiler Construction Code, Suggested rules for the care of power boilers, herausgegeben vom Sub-Committee of the Boiler Code Committee on Care of Steam Boilers and other Pressure Vessels in Service.

v. Bach, C.: Versuche über die Druckfestigkeit hochwertigen Gußeisens und über die Abhängigkeit der Zugfestigkeit desselben von der Temperatur. Mitt. Forsch.-Arb. H. 1.

— Versuche über die Abhängigkeit der Festigkeit und Dehnung der Bronze von der Temperatur. Mitt. Forsch.-Arb. H. 1 u. 4.

— Versuche über die Festigkeitseigenschaften von Stahlguß bei gewöhnlicher und höherer Temperatur. Z. V. d. I. 1904, S. 385; Mitt. Forsch.-Arb. H. 24.

— Versuche über die Festigkeitseigenschaften von Flußeisenblechen bei gewöhnlicher und höherer Temperatur. Z. V. d. I. 1904, S. 1300; Mitt. Forsch.-Arb. H. 28.

— Zur Frage der Bildung von Rissen in Kesselblechen. Z. V. d. I. 1911, S. 1296.

— Eine bedenkliche Eigentümlichkeit unserer Material- und Bauvorschriften für Landdampfkessel. Z. V. d. I. 1912, S. 360.

Bähren, W.: Berechnung der Wanddicken von Hochdruckkesseltrommeln. Wärme 1929, S. 594.

Bantlin, A.: Formänderung und Beanspruchung federnder Ausgleichsröhren. Z. V. d. I. 1910, S. 43.

Bauer, O.: Beitrag zur Kenntnis des „Alterns" kaltgereckten Eisens. Mitt. Materialpr.-Amt 1921, S. 251.

— Flußstähle mit geringer Alterungseigenschaft. 16. Mitgliederversammlung der Vereinigung der Großkesselbesitzer, Düsseldorf 1927, Mitt. d. VGB., H. 15.

Baumann, R.: Vorbericht über die Versuche betr. Einwirkung von Lauge auf das Flußeisenblech von Laugenkesseln. Prot. d. Int. Verb. d. Dampfk.-Überw.-Ver. Chemnitz 1914.

— Sprödigkeit von Flußeisen als eine Folge der Erwärmung gequetschten Materials. Z. V. d. I. 1915, S. 628.

— Über eine neue Auffassung hinsichtlich der Wirkung des Speisewassers auf die Entstehung von Kesselschäden. Z. bayr. Rev.-V. 1925, S. 165.

— Gegen Mißhandlung wenig empfindliches Kesselblech. Allg. Verb. d. Deutsch. Dampfk.-Überw.-Ver. V. Tagung, Zürich 1927, S. 39.

— Der heutige Stand der Laugenfrage. Allg. Verb. d. Deutsch. Dampfk.-Überw.-Ver. V. Tagung, Zürich 1927.

— Laugenkonzentrationen in Verbindungen von Kesselblechen. Arch. Wärmewirtsch. u. Dampfk.-Wes. 1926, S. 255.

— Beanspruchung der Bleche beim Nieten. Mitt. Forsch.-Arb. H. 252.

Bauschinger, J.: Über die Veränderung der Elastizitätsgrenze und der Festigkeit des Eisens und Stahls durch Strecken und Quetschen, durch Erwärmen und Abkühlen und durch oftmals wiederholte Beanspruchung. Mitt. Mech.-Techn. Labor. K. T. H. München 1886, H. 13.

Beardslee, L. W. (Washington): Increase of resisting power of metals under stress. J. Frankl. Inst. 1874, I, S. 150, 302.

Berl, E., Staudinger, H. u. K. Plagge: Untersuchungen über die Einwirkung von Laugen und verschiedenen Salzen auf Eisen. Mitt. Forsch.-Arb. 1927, H. 295.

Le Chatelier: Influence des températures élevées sur les propriétés mécaniques du fer et de l'acier. Comm. prés. d. 1. congrès intern. d. méth. d'essai d. mat. d. constr. Paris 1901, S. 21.

Daiber, E.: Die Biegungsspannungen in überlappten Kesselnietnähten. Z. V. d. I. 1913, S. 401.

Fairbairn, W.: On the tensile strength of wrought iron at various temperatures. Report of the British Ass. 1856, S. 405.

Fettweis, F.: Über die Blaubrüchigkeit und das Altern des Eisens. Stahleisen 1919, S. 1.

Fischer, Fr. P.: Rekristallisationsversuche allgemeiner Art und zahlenmäßige Feststellungen über Festigkeitseigenschaften rekristallisierten Flußeisens (Weicheisens). Krupp M. 1923, S. 77.

Fischer, Fr. P. u. K. Schleip: Hochdruckkessel. Krupp M. 1925, S. 185.

Franklin-Institut in Philadelphia, Bericht der von dem Franklin-Institut in Philadelphia niedergesetzten Kommission zur Prüfung der Explosionen der Dampfkessel. Zweiter Teil. Dingler 1839, S. 257.

Fry, A.: Wesen und Eigenschaften des Izett-Flußeisens, sowie praktische Erfahrungen bei Verwendung desselben. Mitt. d. VGB., H. 15, S. 33.

Gleichmann, H.: Das Benson-Verfahren zur Erzeugung höchstgespannten Dampfes. Z. V. d. I. 1928, S. 1037.

Goerens, P.: Die Kesselbaustoffe. Z. V. d. I. 1924, S. 41.

Graf, O.: Die Dauerfestigkeit der Werkstoffe und der Konstruktionselemente. Berlin 1929, S. 61, 62.

Hochdruckdampf-Tagung des Vereines deutscher Ingenieure am 18. und 19. Januar 1924 in Berlin. Z. V. d. I. 1924, S. 109; V. d. I.-Nachr. 1924, Nr. 4 u. 5.

Howard, J. E.: Physical properties of iron and steel at higher temperature. Iron Age 1890, S. 585.

Körber, F. u. A. Dreyer: Über Blaubrüchigkeit und Altern des Eisens. Mitt. Eisenforsch. Bd. 2, Abhdlg. 7, S. 59.

Körber, F. u. A. Pomp: Vergleichende Untersuchung über das Verhalten von unlegierten und legierten Kesselblechen bei erhöhten Temperaturen und hinsichtlich Alterung und Rekristallisation. Mitt. Eisenforsch. Bd. 9, Liefg. 22, Abhdlg. 95.

Kollmann, J.: Über die Festigkeit des erhitzten Eisens. Verhandl. d. V. z. Beförd. d. Gewerbefl. 1880, S. 92.

Lea, F. V.: The effect of low and high temperatures on materials. Eng. 1924, S. 816.

Martens, A.: Die Veränderlichkeit der Proportionalitäts- und Streckgrenze. Handb. d. Materialienkunde I, S. 207. Berlin 1898.

— Untersuchungen über den Einfluß der Wärme auf die Festigkeitseigenschaften des Eisens. Mitt. K. Techn. Vers.-Anst. zu Berlin 1890, S. 159 ff.

Masing, G. u. L. Koch: Duraluminartige Vergütung bei Eisen-Kohlenstofflegierungen. Wiss. Veröff. a. d. Siemens-Konz. 6, S. 202. 1927/28.

Moore, H. F.: Fatigue tests on drums and shells. Iron Age 1929, S. 607.

Münzinger, F.: Das Dampfkesselwesen in den Vereinigten Staaten von Amerika. Z. V. d. I. 1925, S. 840.

Orrok, G. A.: Operating experience with high pressure and high temperature steam. Power 1928, S. 339.

Oberhoffer, P. u. H. Jungbluth: Die Rekristallisation des technischen Eisens. Stahleisen 1922, S. 1513.

Parr, S. W. u. F. G. Straub: Embrittlement of boiler plate. Am. Soc. f. Test. Mat. Preprint 27, Juni 1927.

— Embrittlement of boiler plate. Univ. of Ill. Bull. 177.

Parr, S. W.: The embrittling action of sodium hydroxide on soft steel. Univ. of Ill. Bull. Nr. 94, 1917.

Pomp, A.: Einfluß der Wärmebehandlung auf die Kerbzähigkeit, Korngröße und Härte von kohlenstoffarmem Flußeisen. Ferrum 1916, S. 49.

— Kritische Wärmebehandlung nach kritischer Kaltformgebung von kohlenstoffarmem Flußeisen. Stahleisen 1920, S. 1261.

Pomp, A. u. A. Dahmen: Entwicklung eines abgekürzten Prüfverfahrens zur Ermittlung der Dauerstandfestigkeit von Stahl bei erhöhten Temperaturen. Mitt. Eisenforsch. Bd. 9, Liefg. 3, Abhdlg. 74.

Preuß, E.: Versuche über die Spannungsverteilung in gelochten Zugstäben. Mitt. Forsch.-Arb. H. 126.

Prömper, P. u. E. Pohl: Kessel- und Behälterbaustoffe mit gesteigerter Widerstandsfähigkeit bei hohen Betriebstemperaturen. Arch. Eisenhüttenwes. 1928, H. 12, S. 785.

Rudeloff, M.: Untersuchungen über den Einfluß der Wärme auf die Festigkeitseigenschaften von Metallen. Mitt. K. Techn. Vers.-Anst. zu Berlin 1893, S. 292.

Stead, J. E.: The crystalline structure of iron and steel. J. Iron Steel Inst. 1898, Nr. 1, S. 145.

Steel, John: Angaben über die Widerstandsfähigkeit von Gußeisen bei höherer Temperatur. Dingler 1839, S. 266.

Stribeck, R.: Der Warmzerreißversuch von langer Dauer. Das Verhalten von Kupfer. Mitt. Forsch.-Arb. H. 13.

Stromeyer, C. E.: The ageing of mild steel. J. Iron Steel Inst. 1907, Nr. 1, S. 200.

Styffe, Knut (Stockholm): Die Festigkeitseigenschaften von Eisen und Stahl, nach C. Sandbergs englischer Ausgabe des Werks, deutsch von C. M. Freih. von Weber 1870.

Ulrich, M.: Erfahrungen bei der Abnahme von Kesselrohren. Mitt. d. VGB. H. 11.

— Neue Erfahrungen bei Abnahmeversuchen. Mitt. d. VGB. H. 15.

— Untersuchung von Kesselblechen aus Izettmaterial der Festigkeitsgruppen I bis IV. Mitt. d. VGB., H. 15; Z. bayr. Rev.-V. 1928, Nr. 5 u. 6.

— Werkstoffwünsche auf dem Dampfkesselgebiet. Mitt. d. VGB. H. 16.

— Versuche über den Einfluß der Lauge auf verschiedene Werkstoffe Mitt. d. VGB. H. 17.

— Nietverbindungen von 35 mm starken Izettblechen. Mitt. d. VGB. H. 22.

— Rohre für Hochdruckkessel. Mitt. d. VGB. H. 22.

— Schäden und Lebensdauer der Dampfkessel in ihrer Abhängigkeit von der Beanspruchung und Schwingungsfestigkeit der Werkstoffe. Wärme 1929, S 567; Veröffentlichungen des Zentralverbandes der Preußischen Dampfkessel-Überwachungsvereine Halle a. d. Saale, Bd. 5, über die gemeinsame öffentliche Tagung des Allgemeinen Verbandes der Deutschen Dampfkessel-Überwachungsvereine und des Zentralverbandes der Preußischen Dampfkessel-Überwachungsvereine in Stettin.

— Erfahrungswerte über das Verhältnis der Kerbzähigkeit bei „großen" und „kleinen" Proben aus Kesselblechen. Mitt. d. VGB. H. 23.

— Festigkeitseigenschaften amerikanischer Kesselbleche von 10 bis 60 mm Stärke. Mitt. d. VGB. H. 24; Veröffentl. d. Zentralverb. d. Preuß. Dampfk.-Überw.-V. Halle, Niederschrift der 19. Oberingenieurversammlung 1929.

— Beobachtung von Sprödigkeit bei Kesselblechen nach Glühen bei üblicher Temperatur und Dauer. Mitt. d. VGB. H. 24; Veröffentl. d. Zentralverb. d. Preuß. Dampfk.-Überw.-V. Halle, Niederschrift der 19. Oberingenieurversammlung 1929.

— Werkstoffeigenschaften bei höherer Temperatur. Maschinenbau 1930, S. 59.

Ulrich, M.: Amerikanische Versuche über „embrittlement of boiler plate"
und deutsche Vergleichsversuche. Praktische Bedeutung der Ergebnisse. Z. bayr.
Rev.-V. 1930, H. 2; Mitt. d. VGB. H. 25.
— Sonderstähle für den Kesselbau. Arch. Wärmewirtsch. u. Dampfk.-Wes. 1930,
S. 11.
Urbainczyk, G.: Festigkeitseigenschaften von Kesselblechen bei Temperaturen
von 20 bis 600⁰ C. Stahleisen 1927, S. 1128.
Vereinigung der Großkesselbesitzer, Der Fortschritt des Hochdruckdampfes in
Amerika. Mitt. d. VGB. H. 24, S. 28.
— Zur Sicherheit des Dampfkesselbetriebes. Berlin 1927.
— Speisewasserpflege. Berlin 1926.
William, R. S. u. V. O. Homerberg: Intercrystalline fracture in steel. Trans.
of Am. Soc. f. St. Treating 1924, Volume V, S. 399.
— Action of caustic soda, on boiler steel. Power Bd. 59, S. 608. 1924.
Wöhler, A.: Über die Versuche zur Ermittlung der Festigkeit von Achsen, welche
in den Werkstätten der Niederschlesisch-Märkischen Eisenbahn zu Frank-
furt a. d. O. angestellt sind. Z. Bauw. 1863, S. 234.
— Über die Festigkeitsversuche mit Eisen und Stahl. Z. Bauw. 1870, S. 74.

Der Kesselbaustoff. Abriß dessen, was der Dampfkessel-Überwachungs-Ingenieur von der Herstellung, den Eigentümlichkeiten und der Prüfweise des Baustoffs wissen muß. Anläßlich eines Lehrganges auf der Gußstahlfabrik der Friedr. Krupp A.-G. gehaltene Vorträge von Dr.-Ing. Max Moser. Dritte, durchgesehene und ergänzte Auflage. Mit 143 Abbildungen. IV, 29 Seiten. 4⁰. 1928.   RM 7.50

Die Werkstoffe für den Dampfkesselbau. Eigenschaften und Verhalten bei der Herstellung, Weiterverarbeitung und im Betriebe. Von Oberingenieur Dr.-Ing. K. Meerbach. Mit 53 Textabbildungen. VIII, 198 Seiten. 1922.   RM 7.50; gebunden RM 9.—

Die Chemie der Bau- und Betriebsstoffe des Dampfkesselwesens. Von Dipl.-Ing. R. Stumper, Vorsteher der chemisch-metallographischen Versuchsanstalt der Burbacher Hütte. Mit 101 Textabbildungen. XI, 309 Seiten. 1928.   Gebunden RM 24.—

Anleitung zur Durchführung von Versuchen an Dampfmaschinen, Dampfkesseln, Dampfturbinen und Verbrennungskraftmaschinen. Zugleich Hilfsbuch für den Unterricht in Maschinenlaboratorien technischer Lehranstalten. Von Dipl.-Ing. Franz Seufert, Oberingenieur für Wärmewirtschaft. Achte, verbesserte Auflage. Mit 55 Abbildungen. VI, 161 Seiten. 1927.   RM 3.60

Die Kondensation bei Dampfkraftmaschinen einschließlich Korrosion der Kondensatorrohre, Rückkühlung des Kühlwassers, Entölung und Abwärmeverwertung. Von Oberingenieur Dr.-Ing. K. Hoefer, Berlin. Mit 443 Abbildungen im Text. XI, 442 Seiten. 1925. Gebunden RM 22.50

Richtlinien für die Anforderungen an den Werkstoff und Bau von Hochleistungsdampfkesseln. Für die Mitglieder der Vereinigung der Großkesselbesitzer als Grundlage für die Bestellung, Materialabnahme und Bauüberwachung zusammengestellt. Ausgabe Januar 1928 mit Deckblättern April 1929. Herausgegeben von der Vereinigung der Großkesselbesitzer E. V. Charlottenburg. Mit zahlreichen Textfiguren. 70 Seiten z. T. einseitig bedruckt mit 4 Seiten Sachverzeichnis. 1929.   Kart. RM 4.50

Kesselbetrieb. Sammlung von Betriebserfahrungen als Studie zusammengestellt vom Arbeitsausschuß für Betriebserfahrungen der Vereinigung der Großkesselbesitzer E. V. IV, 137 Seiten. 1927. Unveränderter Neudruck 1929.   Gebunden RM 10.—

Berechnung und Verhalten von Wasserrohrkesseln. Ein graphisches Verfahren zum raschen Berechnen von Dampfkesseln nebst einer Untersuchung über ihr Verhalten im Betriebe. Von Friedrich Münzinger. Mit 127 Abbildungen und 6 Zahlentafeln im Text sowie 20 Kurventafeln in der Mappe. VIII, 125 Seiten. 1929. 4⁰.   In Mappe RM 24.—

F. Tetzner, Die Dampfkessel. Lehr- und Handbuch für Studierende technischer Hochschulen, Schüler höherer Maschinenbauschulen und Techniken sowie für Ingenieure und Techniker. Siebente, erweiterte Auflage von O. Heinrich, Studienrat an der Beuthschule zu Berlin. Mit 467 Textabbildungen und 14 Tafeln. IX, 413 Seiten. 1923.   Gebunden RM 10.—

Die Dampfkessel nebst ihren Zubehörteilen und Hilfseinrichtungen. Ein Hand- und Lehrbuch zum praktischen Gebrauch für Ingenieure, Kesselbesitzer und Studierende von Professor R. Spalckhaver und Ingenieur Friedrich Schneiders †. Zweite, verbesserte Auflage unter Mitarbeit von Dipl.-Ing. A. Rüster. Mit 810 Abbildungen im Text. VIII, 481 Seiten. 1924.   Gebunden RM 42.50

Amerikanische und deutsche Großdampfkessel. Eine Untersuchung über den Stand und die neueren Bestrebungen des amerikanischen und deutschen Großdampfkesselwesens und über die Speicherung von Arbeit mittels heißen Wassers. Von Friedrich Münzinger. Mit 181 Textabbildungen. VI, 178 Seiten. 1923.   RM 6.—

Die Leistungssteigerung von Großdampfkesseln. Eine Untersuchung über die Verbesserung von Leistung und Wirtschaftlichkeit und über neuere Bestrebungen im Dampfkesselbau. Von Friedrich Münzinger. Mit 173 Textabbildungen. X, 164 Seiten. 1922.   Gebunden RM 6.—

Der Dampfbetrieb. Leitfaden für Betriebsingenieure, Werkführer und Heizer. Auf Veranlassung des Schweizerischen Vereins von Dampfkessel-Besitzern herausgegeben von E. Höhn, Oberingenieur. Mit 229 Abbildungen im Text und 10 Zahlentafeln. 240 Seiten. 1929.   Kart. RM 6.—

Brand - Seufert, Technische Untersuchungsmethoden zur Betriebsüberwachung insbesondere zur Überwachung des Dampfbetriebes. Zugleich ein Leitfaden für Maschinenbaulaboratorien technischer Lehranstalten. Neu herausgegeben von Dipl.-Ing. Franz Seufert, Oberingenieur für Wärmewirtschaft. Fünfte, verbesserte und erweiterte Auflage. Mit 334 Abbildungen, einer lithographischen Tafel und vielen Zahlentafeln. X, 430 Seiten. 1926.   Gebunden RM 29.40

Regelung und Ausgleich in Dampfanlagen. Einfluß von Belastungsschwankungen auf Dampfverbraucher und Kesselanlage sowie Wirkungsweise und theoretische Grundlagen der Regelvorrichtungen von Dampfnetzen, Feuerungen und Wärmespeichern. Von Th. Stein. Mit 240 Textabbildungen. VIII, 389 Seiten. 1926.   Gebunden RM 30.—

Höchstdruckdampf. Eine Untersuchung über die wirtschaftlichen und technischen Aussichten der Erzeugung und Verwertung von Dampf sehr hoher Spannung in Großbetrieben. Von Friedrich Münzinger. Zweite, unveränderte Auflage. Mit 120 Textabbildungen. XII, 140 Seiten. 1926.
RM 7.20; gebunden RM 8.70

Die Dauerprüfung der Werkstoffe hinsichtlich ihrer Schwingungsfestigkeit und Dämpfungsfähigkeit. Von Professor Dr.-Ing. O. Föppl, Vorstand des Wöhler-Institutes, Technische Hochschule Braunschweig, Dr.-Ing. E. Becker, Ludwigshafen, und Dipl.-Ing. G. v. Heydekampf, Braunschweig. Mit 103 Abbildungen im Text. V, 124 Seiten. 1929. RM 9.50; gebunden RM 10.75

Die Dauerfestigkeit der Werkstoffe und der Konstruktionselemente. Elastizität und Festigkeit von Stahl, Stahlguß, Gußeisen, Nichteisenmetall, Stein, Beton, Holz und Glas bei oftmaliger Belastung und Entlastung sowie bei ruhender Belastung. Von Otto Graf. Mit 166 Abbildungen im Text. VIII, 131 Seiten. 1929. RM 14.—; gebunden RM 15.50

Festigkeitseigenschaften und Gefügebilder der Konstruktionsmaterialien. Von Professor Dr.-Ing. C. Bach und Professor R. Baumann, Stuttgart. Zweite, stark vermehrte Auflage. Mit 936 Figuren. IV, 190 Seiten. 1921. Gebunden RM 18.—

Elastizität und Festigkeit. Die für die Technik wichtigsten Sätze und deren erfahrungsmäßige Grundlage. Von Professor Dr.-Ing. C. Bach und Professor R. Baumann. Neunte, vermehrte Auflage. Mit in den Text gedruckten Abbildungen, 2 Buchdrucktafeln und 25 Tafeln in Lichtdruck. XXVIII, 687 Seiten. 1924. Gebunden RM 24.—

Festigkeitslehre. Von George Fillmore Swain, Professor an der Harvard Universität, New York. Autorisierte Übersetzung von Dr.-Ing. Alfred Mehmel, Hannover. Mit 463 Textabbildungen. XVIII, 630 Seiten. 1928. Gebunden RM 34.—

Festigkeitslehre. Von Professor S. Timoshenko und Maschinen-Ingenieur I. M. Lessells. Ins Deutsche übertragen von Dr. I. Malkin, Ingenieur. Mit 391 Abbildungen im Text. XVIII, 484 Seiten. 1928. Gebunden RM 28.—

Festigkeitslehre für Ingenieure. Von Studienrat Dipl.-Ing. Hans Winkel †. Nach dem Tode des Verfassers bearbeitet und ergänzt von Dr.-Ing. Kurt Lachmann. Mit 363 Textabbildungen. VII, 494 Seiten. 1927. Gebunden RM 26.—

F. Tetzner, Die Dampfkessel. Lehr- und Handbuch für Studierende technischer Hochschulen, Schüler höherer Maschinenbauschulen und Techniken sowie für Ingenieure und Techniker. Siebente, erweiterte Auflage von O. Heinrich, Studienrat an der Beuthschule zu Berlin. Mit 467 Textabbildungen und 14 Tafeln. IX, 413 Seiten. 1923.   Gebunden RM 10.—

Die Dampfkessel nebst ihren Zubehörteilen und Hilfseinrichtungen. Ein Hand- und Lehrbuch zum praktischen Gebrauch für Ingenieure, Kesselbesitzer und Studierende von Professor R. Spalckhaver und Ingenieur Friedrich Schneiders †. Zweite, verbesserte Auflage unter Mitarbeit von Dipl.-Ing. A. Rüster. Mit 810 Abbildungen im Text. VIII, 481 Seiten. 1924.   Gebunden RM 42.50

Amerikanische und deutsche Großdampfkessel. Eine Untersuchung über den Stand und die neueren Bestrebungen des amerikanischen und deutschen Großdampfkesselwesens und über die Speicherung von Arbeit mittels heißen Wassers. Von Friedrich Münzinger. Mit 181 Textabbildungen. VI, 178 Seiten. 1923.   RM 6.—

Die Leistungssteigerung von Großdampfkesseln. Eine Untersuchung über die Verbesserung von Leistung und Wirtschaftlichkeit und über neuere Bestrebungen im Dampfkesselbau. Von Friedrich Münzinger. Mit 173 Textabbildungen. X, 164 Seiten. 1922.   Gebunden RM 6.—

Der Dampfbetrieb. Leitfaden für Betriebsingenieure, Werkführer und Heizer. Auf Veranlassung des Schweizerischen Vereins von Dampfkessel-Besitzern herausgegeben von E. Höhn, Oberingenieur. Mit 229 Abbildungen im Text und 10 Zahlentafeln. 240 Seiten. 1929.   Kart. RM 6.—

Brand-Seufert, Technische Untersuchungsmethoden zur Betriebsüberwachung insbesondere zur Überwachung des Dampfbetriebes. Zugleich ein Leitfaden für Maschinenbaulaboratorien technischer Lehranstalten. Neu herausgegeben von Dipl.-Ing. Franz Seufert, Oberingenieur für Wärmewirtschaft. Fünfte, verbesserte und erweiterte Auflage. Mit 334 Abbildungen, einer lithographischen Tafel und vielen Zahlentafeln. X, 430 Seiten. 1926.   Gebunden RM 29.40

Regelung und Ausgleich in Dampfanlagen. Einfluß von Belastungsschwankungen auf Dampfverbraucher und Kesselanlage sowie Wirkungsweise und theoretische Grundlagen der Regelvorrichtungen von Dampfnetzen, Feuerungen und Wärmespeichern. Von Th. Stein. Mit 240 Textabbildungen. VIII, 389 Seiten. 1926.   Gebunden RM 30.—

Höchstdruckdampf. Eine Untersuchung über die wirtschaftlichen und technischen Aussichten der Erzeugung und Verwertung von Dampf sehr hoher Spannung in Großbetrieben. Von Friedrich Münzinger. Zweite, unveränderte Auflage. Mit 120 Textabbildungen. XII, 140 Seiten. 1926.
RM 7.20; gebunden RM 8.70

Zur Sicherheit des Dampfkesselbetriebes. Berichte aus den Arbeiten der Vereinigung der Großkesselbesitzer E.V., Verhandlungen der Technischen Tagung in Cassel 1926 und Forschungen des Arbeitsausschusses für Speisewasserpflege. Herausgegeben von der Vereinigung der Großkesselbesitzer E.V. Mit 311 Textabbildungen. VI, 189 Seiten. 1927.
Gebunden RM 28.50

Über die Festigkeit der gewölbten Böden und der Zylinderschale. Im Auftrag des Schweizerischen Vereins von Dampfkessel-Besitzern herausgegeben von E. Höhn, Oberingenieur. Mit 97 Abbildungen im Text und 21 Zahlentafeln. 223 Seiten. 1927. RM 10.—

Über die Festigkeit elektrisch geschweißter Hohlkörper. Versuche, veranstaltet vom Schweizerischen Verein von Dampfkessel-Besitzern, 1923. Berichterstatter: Oberingenieur E. Höhn. 130 Seiten. 1924. RM 4.50

Die Sicherung geschweißter Nähte. Im Auftrag des Schweizerischen Vereins von Dampfkesselbesitzern herausgegeben von E. Höhn, Oberingenieur. Mit 119 Abbildungen im Text und 7 Zahlentafeln. 100 Seiten. 1929. RM 3.—

Handbuch zum Dampffaß und Apparatebau. Von Ingenieur G. Hönnicke. Mit 213 Textabbildungen und 114 Zahlentafeln. VII, 209 Seiten. 1924. Mit Nachtrag 24 Seiten. 1927. Gebunden RM 16.—
Nachtrag einzeln. RM 1.—

Die Kessel- und Maschinenbaumaterialien nach Erfahrungen aus der Abnahmepraxis kurz dargestellt für Werkstätten- und Betriebsingenieure und für Konstrukteure. Von O. Hönigsberg, Zivilingenieur, Wien. Mit 13 Textfiguren. VIII, 90 Seiten. 1914. RM 3.—

Nieten und Schweißen der Dampfkessel dargestellt mit Berücksichtigung von Versuchen des Schweizerischen Vereins von Dampfkessel-Besitzern 1924/25 von Oberingenieur E. Höhn. Mit 154 Abbildungen im Text und 28 Zahlentafeln. 148 Seiten. 1925. RM 8.—